卫星导航定位技术文集

Selected Papers on Satellite Navigation and Positioning Techniques

(2021)

中国卫星导航定位协会 编

测绘出版社

·北京·

© 中国卫星导航定位协会　2021

所有权利(含信息网络传播权)保留,未经许可,不得以任何方式使用。

图书在版编目(CIP)数据

卫星导航定位技术文集. 2021 / 中国卫星导航定位协会编. — 北京：测绘出版社，2021.9
 ISBN 978-7-5030-4399-4

Ⅰ. ①卫… Ⅱ. ①中… Ⅲ. ①卫星导航－全球定位系统－文集 Ⅳ. ①P228.4-53

中国版本图书馆 CIP 数据核字(2021)第 191884 号

责任编辑	侯杨杨	封面设计　潘玉洁	责任印制	陈姝颖

出版发行	测绘出版社	电　话	010－68580735(发行部)
地　址	北京市西城区三里河路 50 号		010－68531363(编辑部)
邮政编码	100045	网　址	www.chinasmp.com
电子邮箱	smp@sinomaps.com	经　销	新华书店
成品规格	210 mm×297 mm	印　刷	北京建筑工业印刷厂
印　张	10.125	字　数	315 千字
版　次	2021 年 9 月第 1 版	印　次	2021 年 9 月第 1 次印刷
印　数	0001－1300	定　价	78.00 元
书　号	ISBN 978-7-5030-4399-4		

本书如有印装质量问题,请与我社发行部联系调换。

目 录

北斗新时空指引智能信息产业未来之路 …………………………………………… 曹　冲（1）
基于高精度地图在自动驾驶道路全场景环境中应用的探讨 …………………… 陈　颖（6）
浅谈高精度地图在智慧高速公路中的应用 …………………………………… 刘秋平（11）
不同GNSS载波信噪比潮位反演精度对比 ………………………………… 游高冲，郭　杭（16）
基于三维激光雷达的激光SLAM算法研究
　　……………………………… 王宇杰，郭　杭，余　敏，曾　翔，陈　鑫，石　良，朱　晨（23）
基于多重信号分类改进算法的蓝牙AOA高精度室内定位
　　………………………………………… 陈　鑫，郭　杭，余　敏，石　良，曾　翔，王宇杰（27）
蓝牙AOA定位与实验分析 ………………… 石　良，郭　杭，陈　鑫，王宇杰，曾　翔，朱　晨（33）
"BDS+5G"定位技术在北京市自然灾害综合风险普查中的应用研究
　　………………………………………… 余永欣，任小强，张　译，杨旭东，崔亚君，刘　睿（37）
水下无人装备应用北斗定位通信系统的关键技术与应用研究 ……… 陈　菁，何心怡，梁　智，宋　杰（42）
位置服务应用系统的标准化研究与应用 ………………………… 刘禹鑫，张晓磊，刘恒飞（48）
基于北斗三号导航卫星系统的5G基站天线姿态智能感知模组设计
　　……………………………………………… 徐娟娟，张海军，姚文杰，崔晓伟，王　题（52）
应用于导航卫星系统的低剖面测量型天线设计 ……………… 张　闯，王晓辉，姚文杰，张　捷（57）
一种用于机场应急的"中波导航+北斗定位"的车载系统设计
　　……………………………………………… 王建亮，张彦军，张　新，陈月彬，郭建立（62）
车道级驾驶辅助地图的特点与应用 ……………………… 殷志东，李宏利，申雅倩，于迅文（65）
第五代移动通信技术引领下的导航地图革命 ……………………………… 李宏利，夏德国（71）
高等级道路快速更新生产模式研究 ……………………………………………… 马　威，陈科（76）
基于北斗导航卫星定位技术的无人机物流应用探索
　　……………………………………………… 田尊华，马　洋，任　凌，刘　锋，贵海龙，梁先芽（83）
广域精密定位系统发展现状、机遇与挑战 ……… 吴晓莉，陈金培，赵　毅，胡小工，吴晓东，吕　众（88）
我国RBN-DGPS双模改造情况介绍 ………………………………………………… 窦　芃（93）
美导航战实践对北斗系统监测站安全防护的启示 ……………………………… 郭　强（98）
GNSS定位技术在河湖划界中的应用综述 ……………………………………… 吴恒友（104）
基于北斗三号短报文信道的图像传输方案及实验研究
　　………………………………… 吉　静，陈　伟，刘雨婷，郑洪江，卢红洋，李昌振，杜路遥（113）

北斗播发海上安全信息系统研究和实践 ················· 于树海,夏启兵,李 巍,李建英,吴 凡(119)

国产操作系统航保应用软件开发实践 ····················· 夏启兵,李建平,刘 鹏,孙洪刚(124)

船舶自动识别系统问题船舶自动筛查系统软件研究 ················ 邓祝森,夏启兵,李 巍,哈洪强(127)

基于北斗的位置服务应用前景探析 ·· 张政治(132)

空间数字化需求分析与功能规划研究 ················· 蔺陆洲,贾 蔡,邓平科,李 俊,杨 军(136)

浅谈北斗短报文通信在危化品运输中的应用 ·························· 吴宏立,郭晓飞,杨建辉(141)

基于北斗的宝石花智慧物流云道路运输环境风险评估应用融合 ············ 吴吉华,赵 岩,王天宇(148)

基于北斗定位的危化品运输风险随手拍APP的设计与实现 ················ 张 丹,刘 扬,谢 晓(153)

北斗新时空指引智能信息产业未来之路

曹 冲[1,2]

(1. 中国卫星导航定位协会,北京 100036;2. 环球新时空(北京)信息技术研究院,北京 100041)

摘　要:北斗大器,精准导航,时空数据,赋能未来。伟大的北斗系统及其产业是伟大时代的产物。历史告诉大家,北斗新时空,是北斗导航的新长征,是导航卫星的升级换代,北斗新时空指引着智能信息产业未来发展之路,目标是构建更加泛在、更加融合、更加智能的中国新时空服务体系,打造智能信息产业和中国服务国家品牌,这是历史使命,这是时代责任,这是中国特色,这是世界范儿。

关键词:北斗导航;北斗新时空;中国新时空服务体系;智能信息产业;融合创新

1　引　言

2020年注定是不平凡的一年,百年未有之大变局,尽管遇到突如其来的新冠肺炎疫情,但北斗三号系统仍建成且投入全球服务,我国导航产业总产值达到4 033亿元,超额完成了预期的目标。利用24颗中轨道卫星、3颗静止轨道卫星和3颗倾斜地球同步轨道卫星,构建成的北斗三号(全球导航卫星系统),除提供定位、导航和授时服务,还有双向短信服务、搜救服务和位置报告服务,以及星基增强服务和精密单点服务。北斗三号的成功组网及开通全球服务,不仅对于中国,还是对于全世界,都是一件大事,对于推进全球GNSS多星座兼容互操作,推动全世界卫星导航产业进入大发展的新时期,均具有重大作用和影响力。2021年是中国共产党建党百年、实现小康社会的第一个百年奋斗目标的日子,也是我国"十四五"启动之年,也是"'十四五'北斗产业发展国家规划"实施推进之年,在今后5年、10年,乃至15年间,北斗新时空的目标,就是构建更加泛在、更加融合、更加智能的中国新时空服务体系,打造智能信息产业和中国服务国家品牌,这是历史使命,这是时代责任,这是中国特色,这是世界范儿。

2　未来十年卫星导航做什么

众所周知,随着卫星导航应用与服务不断深入发展,卫星导航已经逐步成为现代信息社会的一种生活方式,渗透到国家安全、国民经济和社会民生的方方面面,卫星导航已经在我们的口袋中,在我们的掌心里。未来10年,卫星导航还有什么要做的？简单地说,就是要用好、用足北斗,并且将其升级换代,实现新时空体系的跨越发展。归根结底一句话,应该将卫星导航的两个"想不到"做到"极致"。从开头的GPS到现在的GNSS,人们一直在惊叹卫星导航的两个"想不到":第一个"想不到"是卫星导航的应用如此广泛,乃至无限,其服务只受到人们想象力的限制,只有想不到,没有做不到的;第二个"想不到"是卫星导航的软肋如此明显,脆弱(漏洞)不堪,多种多样的日地空间的太阳黑子和耀斑与地磁等地球物理异常扰动变化,各式各样的物理阻隔、遮挡、屏蔽与多径和反射,以及层出不穷的自然的、人为的与有意的、无意的干扰威胁和扰乱欺骗攻击,都将会导致GNSS信号接收的异常中断和操纵失败,造成严重后果和生命财产损失。所以,必须从国家层面采取积极有效的应对措施,确保其应用与服务的可靠、可信、精准、安全、智能。

未来10年的主要目标应该是把以上两个"想不到"做到"极致",这就是说,要将第一个"想不到"的应用服务效益做到极大化,要将第二个"想不到"的脆弱漏洞影响做到极小化。这样的任务看似简单,实质上难度极大。但是,由于在这两个方面,我们已经有了以前十几年,甚至二十几年的产业发展基础,我们可以实现高起点、高质量、高速度的发展演变。这也就是说，我们不是重打锣鼓另开张，而是充分利用原有的技术与产业基础，在这上面盖高楼，做到百尺竿头更进一步。应该指出，由于我国近些年来的主要人力、物力、财力，重点放在北斗系统的建设上，我们在应用服务产业效益极大化和实现脆弱性漏洞威胁影响极小化方面还有许许多多事情要做，特别是在后者，也就是在实现脆弱性漏洞威胁影响极小化方面，我们应该说是仅仅处在起步阶段，与欧美相比，特别是与处在国际领先水平的美国相比，我们还有较大的差距。美国在卫星导航领域，自始至终一直站在世界的最前列，其根本的诀窍是技术上的与时俱进和前沿领先。1995年GPS宣布投入正式的全面服务，翌年就声明开始GPS的现代化。2004年美国成立天基PNT(定位、导航授时)委员会，2008年就提出《国家PNT发展规划总体架构(2025)》，并且在2010年推出相关的实施方案第一稿。近十多年来，美国一直在针对GPS的脆弱性问题，进行多种多样的备份和替代技术和系统解决方案的研究，同时推进PTA(保护、优化、增强)发展对策与策略，政府领军打造坚韧性PNT，平缓地逐步实现着从GPS向PNT的升级换代发展。从2013年开始，美国政府从政策文件、标准规范、检测测试多方面推进网络和关键基础设施安全保障行动，并且形成《通过负责任地使用PNT服务加强国家的坚韧性》执行令，把时空信息服务提高到确保国家安全、经济安全和社会公共安全的坚韧性层面，并且要求相关政府部门机构负起责任，以期促进民用企事业单位的科技创新和应用服务推广。"负责任地使用"的关键内涵是服务的坚韧性，包括完好性、可靠性、可信度和精准度。

未来10年，实现卫星导航应用服务产业效益的极大化和脆弱性漏洞威胁影响极小化任务，其重点内容可以归纳为四大方面。

(1)北斗/GNSS多星座多频率系统之系统再设计再创新再利用再推广。北斗/GNSS面临多星座多频率系统体系的消化吸收，再设计再创新再利用再推广，在用好、用足北斗系统资源和优势能力的基础上，要充分用好、用足GNSS资源和能力，实现融合创新，尤其是将我国的GNSS兼容互操作的后发优势和超前竞争力发扬光大，往深化、实化、精化方面进发，让技术与产业向高端进发，引领全球发展。

(2)GNSS向新时空(PNT)的技术与系统的升级换代。GNSS最为核心的作用是高精度地提供无所不在的时空信息，必然会推进天基地基、室内室外、导航通信等技术渗透和系统集成的多模融合，实现时空信息的泛在服务、精准服务、智能服务。这一任务的关键是多种技术和系统的跨界融合，尤其是导航与通信的融合，首先是目前天上要成千上万地发那么多卫星，不能仅仅是通信和遥感卫星，而更多的应该是卫星导航与它们的结合和融合，经过我们认真研究断言：只有导航卫星与通信真正融合之日，才是中国商业航天成功之时。

(3)政府的工作重点应该是引领锤炼国家新时空技术与服务体系的坚韧性。从国家安全、经济安全和社会公共安全出发，网络安全和国家重大基础设施安全保障是关键，而负责任地使用新时空(PNT)服务是不可或缺的主要抓手，所以政府相关部门的重点应该是引领打造新时空服务的坚韧性(或者说是安全性)，确保智能时空信息服务的完好性、可靠性、可信度与精准度。因此，必须认真建立防干扰、反欺骗的组织与行动体系，监测威胁攻击源，并且采取缓解消除行动措施，同时要通过技术创新与系统集成，形成抗衡干扰和欺骗威胁的集成融合系统，或者是备份替代系统，确保国家的网络与关键基础设施安全，确保国民经济与人民的生命和财产安全。

(4)新时空服务体系产业重点是完善构建中国智能信息产业。时间、空间是人类最为重要的参照系，北斗/GNSS一体化地提供了高精度的时空基准，所以它们会有这么大的影响力。而新时空服务体系大平台，能够通过时空这一主线把许多技术与系统、产业与社群有机地联系在一起，时空的总体性、基础性、通用性、精准性成为不可或缺、不可替代的黏合剂，成为当代智能信息产业的整体架构师，把当前流行的所有热门科技领域，如大数据、物联网、云计算、区块链、人工智能等，统统集中于其麾下，推动信息服务的数字化、网络化和智能化，形成智能信息产业群体的集群发展态势(涉及整体布局、国民经济、社会民生，包括城乡一体与均衡发展、基础设施与网络安全、应急救援与公共管理、科技创新与动能转换、智能交通与物流联运、智能制造与无人系统、教科文卫与协调成长、时空服务与精准施策、医疗健康与数据支撑)，推进无所不在的新时空(智能)服务，打造领先世界的中国服务国家品牌。

3 强化 PNT 服务弹性是北斗未来的重要使命之一

北斗/GNSS 未来发展的重要使命之一,是强化 PNT 服务的弹性。人们对于北斗/GNSS 未来充满期盼和憧憬,但是未来是与现实联系在一起的,因此它们的未来使命离不开解决 GNSS 与生俱来的脆弱性威胁难题,虽然这些年来人们已经在克服这种威胁的路上取得重大进展与突破,然而还是在前进的路上。更重要的是,今后 10 年间,北斗/GNSS 仍然是 PNT 服务的核心力量和主力军,这源于北斗/GNSS 的应用与服务,已经成建制、成体系、成规模,成为智能信息产业强大无比的关键通用基础,成为其新基建信息基础设施不可或缺和不可替代的重要组成部分。可见,北斗新时空技术是北斗导航系统与中国新时空服务体系的连接点,是枢纽与桥梁,是向智能信息产业群体集聚实现产业转型升级和跨越发展的桥头堡,是 2035 年实现更加泛在更加融合更加智能的中国新时空服务体系伟大目标新长征承上启下的历史开篇。

在这里提到的北斗新时空,已经不是简单的北斗导航,或者说是卫星导航,而是包括卫星导航及其增强、后备、互补和替代系统,重要的是,明确真正的需求,重点是把军用和民用需求分别加强调研,强化协调,突出泛在、融合和智能化发展方向,军用需求要求更高更严,更加需要前瞻性和先进性;民用需求重点是向产业的深度和广度进军,要向人性化、个性化、定制化进军,要向增值服务进军。总之,未来的 10 年间,或者 15 年间,关键重点是推进北斗新时空的产业发展,必须充分认识到产业的三大特性,即大产业特性、技术系统的复杂性和产业的多重关联度。其大产业特性是指卫星导航应用与服务产业将卫星导航与全球无所不在的时空服务联系在一起,由于用无线电广播方式提供服务,因而成为无时不在、无处不在的用户无限的大产业,显然这是绝对的大产业,成为大众化产业的发展基础。其技术系统的复杂性是跨部门、跨行业、跨学科、跨领域带来的,由于时空的关键性、通用性和基础性特征,成为融合进入许许多多产业的必由之路,随之而来的当然是产业发展的艰巨性和生命力。其产业的多重关联度是不言而喻的,正由于时空信息的泛在性和基础性,卫星导航的精准性成为信息产业的核心主线,成为智能信息产业群体的领头羊,与一系列产业存在多重关联度,同时能推动大数据、物联网、云计算、区块链、人工智能等新兴产业和浩浩荡荡的传统产业共同发展,形成完整的产业价值链。抓住北斗新时空产业的三大特性,就能够把握泛在、融合、智能为重点的综合时空服务发展的大方向。未来 10 年,中国卫星导航应用服务产业的关键使命是实现:北斗/GNSS 多星座多频率兼容互操作,与系统之系统再设计再创新再利用再推广;新时空技术与系统的升级换代,实现天上一张网、地上一张网,导航与通信一体化网络;打造抗干扰、反欺骗、防威胁的多重融合创新的产业生态体系,确保实时动态精准可信的有效服务;以中国新时空服务体系为产业重点,完善构建中国智能信息产业和中国服务国家品牌。

4 北斗产业亟待体系化推进综合应用与服务

2020 年 7 月 31 日,北斗三号正式投入全球服务,这标志着北斗产业进入一个崭新的发展时期。这一新时期,有三大特点,或者说是三大转移:第一转移是工作重点从建设北斗系统向发展产业转移,着力推进北斗应用与服务产业,实现应用规模化、服务产业化和市场全球化;第二转移是产业发展从推广导航技术本身的"北斗+"向赋能关联产业的"+北斗"转移,促进传统产业数字转型,带动新兴产业集聚融合创新;第三转移是整体政策方针从局限于典型示范工程的传统老旧模式向体系化推进综合应用与服务新模式转移。也就是说,北斗产业进入综合应用与服务全面体验新时代,体系化推进新时代,融合化发展新时代。

北斗系统,或者说是卫星导航系统的核心价值是提供高精度的时间空间信息服务,关键在于后者的应用服务是用户无限、应用无限、服务无限,以它为基础实现更加泛在、更加融合、更加智能、更加安全的综合时空服务体系,成为我们的目标。可以说,北斗新时空技术其落到实处的运作,应该是新兴的智能信息产业和中国服务国家品牌,它们是可以与民族复兴强国梦联系在一起的,共同走向 2050 年,共庆强国梦成真的那一天。应该指出,中国信息产业孕育的战略性新兴产业,不应该是新一代信息技术,而是智能信息产业,它是目前许许多多热门的新一代信息技术,如大数据、物联网、区块链、人工智能、数字孪生、增强现实等，真正的归宿，它是划时代的新兴产业，而该产业的科技基础是新时空技术，由此可见新时空技术是新一代信息技术的领头羊。同时应该指出，在使用"智能"和"智慧"两个词来形容当今产业和时代时，应该说是"智能"的提法更加确切，更加符合需要与实际。而"智慧"的提法有点过度和超前消费的味道，"智慧"包括有文化的味道，是很长远以后的事情。

现在，或者说在5年前就该与北斗行业示范工程道一声"拜拜"了。21世纪初，国家就已经开始推动卫星导航产业化专项示范工程，成为卫星应用产业化推广的领头雁，示范工程项目立竿见影，我国目前的北斗上市公司中相当多的公司，都得益于当时的应用示范项目。后来，特别是近10年来的某些示范工程，逐渐成为套路，成为"八股文"，不针对存在问题，不研究市场需求，有的行业反反复复在做示范，连自己行业内都没有去做示范，还能够对于其他行业有示范作用吗？因此，示范工程有点像吃鸡肋的感觉，弃之可惜，嚼之无味。由此可见，国家和政府投资，与所推进的政策，需要大幅度创新，需要适合北斗全面体验新时代的发展，北斗产业亟待体系化推进综合应用与服务，这是北斗产业发展的需要，也是北斗赋能多产业融合创新的需要，还是体系化推进资源整合、开放协调、绿色共享发展的需要。北斗新时空技术，实质上是为北斗综合应用与服务提供了科学技术基础，为了实现体系化的发展，从国家和政府层面出发需要做好3件事：一是高瞻远瞩的战略规划和国家行动计划部署，并且形成重大项目评估评价体系；二是从新基建角度，做好多种多样资源整合和系统集成融合创新的工作，需要构建公共科技服务大平台，提供各种各样的系统解决方案；三是着力推进以区域为主的综合应用与服务样板间和试验田工程，推进"雪中送炭"服务工程，坚持做实事、做急事、做好事的基本思路，把北斗时空信息高科技送往最需要的地方去，未来的北斗产业应该向深度和广度进军，要向中西部地区、老少边穷地区、农民农村农业、人民大众生命健康相关领域倾斜，真正做到科技的"雪中送炭，服务大众"。

总之，国家和政府部门要有重点地布局，利用北斗新时空信息为引领，整合一系列智能信息产业群体，突破总体性、基础性、通用性、关键性难题，形成城乡一体化融合和谐发展的数字时空底盘、公共科技服务共享大平台、北斗大服务提供商平台，以及管理服务体制机制创新的新模式等，在未来几年内真正为国家做些建功立业的大事。

5 北斗应用服务真正的创新点在哪里

大家一再强调，北斗今后10年间真正的创新是融合创新，这里的融合创新不仅仅停留在技术和系统层面上，更多的是在产业和体系的高度上。当人们应用北斗越加深入后发现，北斗导航的概念拓展到时空层面，与信息社会的智能化结合起来的时候，北斗已经远远超出定位导航授时（PNT）范畴，再不是坚守导航领域的一城一地，而是进入智能信息产业的广阔天地，成为新一代信息技术的领头羊，围绕智能信息产业的数字化、网络化、智能化，一系列的新一代信息技术，如物联网、大数据、云计算、区块链、增强现实、人工智能、数字孪生等，都不约而同地集合在北斗新时空技术大框架麾下，形成了新一代信息技术的高度集聚，从而推进新兴的智能信息产业群体集聚和中国新时空服务体系化形成，汇合成智能信息产业发展的大潮流，这一股大潮流不仅自身实现快速、持续、健康、高强度的发展，更加重要的是极大地推动了为数众多的传统产业的数字转型和升级换代，在新基建领域的数字化施工，就是个典型例子。

高精度时空信息，不仅仅是一种服务内容的提供，实际上已经成为一种工具，成为信息时代能够实时动态、唾手可得的高精度、高效率、高效益的强大工具。所以，它不仅用于定位导航授时，还用于机械作业施工、远程遥控遥测、过程质量监管、控制调度指挥、管理运营维护、融合创新集成。更重要的它是一种全过程、全时空、全生命周期的革命性的管理手段，是开创智能产业、改造传统产业、带动关联产业共同发展的核心驱动力，是新基建工程中，推动数字转型升级，推动融合集成创新，推动高质量发展，推动智能共享服务的一种总体性系统化的原动力和系统解决方案。

数字化施工的实质，就是要保障实现智能化、高质量、高效益目标。而高精度时空信息服务是核心关键，在铁路、公路、机场、港口、水利电力、矿山能源基础设施等工程的整体规划、顶层设计、精准施工、运营维护中都需要强化时空信息服务。在不同类型的施工现场，安全作业是关键，高精度时空信息是基础保障条件，确保施工机械和现场人员之间，都各在其位，各司其职，各尽所能。尤其是像新基建这样的重大系统工程建造、维护、优化、运营、服务等过程中，高精度时空信息的一体化实时化提供，可以确保工程的智能化运作，还能够保障数字化精准施工，精化管理，实时动态感知传输与智能服务，达成高质量、高效益、高速度发展的目标。

实质上，高精度时空信息服务的最大贡献是全局态势把控、战略顶层设计、精准决策施策、管理治理监理、指挥调度运维、实时动态确保。总之，管理服务是其最重要的创新。但是，到目前为止，人们对此还没有真正认识，还没有予以足够的重视，因为事关重大，所以尚需大力宣传提倡，首先应该在我国的电子政务中广泛深入地加以自觉运用。可以预见，这会带来重大的革命性变革。

作者简介：曹冲，男，1940年生，中国卫星导航定位协会首席专家，环球新时空（北京）信息技术研究院院长、北京市中位协北斗时空技术研究院院长。近30年一直从事卫星导航应用技术推广和北斗/GNSS产业化发展研究，有《中国新时空服务体系概论》《北斗/GNSS系统概论》等多部著作。

基于高精度地图在自动驾驶道路全场景环境中应用的探讨

陈 颖

（易图通科技（北京）有限公司，北京 100070）

摘 要：近年来自动驾驶系统在感知、决策、控制等功能模块的技术方面取得了很大的突破，应用场景逐步从高速道路场景扩展至城市道路场景，从开放道路场景扩展至最易于落地的地下停车场自主泊车场景。作为服务于自动驾驶系统的高精度地图也紧贴自动驾驶功能的应用需求，针对全道路场景的系统功能需求，设计满足全场景不同应用需求的高精度地图。本文基于不同道路场景中地图要素的基本情况和差异化情况进行描述，结合目前市场上最新的自动驾驶系统可实现的功能，与高精度地图的情况进行对应说明，目的是将高精度地图在不同道路场景中的作用和特点阐述清晰。最后，结合未来两年内自动驾驶系统的技术发展趋势，提出高精度地图持续改善的建议。

关键词：自动驾驶系统；全道路场景；高精度地图

1 引 言

随着近年来自动驾驶汽车研究的兴起，相关技术行业纷纷投入资源开展相关领域的研究。预计到 2023 年，大多数国内的车企致力于实现部分 L3（有条件自动驾驶）级自动驾驶技术的量产，主要指高快速道路上的部分场景的脱手功能，如小鹏汽车的 NGP、特斯拉的 NOA 及理想汽车的 NOP 等自动导航辅助驾驶功能。另外，越来越多的车企也开始尝试将高速公路上的自动导航辅助驾驶功能推广至城市市政道路场景。除此之外，针对乘用车用户的高频使用场景——停车场，国内众多车企，如吉利、广汽、长城等也已经开始了 AVP（自动代客泊车）的发展战略。由于全程无人参与，属于特定场景 L4 级自动驾驶技术，应用落地时间比高快速道路上的自动导航辅助驾驶功能预计更晚一些。高精度地图，作为服务于不同应用场景的自动驾驶系统必不可少的一部分，需要针对不同道路场景的功能需求进行设计和要求。

2 自动驾驶系统功能与道路场景

目前，自动驾驶系统的功能设计都是基于分道路场景，例如，针对高快速道路的典型应用场景为自动驾驶卡车，市政道路的典型应用场景为自动驾驶出租车，低速封闭特定场景为 AVP 停车场应用。以下分开放道路和室内停车场两种场景介绍国内车企目前的系统功能现状。

2.1 自动导航辅助驾驶功能

预计未来 2～3 年，国内外绝大多数车企自动驾驶量产方案聚焦于高快速道路的 L3 级自动驾驶功能的应用，主要功能要点包括：①通过车辆的感知系统而不需要驾驶员来监视道路状况，这一步即区分 L2 级和 L3 级最主要的一个项目——感知；②开启自动驾驶期间，自动驾驶系统和驾驶员不会有共同的责任，这是为了遵守相关法律的规定；③每当遇到自动驾驶系统不能处理的路况时，通过多种有效的通知机制，让自动驾驶系统和驾驶员能够顺利完成安全交接。目前国内外车厂典型的三个应用系统包括小鹏汽车的 NGP、特斯拉的 NOA 及理想汽车的 NOP，其主要实现的功能类似，包括自动超车、自动限速调节、自动切换高速公路、自动上下匝道、变道自动紧急避让等。

2.2 自动代客泊车

自动代客泊车(automated valet parking, AVP)的研发就是为了解决日常工作、生活中停车难的痛点,其主要的应用地点通常是办公楼或大型商场的地上或地下停车场。

除了要实现泊入车库的功能外,还需要解决从驾驶员下车点低速(小于 20 km/h)行驶至库位旁的问题。为了能尽可能安全地行驶到库位旁,必须提升汽车远距离感知的能力,前视摄像头成为最优的传感器方案。地上或地下停车场不像开放道路,场景相对单一,高速运动的汽车较少,对于保持低速运动的车来说,更容易避免突发状况的发生。除了以上提到的传感器外,实现 AVP 还需要引入停车场的高精度地图,再配合 SLAM 或视觉匹配定位的方法,才能够让汽车知道它现在在哪,应该去哪里寻找停车位。

除了自行寻找停车位外,具备 AVP 功能的汽车还可以配合智能停车场更好地完成自动代客泊车的功能。智能停车场需要在停车场内安装一些必要的基础设施,如摄像头、地锁等。这些传感器不仅能够获取停车位是否被占用,还能够知道停车场的道路上是否有车等信息。将这些信息建模后发送给汽车,汽车就能够规划出一条更为合理的路径,行驶到空车位处了。

3 高精度地图场景要素描述

无论任何一种道路场景都需要高精度地图作为一个容器来承载真实的道路环境,为自动驾驶提供高精度的位置,为感知、决策、规划模块赋能。高精度地图需要保证全道路场景的位置精度和要素属性精度的完全准确性,并且地图的表达形式可以满足感知、决策和规划等系统的应用需求。结合目前自动驾驶涉及的道路场景,从室外开放道路和室内停车场道路两个场景来对高精度地图要素进行描述,并区分特定场景特有的要素。

3.1 室外开放道路场景

结合目前自动驾驶行业对场景的应用现状,室外开放道路场景主要包括高快速道路和城市市政道路两大类。在这两类场景中地图需要帮助车辆实现自车定位、感知环境、车道级路径规划及辅助控制决策。本节将针对室外开放道路场景中常见的高精度地图要素的几何表达方式进行说明。

3.1.1 道路交通标志

针对室外道路场景,道路交通标志是以颜色、形状、字符、图形等向道路使用者传递信息、用于管理交通的设施。交通标志结合道路及交通情况设置,通过交通标志提供准确及时的信息和引导,使道路使用者顺利快捷地抵达目的地、促进交通畅通和行车安全。其主要用途是辅助车辆纵向、横向定位,同时其语义信息可为自动驾驶地图后续深度加工提供丰富的道路和车道的属性。

以三维面要素来表达室外普通道路上的各类交通标志,获取交通标志朝向车辆一面的角点或最小外接矩形进行矢量化,如图1所示。

3.1.2 道路交通标线

针对室外开放道路场景,道路交通标线指由施划或安装于道路上的各种线条、箭头、文字、图案及立面标记、实体标记、突起路标和轮廓标等所构成的交通设施,作用是向道路使用者传递有关道路交通的规则、警告、指引等信息,可与交通标志配合使用,也可以单独使用。其主要用途是配合传感器辅助自车定位,以及用于驾驶策略辅助。

图 1 各类交通标志

现实道路场景中各类交通标线种类繁多,根据各自不同的形态主要归类表达为线要素和面要素。本节将针对典型的几类交通标线进行说明。

(1) 以线要素表达的常见标线,如图 2～图 5 所示。

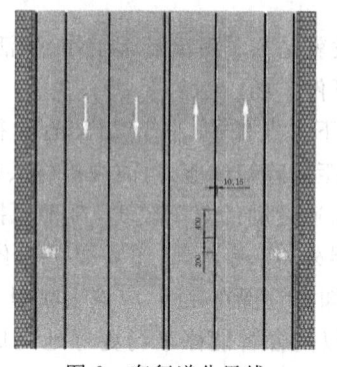 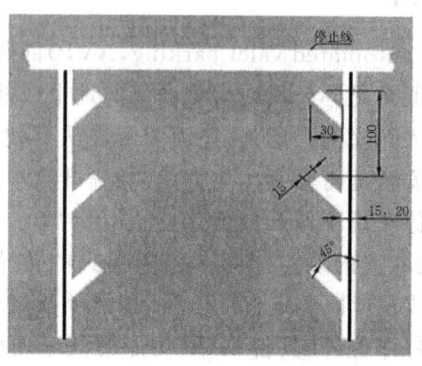

图 2　车行道分界线　　　　　图 3　导向车道线

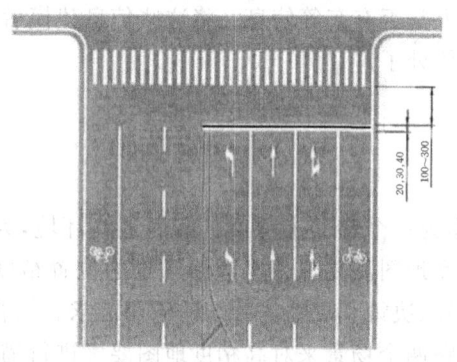 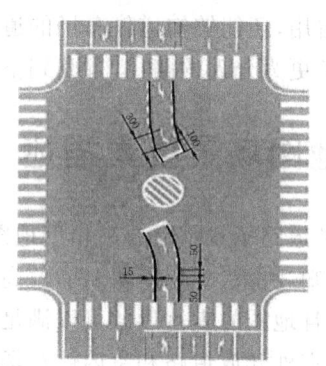

图 4　停止线　　　　　图 5　左弯待转区线

(2) 以面要素表达的常见标线,如图 6、图 7 所示。

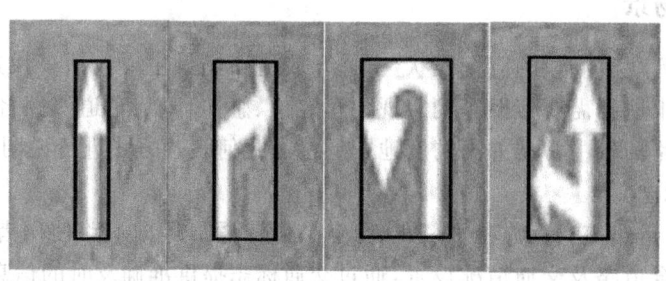

图 6　导向箭头

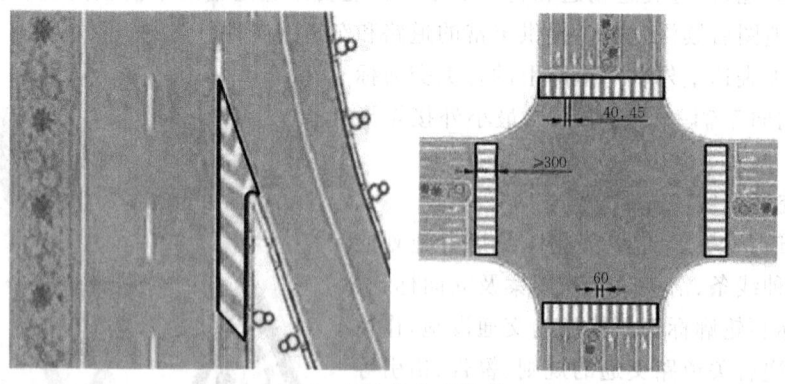

图 7　导流线人行横道

3.1.3　道路路侧设施

道路路侧设施数据包括位于道路路面两侧设施,如路灯杆等杆状物,以及路侧防护设施等的相关数据(图 8～图 11),其主要用途是辅助横向和纵向定位,以及驾驶安全策略辅助。

图 8 路沿

图 9 金属护栏

图 10 水泥护栏

图 11 道路警示柱

3.2 室内停车场场景

结合目前自动驾驶行业对场景的应用现状,室内停车场常见主要帮助(自动代客泊车)系统实现低速封闭区域下 L4 级自动驾驶的应用。地图需要帮助车辆实现自车定位、感知环境、车道级路径规划及辅助控制决策。本节将针对室内停车场中常见的高精度地图要素的几何表达方式进行说明。

3.2.1 道路交通标志

针对常规的道路交通标志,根据标志牌的类型以三维面要素进行矢量化,如是复合标牌则应对里面内容分别矢量化,如图 12 所示。

图 12 停车场交通标志

针对自动代客泊车场地专用标识,根据标识的形态以三维面要素进行矢量化,标识分为平层和跨层两种形式,如图 13 所示。

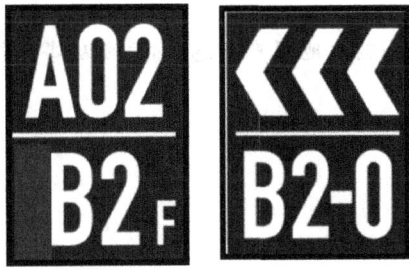

图 13 自动代客泊车场地专用标识

针对停车场墙面经常印刷的各种标志,以三维面要素进行矢量化,包括立柱诱导标线、墙面警示线等,如图 14 所示。

图 14 立柱诱导标线和墙面警示线

3.2.2 道路交通标线

针对停车场内和室外开放道路具有共同类别的标线,本节不再赘述,仅针对停车场特有的交通标线进行描述。

针对停车场内的所有停车位标线进行矢量化,以三维线要素表达,若停车位线封闭,则获取封闭四边形,若遇到停车位线不闭合,应按实际情况获取,如图15~图17所示。

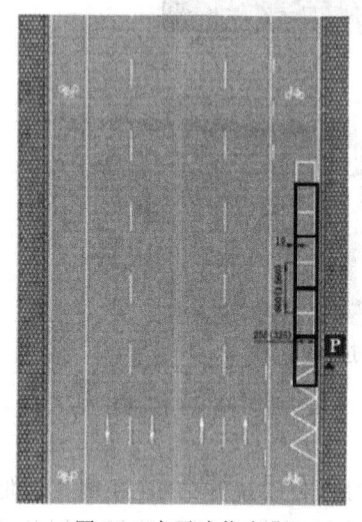
图15 水平式停车位

图16 斜列式停车位

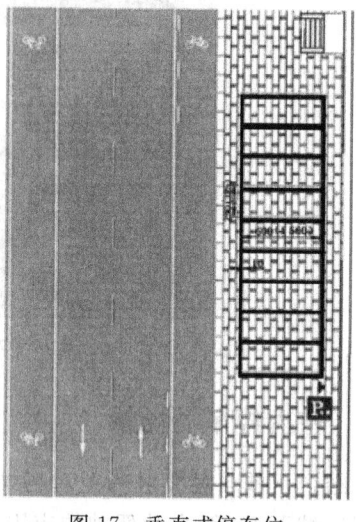
图17 垂直式停车位

4 展望

伴随着行业的发展现状和市场分析,未来5年内,道路全场景的融合是必然的趋势。目前基于技术的发展限制,自动驾驶功能的应用都是基于分场景的,例如高快速道路的L2.5级自动驾驶导航辅助功能,或者是自动代客泊车地下停车场L4级的低速限定场景的应用,来测试不同场景下不同功能的效果。室外开放道路场景和室内场景目前最大的一个技术瓶颈在于需要选择不同的定位技术方案,而目前不同场景下定位的效果还有待提升。但是随着自动驾驶技术问题的不断攻克,道路场景融合可以帮助自动驾驶车辆真正实现点到点,解决最后一千米导航的自动驾驶功能。

参考文献:(略)

作者简介: 陈颖,女,1985年生,高精度地图产品总监,主要从事高精度地图产品设计和管理工作。

浅谈高精度地图在智慧高速公路中的应用

刘秋平

(易图通科技(北京)有限公司,北京 100070)

摘 要:本文对智慧高速与高精度地图做了简单介绍,重点阐述了高精度地图在智慧高速中的应用,并对高精度地图未来在智慧交通领域的市场状况和发展趋势进行了概述。

关键词:高精度地图;车路协同;智慧交通;智慧高速公路

1 引 言

交通运输业是经济社会发展的基础性、先导性、战略性产业及服务性行业。随着我国经济的不断发展、城镇化进程快速推进,城市空间拓展、交通系统建设及机动性需求的爆发式增长之间的矛盾日趋严重。为破解制约社会经济发展的交通问题,需要高度重视并充分发挥科技创新的引领和支撑作用。

车联网发展,已从早期汽车远程服务提供商(TSP)平台发展到智能网联平台,再升级至自动驾驶云控平台阶段(车路协同),从这个演化过程我们不难看出,自动驾驶也需要越来越"智慧"的路。在党的十九大报告提出的五大强国战略中,"交通强国"占据一席,这意味着我们将开启建设交通强国的新征程。作为智能交通系统在高速公路领域的延伸,高速公路的信息化建设是实现"交通强国"的重要基础。

2 智慧高速公路简介

当代高速公路正朝着智能化方向发展,逐步形成"智慧高速公路"科技理念。智慧高速公路提出引入互联网思维和技术,对传统高速公路机电系统和管理服务进行重构再造,初期建设任务是通过信息交换与共享、数据融合与挖掘,提升高速公路运营管理水平和出行服务质量,实现省域高速公路监控管理、应急智慧、辅助决策、业务办理、出行指引等服务的信息化和智能化。未来发展趋势是引入车路通信技术,实现人、车、路和环境协同。

高速和安全是高速公路的两大特点,也是高速公路面临的两大挑战,二者彼此关联又相互制约。高速公路车辆行驶速度的天花板在于是否安全:速度越快,安全风险就越大;反之,速度越慢,通行能力也就越差。高速公路安全与运行效率的态势十分严峻。高速公路事故突发及事故严重性等问题突出,区域性拥堵、恶劣气象等阻断事件频发,突发事件影响的时空范围呈网络化扩散态势。因此,安全行车和畅通快捷是高速公路迫切需要解决的两大难题。

狭义的智慧高速公路就是以信息化、智能化引领高速公路管理和提升运营服务水平,积极推进云计算、大数据等现代信息技术与高速公路管理、运营服务的深度融合,全面深化高速公路信息数据的共享和开发利用,建立健全完善的监测感知体系、可靠的通信保障体系、实时的预报预警体系,实现路网"可知、可测、可控、可服务"。

除上述定义外,广义的智慧高速公路还包括:
(1)智能标志、标线。
(2)路况及环境监测、诊断与预警。
(3)道路设施养护健康监测。
(4)先进的道路能源网络(包括能源互联与转化、能源回收、能源再生)。

(5) 新结构、新材料(采用更耐久、降噪、绿色的路面材料及更安全的铺设技术,使用更先进的结构设计,具有损伤自愈及自清洁能力)。

(6) ITS 综合服务基站(区域数据采集、存储、通信、信息处理、本地控制、供电网络的枢纽)。

(7) 智能车路协同(以传感器、物联网、蜂窝通信、V2X(vehicle to everything)车路协同技术、雷达、视频监控、人工智能为技术支撑)。

因此,智慧高速主要包括五大业务模块:

(1) 智慧感知。基于物联网、"互联网+"等新技术构建全面路网状态感知体系,既能准确、实时、透彻、全面掌握高速公路运行状态,又能掌握每段路、每辆车、每个结构物的状况。

(2) 智慧传输。基于新一代传输技术,构建以稳定、大带宽的高速公路通信专网为核心,以无线网、移动网、公网为辅助的传输体系,实现网络管理智能化。

(3) 智慧管理。搭建强大、高效、智能的综合管理平台体系,达到功能完善、运行智能、管理高效的效果,实现业务流程与应急处置的可视化、移动化、智能化,全过程精准管理。

(4) 智慧服务。基于"互联网+"、移动网络等构建准确、及时、易获取、易识别的全媒体矩阵的公众信息服务体系;随需而动、随需而获。

(5) 智慧收费。基于特征识别、通信、移动、北斗等构建收费准确、快速通过的智能收费系统,最终实现自由流收费;实现无人化、无感化、自动化、准确化、快速化、便捷化。

综上所述,智慧高速的五大业务模块彼此关联又相互独立,每一块业务都有自己的体系和发展目标。高速公路中产生的实时数据信息首先被智能感知系统采集,经过智能传输后,加以智慧管理,最终形成具体的、面向用户的智慧服务。在这个过程中,智能收费是其中必不可少的一个分支。

3 智慧高速与高精度地图

普通导航地图只描绘了道路的位置、形态及属性信息,没有更加细节的信息如车道线、各类道路标牌、路口指示灯等的位置、形态和属性。高精度地图(图 1)比普通导航地图具有更加丰富细致的道路信息,可以更加精准地反映道路的真实情况。与普通导航地图相比,它的图层数量更多,图层内容更加精细,具有新的地图结构划分。高精度地图将大量的行车辅助信息存储为结构化数据,这些结构化的数据都有地理编码,能对路网进行精确的三维表征(厘米级精度)描述,如路面的几何结构、道路标示线的位置、周边道路环境的点云模型等。这些高精度的三维表征,可客观真实地反映道路信息,为行驶车辆提供地图匹配、辅助环境感知、路径规划等功能。它是真实的路面情况数据映射,能客观表达行车所处的环境与位置,既服务于路也服务于车。

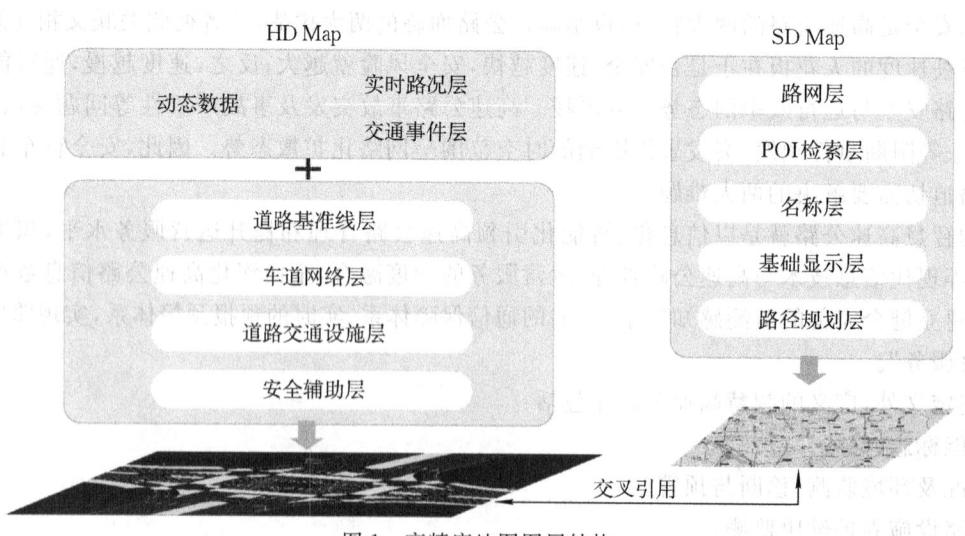

图 1　高精度地图图层结构

高精度地图具有强大的空间分析能力和决策支持功能,除应用于自动驾驶领域之外,对于具有天然空间位置属性的交通、出行、物流等领域也具有广阔的应用价值。因此,智慧高速及智慧城市的应用,是高精度地图的另一个应用方向。

基于车道级高精度地图,结合高精度定位、云计算和视频监控等技术,搭建智慧交通监管平台,在特殊车辆监控、精准导航、公交优先、车道自由流一些重要的场景中,有利于交通管理单位对车辆的精细监控管理,又有利于规范司机的驾驶行为。高速公路作为公路交通的重要组成部分,高精度地图服务是智慧高速应用的数据底座。

4 高精度地图数据在江西省某智慧高速公路项目中的应用

江西省某智慧高速公路项目将高精地图和智慧交通业务相结合,提供车道级路面信息服务和米级路产地理信息服务,实现高速公路地理信息要素的准确表达、实时更新、精确展现,是车辆辅助或自动驾驶、设施监测状态精细化、应急决策和交通运行状态精准化的关键基础之一。

4.1 系统架构

该项目高精度公路地理信息系统基础数据包括普通导航地图数据、高精度地图数据、实景及VR系统数据,系统包括高精度地理信息管理与服务子系统和面向应用的高精度地理信息协同子系统。系统总体架构关系如图2所示。

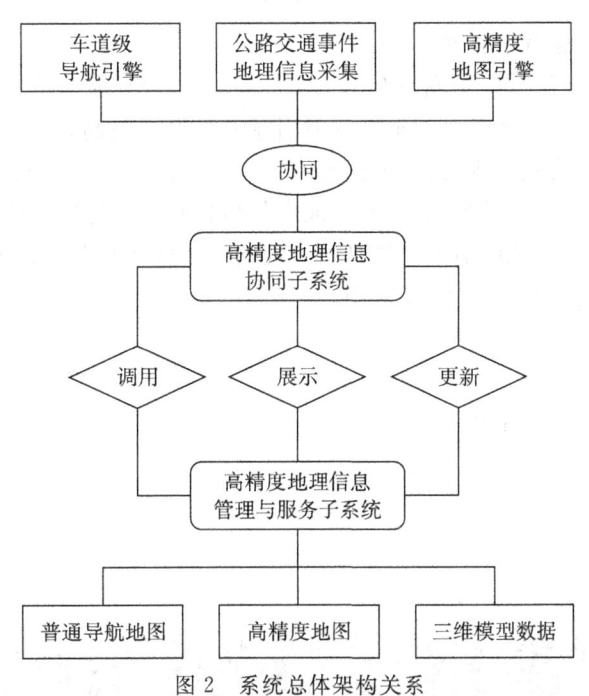

图2 系统总体架构关系

4.1.1 高精度地图数据底座

该项目高精度地理信息系统的基础数据包括高精度地图数据、普通导航地图数据、三维模型数据、数字高程模型(DEM)数据及卫星影像数据等。数据融合过程以高精度地图数据为数据底座,通过其与普通导航地图数据、三维模型数据、DEM数据及卫星影像等数据的融合,提供二维、三维一体化的数字地图服务,支持强大的空间分析能力和决策支撑功能。高精度地图如图3所示。

4.1.2 高精度地理信息数据管理与服务子系统

高精度地理信息数据管理与服务子系统嵌入各相关应用系统中,用于提供基础的高精度地理信息数据管理与人机交互、机器交互,具备标准地图及高精度地图数据显示和浏览功能,具备车道级车辆位置显示、车道级路径规划服务、车道级交通路况展示功能,具备大数据分析结果展示功能。

图 3 高精度地图

4.1.3 高精度地理信息协同子系统

高精度地理信息协同子系统综合集成各专用引擎，协同车道级导航引擎、公路交通事件地理信息采集系统和高精度地图引擎，发挥整体效益。车道级导航引擎具备车道级高精度地图显示、车道级路径规划、车道级行驶引导、实时路况信息提醒等功能；公路交通事件地理信息采集系统接收并处理公路交通事件地理信息采集设备获取的实时交通事件数据，处理生成事件信息和可视化展示信息，并发布给车道级导航引擎，推送给应急救援系统；高精度地图引擎提供高精度地图引擎软件开发工具包、地图管理服务平台，并融合高精度动态数据、路侧设备信息实现V2X应用。

4.2 应用效果展示

应用效果展示，如图4～图6所示。

图 4 高精度引擎大屏场景 1

图 5　高精度引擎大屏场景 2

图 6　高精度引擎效果图

5　展　望

伴随着行业新技术和新出行方式的发展,智能交通正在快速地改变着人们的生活。智慧高速公路将围绕"安全、快捷、服务"三个基本核心,着重发展"智能基础设施、智能与自动驾驶车辆、智能管理云平台、基于'互联网+'的智能服务体系"四个建设方向,向着"路网运行更安全畅通、公众出行更便捷愉快、智慧道路更绿色经济"的方向前进。作为智能交通重要细分领域的智慧高速公路,必将借着政府高度重视、行业迫切需求、技术支撑引领的东风,不断披荆斩棘,驭风前行。

高精度地图能准确描绘全息时空大数据,除了能应用于智慧高速、智慧公路、智慧交通、智慧园区,也能广泛应用于公安、旅游、道路管理、紧急事件响应、城市空气污染治理等领域。基于不同的城市政务管理业务需求,各种定制化的高精度地图解决方案,能全面提升城市综合治理能力,成为实现智慧城市的前提和数据底座。

参考文献:(略)

作者简介:刘秋平,女,1983年生,产品经理,主要从事高精度地图产品的设计和管理工作。

不同GNSS载波信噪比潮位反演精度对比

游高冲，郭 杭

（南昌大学，江西 南昌 330031）

摘 要：针对当下缺少对不同GNSS信号用于潮位反演精度的对比研究，本文基于MATLAB自编程序，利用不受风暴潮影响的SC02站和受台风"劳拉"影响的CALC站提供的数据对不同GNSS导航信号进行潮位反演研究，提取卫星高度角为5°～30°区间的信噪比，利用Lomb-Scargle方法进行频谱分析，以验潮站提供的潮位数据作为真值，对反演结果进行精度和相关系数评定。结果表明：GLONASS L1、L2用于潮位反演精度和相关系数最优，Galileo E5aX用于潮位反演性能最差，采用三系统组合潮位反演能提高反演的连续性和时间分辨率；GNSS-MR用于风暴潮反演，在海面快速上升和下降时期存在反演失灵现象。

关键词：全球导航卫星系统；多路径；潮位变化；信噪比

1 引 言

GNSS-MR（GNSS multipath reflectometry）技术是基于GNSS多路径效应发展起来的一种新兴地基遥感技术，借助于卫星定位系统，该技术具有长时间稳定、时空分辨率高、成本低等优点。该技术通过对经地表反射的导航卫星信号的信噪比（signal to noise ratio，SNR）数据处理实现对反射信号所携带的地表地貌信息提取，在土壤湿度、积雪厚度、潮位反演等方面已经取得了一些研究成果。随着全球连续运行基准站的不断建设发展，该技术已成为GNSS遥感领域的一个研究热点。

利用该技术对地表环境进行监测，目前在欧美已经有了一定的研究基础，我国也陆续开展了相关研究。有学者较早采用其对GPS信噪比直射、反射分量分离，以及反射分量和地表环境之间的关系进行研究，并采用该技术对土壤水分反演进行适用性研究。相关文献对GPS多路径效应同SNR之间的关系进行研究并构建了GNSS-MR用于潮位反演的基本模型。有学者针对采用单个频率进行潮位反演时间分辨率差现状，采用多模多频的方法对潮位反演进行了研究，在一定程度上提高了时间分辨率。还有学者针对存在的信号混杂问题，提出经验模态分解法提取信噪比中海面反射信号的方法，在一定程度上避免了岸基反射信号的干扰，提高了反演精度。

当下GNSS-MR技术用于潮位反演已取得一些研究成果，但仍处于初期阶段，研究过程中国内外多采用GPS信号，较少涉及GLONASS信号和Galileo信号用于潮位反演研究，并且缺乏对不同GNSS不同信号用于潮位反演精度对比的研究和对风暴潮这种极端海面环境下的反演精度研究。针对此现状本文利用SC02站和受台风风暴"劳拉"影响的CALC站提供的GPS、GLONASS、Galileo数据进行潮位反演精度对比研究，将残差均方根误差和相关系数作为评定标准，对各频率潮位反演精度进行评定。

2 潮位反演原理

全球定位系统在定位过程中，受到地面、建筑物、植被反射信号的影响，直射信号与反射信号相干涉，形成混合信号被接收机接收，进而影响定位精度。信噪比除用于衡量卫星信号强度外，还记录了反射面遥感信息（土壤水分、植被水分、雪深等）；GNSS-MR潮位反演技术即是基于多路径效应，通过对接收机记录的各频率信噪比进行数据处理，提取出水面到接收机天线的高度，进而估算出海潮潮位。

图 1 中 h 为岸基接收机天线相位中心到海平面的垂直距离,θ 为卫星高度角,A_d 为直射信号幅值,A_m 为反射信号幅值,反射信号和直射信号的相位延迟为

$$\psi = \frac{4\pi h}{\lambda}\sin\theta \tag{1}$$

式中,ψ 为多路径引起的相位延迟,λ 为导航卫星信号载波波长。

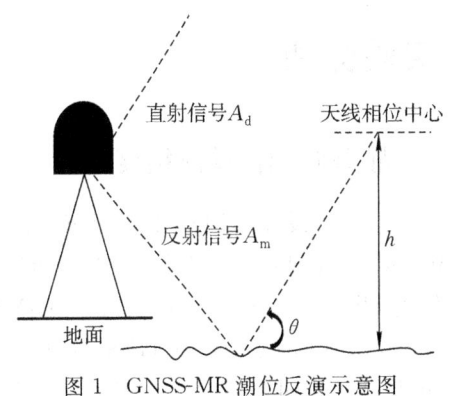

图 1 GNSS-MR 潮位反演示意图

GNSS 接收机除记录用于导航定位的载波、伪距等信息外,还记录着表征卫星信号强弱的信噪比数据,受多路径效应的影响,接收机接收的实际的信噪比 SNR 与直射信号幅值 A_d、反射信号幅值 A_m、相位延迟角 ψ,满足如下关系式,即

$$SNR = A_d^2 + A_m^2 + 2A_d A_m \cos\psi \tag{2}$$

为提高定位精度抑制多路径效应的影响,通过对接收机前置放大端设计,使直射信号幅值远大于反射信号幅值。由式(2)可知信噪比由直射信号和反射信号幅值造成的趋势项和由相位延迟造成的余弦三部分组成,通过二次拟合去除趋势项,结合式(1)得到式(3),即

$$dSNR = A\cos\left(\frac{4\pi h}{\lambda}\sin\theta + \varphi\right) \tag{3}$$

式中,$dSNR$ 是通过二次拟合去除趋势项后的信噪比值,λ 为载波波长,θ 为卫星高度角,h 为接收机相位中心到海面反射面的垂直高度,将式(3)标准化为

$$dSNR = A\cos(2\pi f t + \varphi) \tag{4}$$

结合式(3)存在关系 $f = \frac{2h}{\lambda}$、$t = \sin\theta$。余弦项频率与高度 h、载波波长有关,当波长不变时,频率与高度 h 呈线性关系,当高度增加时,余弦项频率增加;当高度降低时,余弦项频率减少。信噪比余弦项频率包含了潮位信息,通过提取余弦项的频率经简单的换算求得 h,由天线高度减去反演的高度 h 值,即可求出以海平面为基准的潮位值。由于接收机重采样作用,信噪比余弦项是以不等间距的高度角正弦值为变量的时间序列,快速傅里叶变换(FFT)无法解决非等间隔的问题,应采用 Lomb-Scargle 方法(简称 L-S)进行频谱分析。

3 精度评定方法

为对不同 GNSS 信号用于潮位反演的精度进行评定,本文将验潮站实测值作为潮位的真实值,将反演的潮位高度值减去验潮站潮位值作为反演结果的残差,将残均方根误差(root mean squared error,RMSE)作为潮位反演的精度,实验同时对潮位反演相关性进行了评定,公式如下,即

$$\left.\begin{aligned} RMSE &= \sqrt{\frac{1}{N}\sum_{t=1}^{N}(X_i - Y_i)^2} \\ r &= \frac{\sum_{i=1}^{n}(X_i - \bar{X})(Y_i - \bar{Y})}{\sqrt{\sum_{i=1}^{n}(X_i - \bar{X})^2}\sqrt{\sum_{i=1}^{n}(Y_i - \bar{Y})^2}} \end{aligned}\right\} \tag{5}$$

式中,N 为潮位反演的个数,X_i 为反演的潮位值,$\bar{X}$ 为反演潮位值的均值,Y_i 为同 X_i 同时刻的验潮站潮位值,$\bar{Y}$ 为验潮站测得潮位均值。

4 实验分析

4.1 平静海面潮位反演精度分析

本文采用布设在美国华盛顿州 Friday Harbor 的 GNSS 连续运行基准站 SC02 站观测数据进行实验分析,SC02 观测站隶属于美国"地球透镜计划(Earth Scope)"中的板块边缘观测 PBO 网络,受到海面反射信号影响。SC02 站配备了 TRIMBLE NETR9 大地测量型接收机、SCIT 型扼流圈天线(TRM59800.80),该站提供 GPS、GLONASS、Galileo 卫星观测数据,距 SC02 站 359 m 处的 Friday Harbor 验潮站实时观测潮位数据可以用于验证分析。卫星数据从 IGS 网获取,潮位数据由 NOAA 组织提供,天线相位中心的高度为 5.389 m。为使用于潮位反演的反射信号来自于海面,高度角设置为 5°~12°,方向角设置为 60°~220°,各系统导航信号载波频率如表 1 所示、站点环境如图 2 所示。

表 1 潮位高度反演参数表

系统	信号	中心频率/MHz	波长/m
GPS	L1C	1 575.42	0.190 29
	L2X	1 227.6	0.244 21
	L5X	1 176.45	0.254 828
GLONASS	L1	1 602	0.187 136
	L2	1 248	0.240 218
Galileo	E1X	1 575.42	0.190 29
	E5aX	1 176.45	0.254 828
	E5bX	1 207.14	0.248 349
	E6X	1 278.75	0.234 442

图 2 GNSS 站点及环境

SC02 站在 2020 年 214~244 d 期间,无风暴潮、无恶劣天气,本文采用该时间段的数据进行实验。根据潮位反演理论各反演流程,利用 TEQC 软件从接收机观测文件提取出高度角 5°~12°,方向角 60°~220°的卫星信号的信噪比,采用二项拟合的方法去除趋势项,利用 Lomb-Scargle 方法进行频谱分析求出发射信号的频率,结合信号的载波波长,反演出天线相位中心到反射面的高度值,由天线相位中心的高度减去反演高度(接收机海平面的高度)求出以平均海平面为基准的海面高度值。有效频谱分析采用以下条件作为判断标准:①频谱最高的峰值不低于 3 倍的背景噪声均值;②频谱中多于 5 个峰值;③频谱最高的峰值不低于 2 倍的次峰幅度。不满足其中一条将对信号序列进行重选。

图 3 是 2020 年 006 d SC02 站 GPS 09 号卫星 L2 反射信号的信噪比和相应的 L-S 频谱分析图。图 3(a) 是以高度角为横坐标,以幅值为纵坐标的反射信号信噪

图 3 SC02 站 G09 SNR(L2)残差序列及频谱分析图

比,具有明显的周期性;图 3(b)是相应的 L-S 频谱图,横坐标为天线相位中心到反射面的高度,纵轴为频谱能量值,频谱主峰值为 7.912 V,主峰值所对应的相位中心高度为 6.120 m。由相位中心高度值减去 5.389 m 即可得出潮位高度 0.731 m。反演时刻采用信噪比序列中间值所对应的时间作为反演时刻,观测文件中提供了每个信噪比值所对应的时间,该潮位反演的时间为 19.12 h。

图 4 为 SC02 站 2020 年 214～244 d 利用 GPS、GLONASS、Galileo 不同导航信号、高度角 5°～12°、方向角 60°～220°信噪比对潮位反演的结果图,横轴为潮位反演时间,单位为小时,纵轴为反演潮位高度,单位为米,散点为不同信号下的潮位反演值,实线为验潮站提供的潮位曲线。由图 4 SC02 站实验结果表明:各系统反演潮位点同验潮站实测潮位趋势相同,并且反演点均落在潮位曲线上或曲线附近,结果表明 GPS、GLONASS、Galileo 各载波信号均可用于潮位监测。

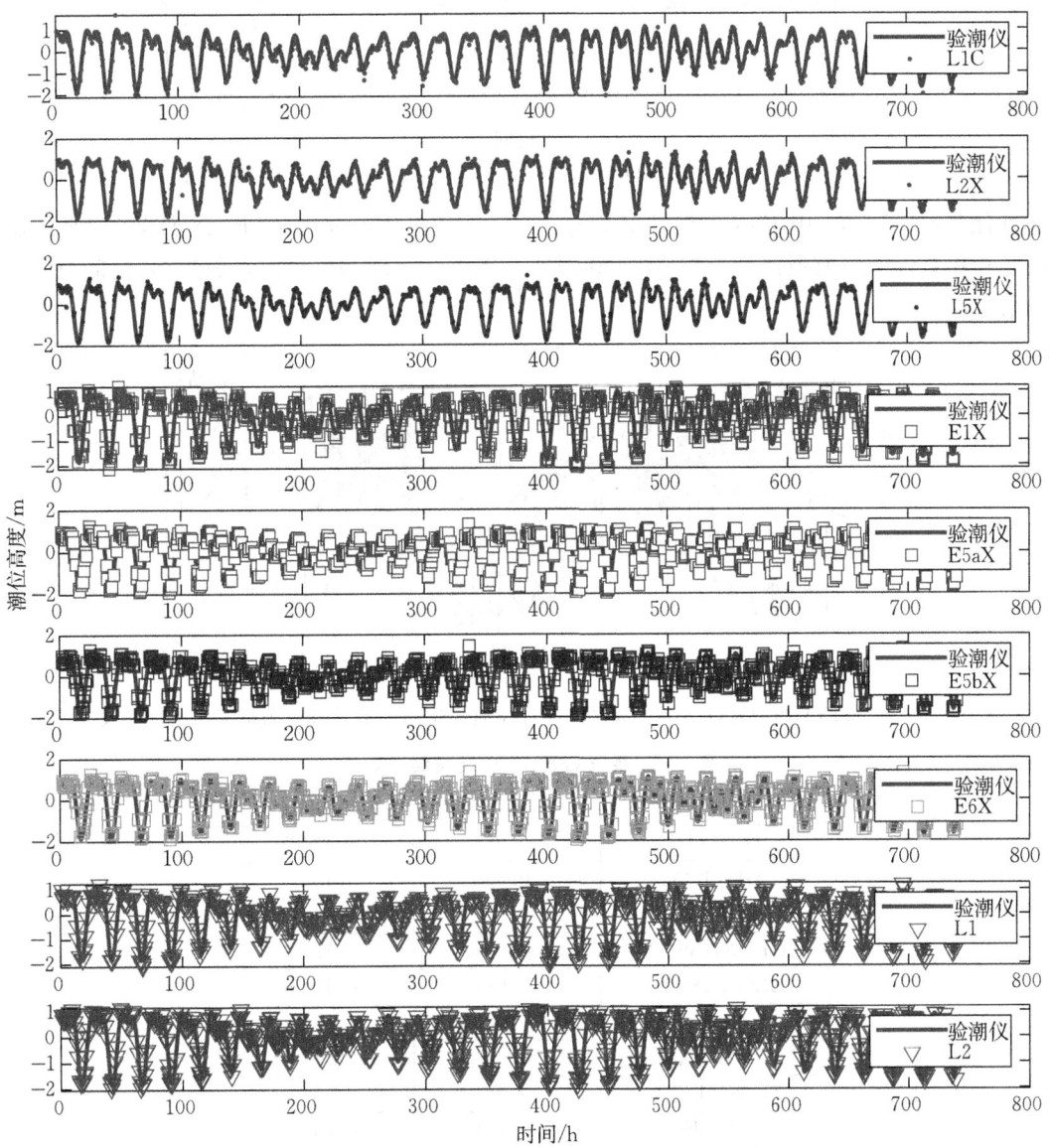

图 4　SC02 站 GPS、Galileo、GLONASS 各载波 SNR 反演潮位高度及验潮站实测潮位高度曲线

本文以反演的潮位值与验潮站潮位值差值作为反演结果的残差,验潮站数据由 NOAA 组织提供,采用三次样条插值算法求出与反演潮位值同一时刻的潮位值。图 5 为不同导航信号潮位反演结果残差图,横轴是反演时间,纵轴是残差大小。由图 5 可知,各导航信号潮位反演残差紧密地落在以 0 为横轴 0.5 为半径区间的范围内,表明在无风暴潮、海面风浪较小时各系统导航信号潮位反演稳定性均较强,GPS、GLONASS、Galileo 均可用于潮位反演。

图 6 为在不考虑各导航信号反演结果权重情况下,三系统组合潮位反演结果。由图 6 可知,三系统联合的反演结果同潮位曲线趋势相同,不同导航信号潮位反演采样时间间隔互补。

表 2 为不同 GNSS 信号潮位反演结果精度及相关系数表,由表 2 中可知 GLONASS 的 L1 和 L2 信号用于潮位反演的精度和相关系数最优,精度分别为 0.136 3 m 和 0.134 6 m,相关系数为 0.983 6 和 0.985 4;Galileo E5aX 信号反演精度和相关系数最差,精度为 0.177 2 m,相关系数为 0.975 1;GPS 中

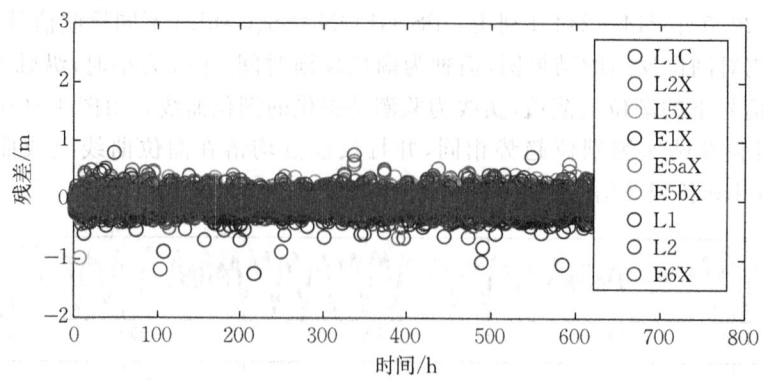

图 5　SC02 站 GPS、GLONASS、Galileo 各载波信噪比反演潮位高残差

L5X 反演性能最好，Galileo 中 E6X 反演性能最好，由于采用了 Galileo 中的 E5aX 信号，三系统融合潮位反演的精度和相关性系数有所减小；结合图 4 和图 6 三系统组合的潮位反演点数最多，时间分辨率较单个信号反演结果最高。

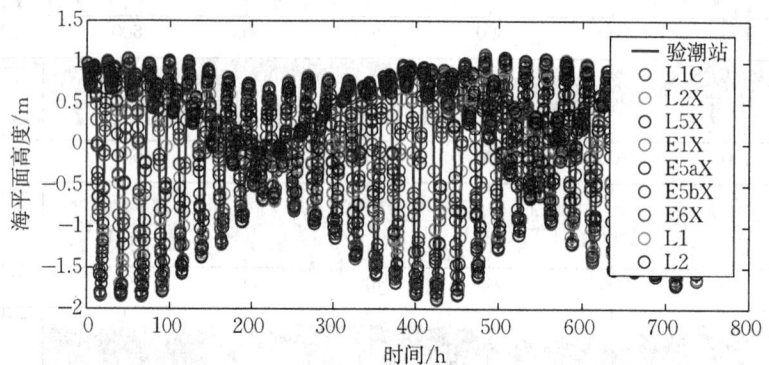

图 6　SC02 站 GPS、GLONASS、Galileo 联合反演潮位高度结果及验潮站实测潮位曲线

表 2　三系统 GNSS-MR 反演结果对比

载波类型	相关系数	误差/m
GPS L1C	0.98	0.151 2
GPS L2X	0.981 5	0.152
GPS L5X	0.980 4	0.145 2
GLONASS L1	0.983 6	0.136 3
GLONASS L2	0.985 4	0.134 6
Galileo E1X	0.982 1	0.151
Galileo E5aX	0.975 1	0.177 2
Galileo E5bX	0.981 0	0.151 6
Galileo E6X	0.981 6	0.138 9
G+R+E	0.982 6	0.147 7

4.2　风暴潮反演精度研究

风暴潮是热带气旋和温带气旋等大气扰动作用下，由推动水面的强风引起的海面异常升高现象，通常引起极端的海面变化，给沿海地区带来洪涝灾害。在我国每年台风风暴潮造成巨大的生命财产损失，同时台风风暴潮使沿海验潮站普遍失灵，使得只能采用高水位标志研究风暴潮，GNSS-MR 技术为风暴潮监测与研究提供了一种新的方式。

台风"劳拉"在 2020 年 8 月 27 日登陆美国路易斯安那州带来四级飙风，50 多万沿海居民强制撤离，墨西哥湾 84% 石油生产被迫关闭，"劳拉"在伊斯帕尼奥拉岛造成近 24 人死亡，电力中断，并引发强烈洪水，造成了巨大的经济财产损失。为探究 GNSS-MR 技术用于风暴潮反演的有效性和各不同系统用于风暴潮反演性能。本文采用受"劳拉"影响的 CALC 站观测数据进行实验。

CALC 站位于美国墨西哥海湾沿岸西经 93°46.1′,北纬 29°46.1′,该站提供 GPS、GLONASS、Galileo 卫星的观测数据,2020 年 8 月 27 日受"劳拉"风暴潮影响,潮位上涨 3 m 左右。实验利用 2020 年 8 月 26 日和 27 日两天的观测数提取高度角 5°~20°、方向角 0°~77°和 190°~360°的反射信号信噪比对风暴潮进行反演。

图 7 为 GPS(L1C、L2X、L5X)、Galileo(E1X、E5aX)、GLONASS(L1、L2)潮位反演结果图,横轴是潮位反演的时间,以小时为单位,纵轴是反演的潮位高度,图 7 中实线为验潮站提供的潮位曲线,散点不同信号潮位反演值。由图 7 中可知,在 0~15 h 风暴潮未登陆时海面变化平缓、风浪小,各导航信号潮位反演点数目较多,反演点较紧密均匀地分布在潮位曲线上;15 h 后随着风暴潮的到来,风浪增加,各系统潮位反演点数逐渐减少且残差增加,精度降低;在 28~32 h 海面快速上升和下降阶段,海面风浪较大,反射信号 SNR 频率相对稳定性被破坏,潮位反演失败。在潮位上升到峰值时,海面高度存在一段相对稳定的时期,潮位反演成功;当潮位下降到 1.5 m 以下时,潮位下降速度逐渐缓慢,风浪减小,反射信号频率稳定性增强,潮位反演点数目和精度增强。

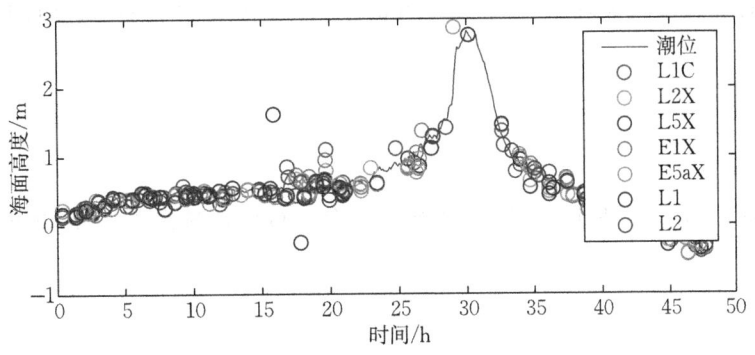

图 7 风暴潮时期潮位高度反演结果

图 8 为风暴潮反演的残差图,0~15 h 风暴潮位来临之前,残差分别紧密,各系统潮位反演稳定性强;15 h 之后随着风暴潮的来临,各系统的潮位反演残差变得分散,潮位反演精度降低,不确定度增加;35 h 之后潮位退却,各系统潮位反演残差减小,潮位反演精度增加,潮位反演稳定性增强。

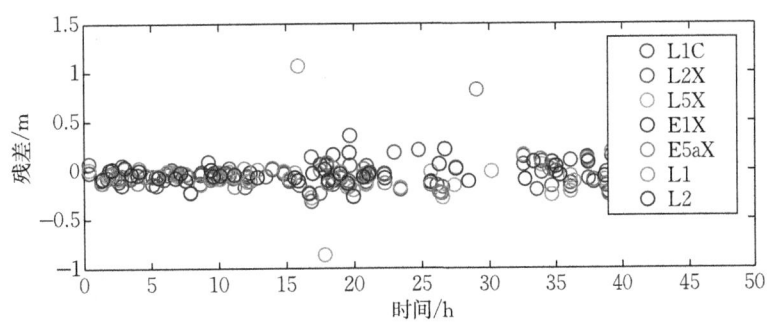

图 8 风暴潮潮位高度反演残差

表 3 为风暴潮时期 GPS、GLONASS、Galileo 潮位反演的精度和相关性精度对比,由表 3 中可知 GLONASS 的 L1 和 L2 频率对风暴潮位反演的精度最高分别为 0.837 m、0.082 5 m。Galileo 的 E5aX 潮位反演性能最差,精度为 0.175 2 m;GPS、GLONASS 和 Galileo 组合的潮位反演精度为 0.101 2 m 相关系数为 0.951 2。

表 3 风暴潮时期三系统反演精度对比

系统	相关系数	精度/m
GPS L1C	0.949 8	0.106 4
GPS L2X	0.954 0	0.1
GPS L5X	0.978 4	0.106 8
Galileo E1X	0.957 9	0.109 3
Galileo E5aX	0.954 5	0.175 2
GLONASS L1	0.964 2	0.083 7
GLONASS L2	0.964 4	0.082 5
G+E+R	0.951 2	0.101 2

5 结 论

GNSS-MR 是一种新兴的地基遥感技术，能提供长时间稳定、时空分辨率高的遥感信息，针对当下缺少对不同 GNSS 信号用于潮位反演精度的对比研究的现状，利用不受风暴潮影响的 SC02 站和受台风"劳拉"影响的 CALC 站提供的 GPS(L1C、L2X、L5X)、GLONASS(L1、L2)、Galileo(E1X、E5aX、E5bX、E6X) 数据对潮位反演、将残差均方根误差作为反演精度，并对反演结果进行相关性分析。经算例分析得知：

(1) 不论在无风暴潮时期还是在风暴潮时期 GPS、GLONASS、Galileo 各导航信号潮位反演结果同验潮站实测潮位趋势相同，各导航信号均能用于潮位反演。

(2) GLONASS L1、L2 用于潮位反演精度和相关系数最优，Galileo E5aX 用于潮位反演性能最差。

(3) GPS、GLONASS、Galileo 三系统组合潮位反演能提高反演的连续性和时间分辨率。

(4) 风暴潮时期，随着潮位的增高 GNSS-MR 潮位反演有效数目逐渐减少，反演精度下降；在海面快速上升和下降时期，存在反演失灵现象，较单 GNSS 信号，三系统组合的潮位反演能更好地反演整个风暴潮时期的潮位趋势。

参考文献：(略)

作者简介：游高冲，男，1994 年生，硕士，主要研究方向为 GNSS 研究与应用，以及 GNSS-MR 技术。

基于三维激光雷达的激光 SLAM 算法研究*

王宇杰[1]，郭 杭[1]，余 敏[2]，曾 翔[1]，陈 鑫[1]，石 良[1]，朱 晨[1]

（1. 南昌大学，江西 南昌 330031；2. 江西师范大学，江西 南昌 330022）

摘 要：由于激光雷达传感器具有不受光线影响、测量精度高等显著优点，激光 SLAM 技术可以解决在室内环境下难以定位的情况，而且还被广泛应用于室外场景定位，如无人机、自动驾驶等。为了深入研究基于三维激光雷达的 LOAM 和 A_LOAM 算法，本文在 KITTI 数据集的基础上分别运行 LOAM、LOAM 与 IMU 融合和 A_LOAM 算法，选取 KITTI 数据集中的 07 序列作为实验数据，分析和对比 LOAM、LOAM 与 IMU 融合和 A_LOAM 算法的位姿估计结果，分析和总结这三种算法的性能。

关键词：三维激光雷达；LOAM 与 IMU 融合；KITTI 数据集

1 引 言

定位技术在我国军事、地理考察、汽车导航等各个领域有着非常广泛的应用，是现代社会最重要的技术之一。定位技术分为室外定位与室内定位，室外定位主要是依靠导航卫星发送的信号，通过对导航卫星信号的处理得到定位信息。但利用卫星信号定位存在一些局限性，在室外场景下，直接卫星导航定位的精度大概在几米或几十米，不能满足一些高精度定位要求的场合。尤其在高楼耸立的地区接收到的卫星信号很微弱，导致定位的结果与实际偏差非常大，不能正常导航。卫星信号在室内场景下会被屏蔽掉，机器人无法利用卫星进行准确的定位。

针对室内定位存在的相关问题，许多学者提出了针对室内定位的相关方法，如蓝牙定位、激光 SLAM（即时定位与地图构建）、磁导航、视觉 SLAM 等。激光雷达以其可靠性高、抗干扰能力强、精度高及不受光线和周围物体纹理的影响等优势在实际生活中得到了广泛的应用。激光 SLAM 是以激光雷达实现同时定位与建图功能的传感器，其是目前最稳定、最主流的定位导航方法。按照激光雷达传感器的类型分为二维激光雷达和三维激光雷达，在激光 SLAM 中建图的结果分别为平面栅格地图和三维点云地图。三维点云地图可以获得比平面栅格地图更丰富的周围物体信息，常常用于自动驾驶和高精度地图绘制等场合。本文对比与分析了在 07 序列数据包下 LOAM、LOAM+IMU 融合和 A_LOAM 算法性能的情况。

2 算法介绍

2.1 LOAM 算法原理与框架

激光 SLAM 的 LOAM 算法因其性能强、位姿精度高等优点，成为近十年间最好的三维激光 SLAM 算法之一，很多其他优质三维激光 SLAM 算法都以 LOAM 为基础进行参考和改进。激光雷达传感器在运动的过程中会使点云产生运动畸变，从而影响点云匹配的正确率，进一步影响定位与建图的精度。针对这一问题，LOAM 提供了一种低漂移和低复杂度的算法，该算法的框架如图 1 所示。

---

* 基金项目：国家自然科学基金项目(No. 41764002)

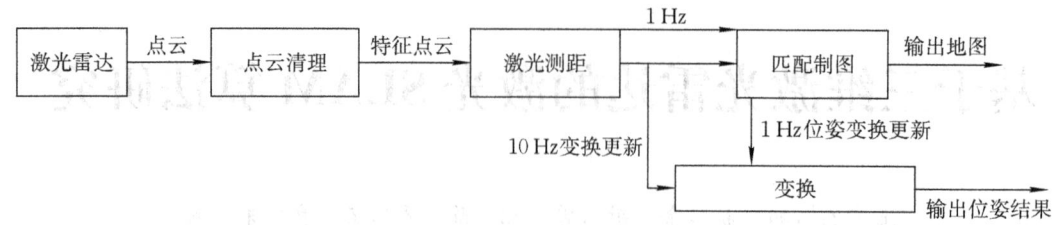

图 1 LOAM 算法框架示意

其主要框架由四部分组成,即点云清理(point cloud registration)、激光测距(LiDAR odometry)、匹配制图(LiDAR mapping)、变换(transform integration)。点云清理的主要作用是对激光雷达获取的数据提取出特征点和去除瑕点,特征点的提取是通过曲率值来分类,特征点曲率大于设定阈值的点为边缘点,曲率小于设定阈值的点为平面点。曲率值计算公式如式(1)所示,即

$$c = \frac{1}{|S| \cdot \|X_{(k,i)}^L\|} \left\| \sum_{j \in S, j \neq i} (X_{(k,i)}^L - X_{(k,j)}^L) \right\| \tag{1}$$

式中,i 为每帧点云中的待求点,$(i \in p_k)$,S 为点 i 周围连续点的集合,X 为点云中点的坐标值,k 为第 k 帧,j 为集合 S 中的某个点。

激光测距是以 10 Hz 低精度高频的帧间运动估计,其主要作用是利用相邻时刻 t 和 $t+1$ 采集的两帧点云数据进行配准,完成位姿粗略的估计。根据上一步中提取的边缘点和平面点,在 t 时刻找两个特征点确定一条直线,使其 $t+1$ 时刻距目标点最近,点到直线和点到平面的距离公式分别如式(2)和式(3)所示,即

$$d_E = \frac{|(\widetilde{X}_{(k+1,i)}^L - \overline{X}_{(k,j)}^L) \times (\widetilde{X}_{(k+1,i)}^L - \overline{X}_{(k,l)}^L)|}{|\overline{X}_{(k,j)}^L - \overline{X}_{(k,l)}^L|} \tag{2}$$

式中,j、l 是 k 时刻点云中用来确定直线的点,i 是 $k+1$ 时刻点云中的点,j 是 i 对应的匹配点,l 是点 j 周围距离最小的特征点。

$$d_H = \frac{\left| (\widetilde{X}_{(k+1,i)}^L - \overline{X}_{(k,j)}^L) \atop ((\overline{X}_{(k,j)}^L - \overline{X}_{(k,l)}^L) \times (\overline{X}_{(k,j)}^L - \overline{X}_{(k,m)}^L)) \right|}{|(\overline{X}_{(k,j)}^L - \overline{X}_{(k,l)}^L) \times (\overline{X}_{(k,j)}^L - \overline{X}_{(k,m)}^L)|} \tag{3}$$

式中,j、l、m 是 k 时刻点云中用来确定一个平面的点,i 是 $k+1$ 时刻点云中的点,j 是 i 对应的匹配点,l 是点 j 周围距离最小的特征点。

匹配制图的主要作用是优化激光里程计的结果,其是以 1 Hz 频率使用地图和点云数据进行匹配来修正激光测距的处理结果,校正激光里程计的误差。变换的作用是接收和整合激光测距和匹配制图的处理结果,从而完成定位与地图的构建。

2.2 A_LOAM 算法特点

A_LOAM 是在 LOAM 的基础上改进的版本,其实现原理与 LOAM 非常相似,区别主要体现在代码的实现方式上。A_LOAM 去掉了 LOAM 中提取特征点的筛选过程。A_LOAM 将 LOAM 代码中的旋转从欧拉角换成了 Eigen 库中的四元数,以及采用了 Ceres 库降低了代码的复杂性,即用 Ceres 库提供的自动求导模块完成雅可比矩阵的计算。LOAM 中可以通过融合 IMU 数据去提高位姿估计精度,而 A_LOAM 中则没有使用 IMU。这些改变使得 A_LOAM 算法具有更高的可读性,无须复杂的数学推导过程,非常适合实际情况中的制图和定位。

3 实验说明与结果分析

3.1 KITTI 数据集

KITTI 数据集由德国卡尔斯鲁厄理工学院和丰田(美国)技术研究院联合创办,是目前国际上最大的

自动驾驶场景下的计算机视觉算法评测数据集。该数据集用于评测立体图像(stereo)、光流(optical flow)、视觉测距(visual odometry)、三维物体检测(object detection)和三维跟踪(tracking)等计算机视觉技术在车载环境下的性能。KITTI数据集包含市区、乡村和高速公路等场景采集的真实图像数据,以10 Hz的频率采样及同步。

如图2所示,KITTI数据集的数据采集平台装配有两个灰度摄像机,两个彩色摄像机,一个Velodyne三维激光雷达,四个光学镜头及一个高精度的GPS导航系统。其中,Velodyne激光雷达是64线,并以10 Hz的速率扫描周围环境。本文选取KITTI数据集的07序列作为实验数据,路程全长为694.697 m。07序列中场景截图如图3所示,图4为07序列在A_LOAM算法下的点云地图。

图2 KITTI数据集的数据采集平台

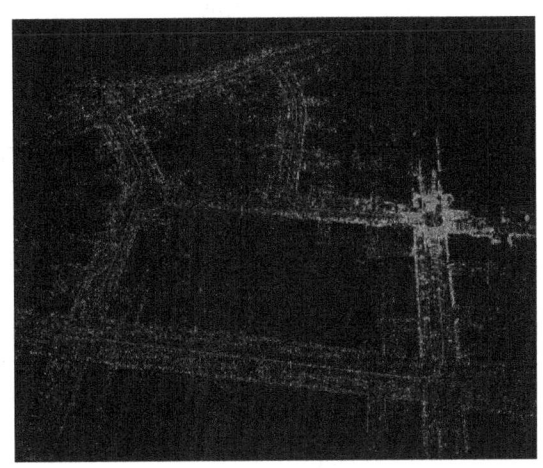

图3 07序列中场景截图

图4 07序列在A_LOAM算法下的点云地图

3.2 实验结果与分析

本文通过基于Ubuntu16.04的ROS系统跑LOAM、LOAM+IMU融合和A_LOAM代码,得出07序列的位姿估计结果。由evo工具画出位姿轨迹图和计算绝对位姿误差,结果如图5、图6、图7和表1所示。可以看出LOAM算法得到的位姿误差最大,LOAM+IMU融合算法得到的位姿估计误差稍微得到改善,A_LOAM算法得到的结果与真实值基本吻合。A_LOAM算法的定位精度较LOAM算法和LOAM+IMU融合算法提升了20多倍,充分体现了其低漂移的特点。

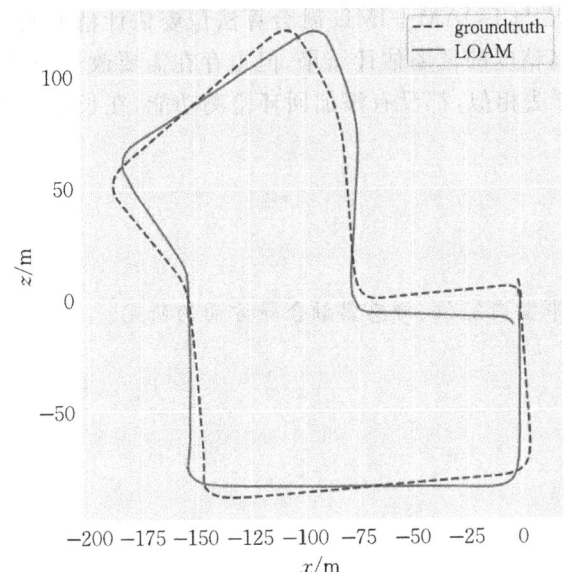

图5 LOAM算法位姿估计轨迹与真实值对比

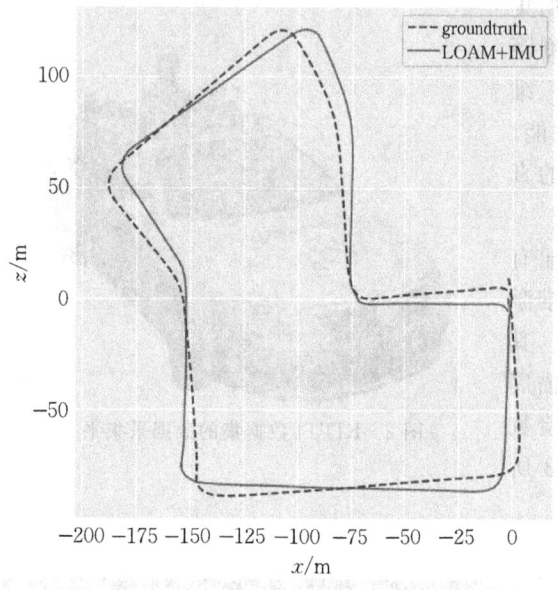

图 6　LOAM+IMU 融合算法位姿估计
轨迹与真实值对比

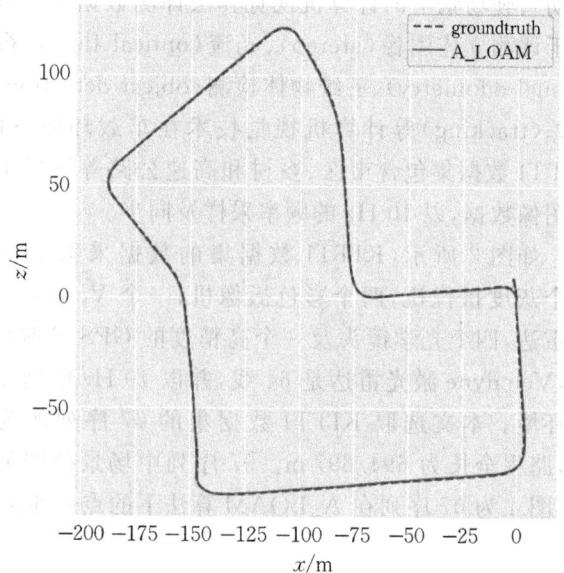

图 7　A_LOAM 算法位姿估计轨迹与真实值对比

表 1　07 序列下三种算法位姿估计结果

场景	距离/m	算法	绝对位姿估计误差最大值/m	绝对位姿估计误差均值/m	绝对位姿估计均方根误差/m
KITTI 数据集 07 序列	694.697	LOAM	22.446	10.149 5	11.282
		LOAM+IMU 融合	18.262 9	10.035 5	10.911 9
		A_LOAM	0.800 1	0.481 1	0.5

4　结　论

本次实验研究了 LOAM 算法及其改进的 LOAM+IMU 融合算法与 A_LOAM 算法在 KITTI 数据集下的位姿估计精度对比情况。可得出 LOAM 算法与 LOAM+IMU 融合算法位姿估计精度明显低于 A_LOAM 算法。虽然 A_LOAM 算法可以得出较高精度的位姿估计结果，但也存在需要改进的地方，如添加回环检测模块等。A_LOAM 算法与 LOAM 算法相似，都没有添加回环检测功能，在长距离的场景下估计位姿时将不能较好地去除累计误差。

参考文献：（略）

作者简介： 王宇杰，男，1997 年生，硕士，主要从事室内定位、传感器融合等方面的研究。

基于多重信号分类改进算法的蓝牙 AOA 高精度室内定位[*]

陈 鑫[1]，郭 杭[1]，余 敏[2]，石 良[1]，曾 翔[1]，王宇杰[1]

(1. 南昌大学，江西 南昌 330031；2. 江西师范大学，江西 南昌 330022)

摘 要：传统低功耗蓝牙室内定位普遍采用接收信号强度(RSSI)指纹方法，其定位精度在 2～5 m。然而，随着 2019 年蓝牙技术联盟宣布蓝牙 5.1 引入了新的寻向功能，这个功能可以检测蓝牙信号的方向，极大地改善了蓝牙室内定位的性能。本文利用蓝牙 5.1，提出一种融合多重信号分类改进算法、三角定位算法及递推均值滤波算法的混合算法，并通过 MATLAB 仿真平台进行实验，提高室内环境下的蓝牙无线定位精度。实验结果表明，该方法的定位精度可以达到厘米级。

关键词：蓝牙；多重信号分类；到达角；三角定位

1 引 言

定位技术根据应用的场合可分为室外定位技术和室内定位技术，在室外场合下，主要的定位技术有美国的全球定位系统(GPS)、俄罗斯的全球导航卫星系统格洛纳斯(GLONASS)、中国的北斗导航卫星系统(BDS)和欧盟的全球导航卫星系统伽利略(Galileo)。这些定位系统广泛应用于日常生活中，基本解决了室外精准定位问题。然而，由于在室内情况下缺乏卫星信号的覆盖，所以全球导航卫星定位系统无法应用于室内场景下。人们基于此提出了蓝牙 RSSI(接收信号强度)室内定位系统、超宽带室内定位系统、Wi-Fi 室内定位系统、射频识别室内定位系统、超声波室内定位系统、蜂舞协议(ZigBee)室内定位系统等。然而，这些方法都存在各种各样的缺点。例如精度低、复杂性高、不可靠及硬件成本高等。相较于这些室内定位系统，蓝牙 AOA(到达角)定位系统具有成本低廉，定位精度高等优点。

目前基于蓝牙的定位方法主要有测距法和测角法，测距方法主要有基于接收信号强度(RSSI)方法。而由于受到多径衰落和噪声的影响，基于 RSSI 的测距方法并不稳定，其定位精度只有 2～5 m，难以满足室内定位要求。测角方法主要分为到达角(AOA)和出发角(AOD)，与基于接收信号强度的定位方法相比，基于 AOA 和 AOD 的定位方法成本更低，精度更高。Cominelli 通过实验评估了基于蓝牙标准 AOA 机制的定位系统的准确性，结果表明定位精度可达亚米级。

提高定位系统精度一直是定位的关键问题，而多径衰落是导致定位误差的主要原因。为了抵抗多径衰落，我们通常采用空间平滑算法。空间平滑经典算法主要包括多重信号分类(MUSIC)算法和 ESPRIT 算法，Oumar 比较了 MUSIC 算法和 ESPRIT 算法计算入射信号到达角方向的性能，实验表明，与 ESPRIT 算法相比，MUSIC 算法更加精确和稳定。Monfared 提出了一种基于 AOA 估计的 BLE 发射机定位方法，并采用 MUSIC 算法进行角度估计。Zhao 提出了一种利用二维波束空间分类信号分类(2D-MUSIC)方法估计路径方向的方案，并利用最小二乘法估计路径增益。在这些文献中，MUSIC 算法都起到了重要作用，提高了定位系统的精度。

本文将蓝牙 AOA 定位系统的信号抗干扰处理作为重点。为此，我们对蓝牙 AOA 信号的多径效应进行建模，然后运用一种改进的多重信号分类算法，该算法用于角度估计，并且能够缓和多径传播的干扰，

---

[*] 基金项目：国家自然科学基金项目(No.41764002)

改善链路质量。此外,还将该算法与递推均值滤波算法融合,用于平滑定位轨迹,增强定位系统的鲁棒性与精确性。最后通过 MATLAB 仿真平台验证了算法的可行性,并且根据均方根误差计算结果表明,该混合算法有效降低了室内定位误差,提高了定位精度。其实验基本流程如图 1 所示。

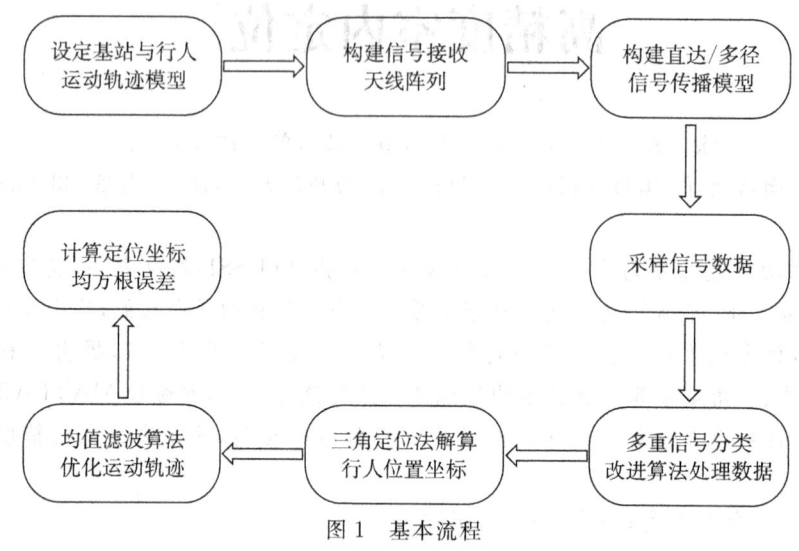

图 1 基本流程

2 研究方法

2.1 仿真模型搭建

2.1.1 行人运动轨迹模型

本次实验为模拟室内复杂环境下的蓝牙 AOA 实时定位实验,假定行人手持蓝牙终端设备,在室内以 1.1 m/s 的步速匀速行走,其整个运动轨迹的周长约为 21.75 m。信号接收基站对行人轨迹点的采样频率为 2.5 Hz。行人的运动轨迹如图 2 所示。

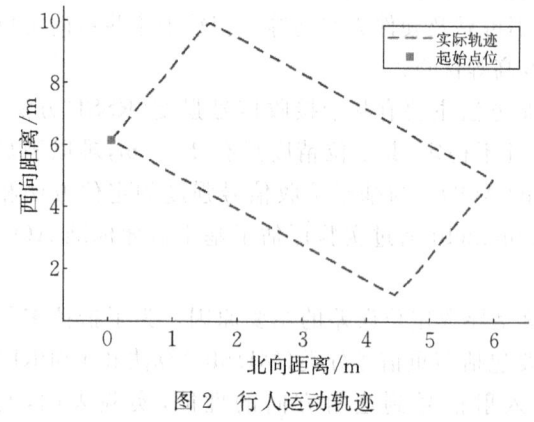

图 2 行人运动轨迹

2.1.2 信号传播模型

随着蓝牙 5.1 协议在 2019 年被正式发布,蓝牙 AOA 测向功能走进了人们视野。该功能利用 2.4 GHz 频率的蓝牙通信载波将一段 250 kHz 的标准正弦信号 (constant tone extension,CTE) 发送出去,在信号接收设备与发送设备进行配对后,即可通过设备天线对该信号进行采样处理,计算出信号 AOA。

本次实验搭建了室内环境下的蓝牙 AOA 信号传播模型,其中载波信号和正弦信号的频率分别设定为 2.4 GHz 和 250 kHz。同时为模拟蓝牙信号在现实场景下受到的干扰,模型中设置了随机路径和随机数量的多径干扰信号,并添加了随机噪声。同时考虑了信号传输过程中的路径损耗,由于电磁波损耗随传输距离 d 按平方规律衰减,相应的信号电场强度将按 $1/d$ 规律衰减,由此建立相应的能量损耗模型。构造出如图 3 所示的室内复杂环境下的蓝牙 AOA 信号传播模型。

2.2 多重信号分类算法处理数据

蓝牙信号在室内传播过程中,容易受到多径效应的影响,同时由于其他信号噪声的存在,使得蓝牙信号的传输受到极大干扰。针对这种情况,我们采用了改进的多重信号分类算法来处理天线接收的信号数据。

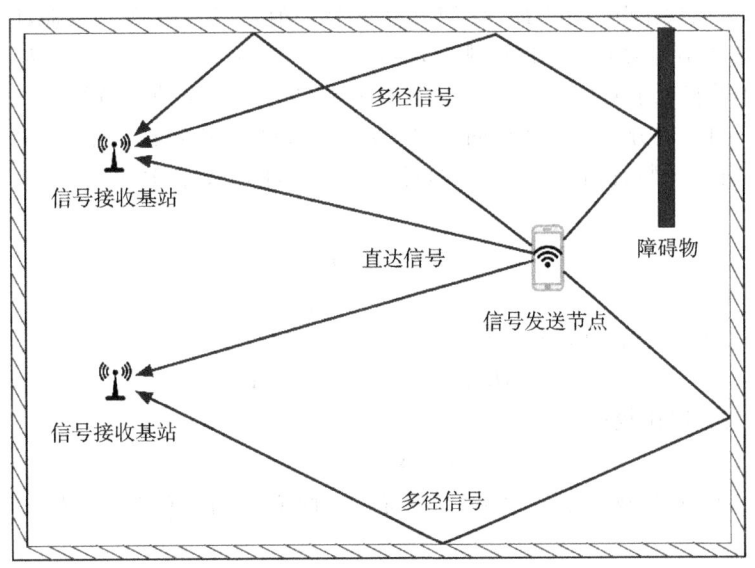

图 3 室内环境下的信号传播模型

该算法利用阵列天线对信号进行采样和处理,假设该算法使用 M 根天线,对空间中存在的 D 个相干信号进行采样。则阵列接收信号的表达式为

$$\boldsymbol{X}=\boldsymbol{AS}+\boldsymbol{N} \tag{1}$$

式中,$\boldsymbol{X}$ 为阵列接收数据矢量,$\boldsymbol{A}$ 为空间阵列流型矩阵,$\boldsymbol{S}$ 为空间信号矢量,$\boldsymbol{N}$ 为阵列噪声数据矢量。各公式符号的具体表达式如下,即

$$\boldsymbol{X}=\begin{bmatrix}x_1(t) & x_2(t) & \cdots & x_M(t)\end{bmatrix}^{\mathrm{T}} \tag{2}$$

$$\boldsymbol{S}=\begin{bmatrix}S_1(t) & S_2(t) & \cdots & S_D(t)\end{bmatrix}^{\mathrm{T}} \tag{3}$$

$$\boldsymbol{N}=\begin{bmatrix}n_1(t) & n_2(t) & \cdots & n_M(t)\end{bmatrix}^{\mathrm{T}} \tag{4}$$

$$\boldsymbol{A}=\begin{bmatrix}a(\theta_1) & a(\theta_2) & \cdots & a(\theta_D)\end{bmatrix}^{\mathrm{T}}$$

$$=\begin{bmatrix} 1 & 1 & \cdots & 1 \\ e^{-\mathrm{j}\varphi} & e^{-\mathrm{j}\varphi_1} & \cdots & e^{-\mathrm{j}\varphi_D} \\ \vdots & \vdots & & \vdots \\ e^{-\mathrm{j}(M-1)\varphi_1} & e^{-\mathrm{j}(M-1)\varphi_2} & \cdots & e^{-\mathrm{j}(M-1)\varphi_D} \end{bmatrix} \tag{5}$$

其中

$$\varphi_k=\frac{2\pi d}{\lambda}\sin\theta_k\,(k=1,2,\cdots,D) \tag{6}$$

在接收信号互不相干时,阵列接收信号 $\boldsymbol{X}$ 的协方差矩阵为

$$\begin{aligned}\boldsymbol{R}_x&=E\big[(\boldsymbol{AS}+\boldsymbol{N})(\boldsymbol{AS}+\boldsymbol{N})^H\big]\\&=\boldsymbol{A}E[\boldsymbol{SS}^H]\boldsymbol{A}^H+E[\boldsymbol{NN}^H]\\&=\boldsymbol{AR}_S\boldsymbol{A}^H+\boldsymbol{R}_N\end{aligned} \tag{7}$$

其中

$$\left.\begin{aligned}\boldsymbol{R}_S&=E[\boldsymbol{SS}^H]\\\boldsymbol{R}_N&=\sigma^2\boldsymbol{I}\end{aligned}\right\} \tag{8}$$

由于在信号不相干的情况下,$\boldsymbol{R}_S$ 矩阵为满秩矩阵。因此在有噪声的情况下,$\boldsymbol{R}_x$ 矩阵也为满秩矩阵。同时由于有

$$(\boldsymbol{R}_x)^H=(E[\boldsymbol{XX}^H])^H=E[\boldsymbol{XX}^H]=\boldsymbol{R}_x \tag{9}$$

由式(9)可知 $\boldsymbol{R}_x$ 矩阵为厄米特矩阵,其不同特征值对应的特征向量是正交的,即 $v_i^H v_j=0$,其中 $i\neq j$。将 $\boldsymbol{R}_x$ 矩阵进行特征分解,可得到对应的特征值和特征向量。

由于 $\sigma^2 > 0$，$\boldsymbol{R}_x$ 为满秩矩阵，所以 $\boldsymbol{R}_x$ 有 M 个正实特征值 $\lambda_1, \lambda_2, \cdots, \lambda_M$，分别对应 M 个特征向量 $\boldsymbol{v}_1, \boldsymbol{v}_2, \cdots, \boldsymbol{v}_M$，将特征值按从小到大的顺序进行排序，即 $\lambda_1 \geqslant \lambda_2 \geqslant \cdots \geqslant \lambda_M > 0$，其中 D 个较大的特征值对应于信号，$M-D$ 个较小的特征值对应于噪声。矩阵 $\boldsymbol{R}_x$ 中属于这些特征值的特征向量也分别对应于信号和噪声，因此可以把特征向量划分为信号特征向量（信号子空间）与噪声特征向量（噪声子空间）。

假设 λ_i 是矩阵的第 i 个特征值，$\boldsymbol{v}_i$ 是与其相对应的特征向量，则有 $\boldsymbol{R}_x \boldsymbol{v}_i = \lambda_i \boldsymbol{v}_i$，再设 $\lambda_i = \sigma^2$ 是 $\boldsymbol{R}_x$ 的最小特征值，得

$$\boldsymbol{R}_x \boldsymbol{v}_i = \sigma^2 \boldsymbol{v}_i \tag{10}$$

式中，$i = D+1, D+2, \cdots, M$。

将 $\boldsymbol{R}_x = \boldsymbol{A}\boldsymbol{R}_S\boldsymbol{A}^H + \sigma^2 \boldsymbol{I}$ 代入式(10)，可得

$$(\boldsymbol{A}\boldsymbol{R}_S\boldsymbol{A}^H + \sigma^2 \boldsymbol{I})\boldsymbol{v}_i = \sigma^2 \boldsymbol{v}_i \tag{11}$$

将式(11)左边展开并与右边比较得

$$\boldsymbol{A}\boldsymbol{R}_S\boldsymbol{A}^H \boldsymbol{v}_i = 0 \tag{12}$$

由于 $\boldsymbol{A}^H\boldsymbol{A}$ 是 $D \times D$ 维的满秩矩阵，$(\boldsymbol{A}^H\boldsymbol{A})^{-1}$ 存在，而 $\boldsymbol{R}_S^{-1}$ 同样存在，则式(12)两边同时乘以 $\boldsymbol{R}_S^{-1}(\boldsymbol{A}^H\boldsymbol{A})^{-1}\boldsymbol{A}^H$ 变成

$$\boldsymbol{R}_S^{-1}(\boldsymbol{A}^H\boldsymbol{A})^{-1}\boldsymbol{A}^H \boldsymbol{A}\boldsymbol{R}_S\boldsymbol{A}^H\boldsymbol{v}_i = 0 \tag{13}$$

于是有

$$\boldsymbol{A}^H\boldsymbol{v}_i = 0 \tag{14}$$

式中，$i = D+1, D+2, \cdots, M$。式(14)表明：噪声特征值所对应的特征向量 $\boldsymbol{v}_i$ 与矩阵 $\boldsymbol{A}$ 的列向量正交，而 $\boldsymbol{A}$ 的各列是与信号源的方向相对应的。因此可利用噪声特征向量构造一个噪声矩阵 $\boldsymbol{E}_n$，即

$$\boldsymbol{E}_n = [v_{D+1} \quad v_{D+2} \quad \cdots \quad v_M] \tag{15}$$

由此定义空间谱 $P(\theta)$ 为

$$P(\theta) = \frac{1}{a^H(\theta)\boldsymbol{E}_n\boldsymbol{E}_n^H a(\theta)} = \frac{1}{\|\boldsymbol{E}_n^H a(\theta)\|^2} \tag{16}$$

式(16)中分母是信号向量与噪声矩阵的内积。当 $a(\theta)$ 和 $\boldsymbol{E}_n$ 的各列正交时，分母理论上为零，但由于噪声的存在使得分母实际上为一个极小值。因此也使得 $P(\theta)$ 为一个极大值，通过使 θ 变化，判断 $P(\theta)$ 图形的波峰进而估计出来向角。

对于室内复杂环境下的信号传播，信号之间存在着相干性，因此协方差矩阵 $\boldsymbol{R}_S$ 中的行列向量间存在线性相关，使得该矩阵为非满秩矩阵，也使得矩阵 $\boldsymbol{R}_x$ 特征分解后构造的噪声子空间中，混入了信号源对应的特征向量。最终使得构造的空间谱函数无法准确搜索各相干信号的来向角。

为使 $\boldsymbol{R}_S$ 矩阵恢复为满秩矩阵，本次实验对多重信号分类算法采取了双向空间平滑处理：该算法首先进行一次前向平滑，将 M 个阵元组成的均匀线阵分成相互重叠的 p 个子阵，使每个子阵的阵元数为 m，即有 $M = p + m - 1$。求出 p 个子阵的接收数据协方差矩阵再取平均即可得到矩阵 $\boldsymbol{R}_f$，然后进行一次后向平滑，同理可得 $\boldsymbol{R}_b$，则双向空间平滑阵列协方差矩阵为

$$\boldsymbol{R}_{fb} = \frac{\boldsymbol{R}_f + \boldsymbol{R}_b}{2} \tag{17}$$

由公式推导可以证明，$\boldsymbol{R}_{fb}$ 矩阵为满秩的厄米特矩阵，并且同时保留了阵列接收的所有信息。由此可将其进行特征分解划分出信号与噪声子空间，继而构造出空间谱函数搜索各信号的来向角。

2.3 三角定位算法与递推均值滤波算法

使用改进的多重信号分类算法处理来向角数据后，即可使用三角定位算法计算出行人运动轨迹坐标。假设信号发送设备坐标为 (x, y)，两信号接收基站的坐标分别为 $(x_1, y_1), (x_2, y_2)$，其对应接收的直达信号来向角分别为 α、β，则三角定位算法可用公式表示为

$$\left. \begin{array}{l} x = \dfrac{(y_2 - x_2 \tan\beta) - (y_1 - x_1 \tan\alpha)}{\tan\alpha - \tan\beta} \\[2mm] y = \dfrac{(x_2 - y_2 \cot\beta) - (x_1 - y_1 \cot\alpha)}{\cot\alpha - \cot\beta} \end{array} \right\} \tag{18}$$

使用式(18)计算,即可在获得直达信号角度之后,实时计算出行人的运动轨迹坐标。

计算出行人运动轨迹坐标后,在不损失定位精度的条件下,本次实验使用了递推均值滤波算法对定位坐标进行平滑和优化处理。该算法原理可用公式表示如下,即

$$\left.\begin{array}{l} y(1)=y(1) \\ y(2)=\dfrac{y(1)+y(2)+y(3)}{3} \\ \quad\vdots \\ y(n-1)=\dfrac{y(n-2)+y(n-1)+y(n)}{3} \\ y(n)=y(n) \end{array}\right\} \quad (19)$$

使用该滤波算法,可在不损失定位精度的前提下,对行人运动轨迹坐标进行平滑处理。

3 实验分析

本文提出了一种基于室内复杂环境下的蓝牙 AOA 行人定位方法,并通过在 MATLAB 仿真平台下进行实验,验证了本文所提方法的实用性和通用性。

本次实验为模拟室内复杂环境下的蓝牙 AOA 实时定位实验,假定行人手持蓝牙终端设备,在室内以 1.1 m/s 的步速匀速行走,其整个运动轨迹的周长约为 21.75 m。信号接收基站对行人轨迹点的采样频率为 2.5 Hz。在使用 MATLAB 软件处理信号数据后,得到了如图 4 所示的定位轨迹结果。

由图 4 中可以看出,当行人以正常步速开始沿直线行走时,其手持的蓝牙设备将不断发送蓝牙信号,蓝牙信号在室内复杂环境下传播时将产生多径信号。当基站阵列天线采样信号时,直达信号将与多径信号一起被天线采样接收。由于天线采样具有一定的离散性和稀疏性,使得直达信号与多径信号的区分程度降低。并且由于有其他噪声干扰的存在,使得多重信号分类算法在解算直达信号的来向角时,会产生一定的偏差,从而在使用三角定位法解算行人位置坐标时,会产生定位坐标上的距离误差。由图 4 可以看出,行人在闭合的路线范围内沿各段直线运动时,使用空间平滑算法解算出来的定位坐标会产生一定程度的偏移。

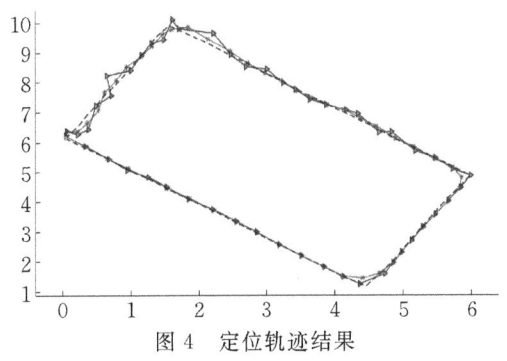

图 4 定位轨迹结果

此时可利用递推均值滤波算法来平滑和优化行人轨迹。该滤波算法以待滤波数据为中心,选取相邻的 3 个数据计算均值,继而避免了由于窗口队列数据过多而造成的滤波滞后问题。使用滑动滤波算法优化后的轨迹如图 4 所示,可以看出,该算法在不损失定位精度的前提下,对定位轨迹取得了良好的平滑效果。

最后对于各算法使用前后的定位误差对比如表 1 所示,本文进行了 5 次试验。试验结果表明,在室内复杂环境下,通过将多重信号分类改进算法、递推均值滤波算法相结合,再利用三角定位算法对室内行人轨迹坐标进行解算,可以获得厘米级的定位精度。从而验证了该方法的实用性和通用性。

表 1 各算法使用前后的定位误差对比

试验次数	误差/cm	
	多重信号分类 改进算法	多重信号分类 改进算法+递推均值滤波
1	10.992 7	8.086 0
2	44.379 3	8.270 3
3	13.671 3	9.828 4
4	10.530 4	8.960 4
5	55.173 6	6.792 5

4 结 论

本文提出了一种基于室内复杂环境下的蓝牙AOA行人定位方法。该方法可以实现室内复杂环境下行人的实时高精度定位。通过使用多重信号分类改进算法,可以有效抵抗室内环境下的多径信号,测算出蓝牙信号传播到接收基站的直达角度。通过使用递推均值滤波算法,可以平滑和优化行人运动轨迹,使得优化后的轨迹极大的贴近于原行人运动路径,从而提高了定位精度。

在一定程度上,该定位方法可以满足室内定位精度要求。然而,由于实验设备的硬件限制,以及天线采样方式的区别。该方法在蓝牙AOA领域目前还停留在实验仿真阶段。在接下来的研究中,计划将该方法与实际硬件设备相结合。

参考文献:(略)

作者简介:陈鑫,男,1998年生,主要研究方向为控制科学与工程专业。

蓝牙 AOA 定位与实验分析

石 良,郭 杭,陈 鑫,王宇杰,曾 翔,朱 晨

(南昌大学,江西 南昌 330031)

摘　要:蓝牙 AOA 定位技术主要应用于室内环境。随着 2019 年蓝牙技术联盟宣布蓝牙 5.1 引入了新的寻向功能,它可以检测蓝牙信号的方向,这极大地改善了蓝牙室内定位的性能,现阶段的定位精度已经达到厘米级。本文介绍了蓝牙 AOA 定位技术,进行了基于 CC2640R2 蓝牙开发板和 BOOSTXL 天线板的室内定位实验,并处理和分析了数据,得到了一些有益的结果。

关键词:室内定位;蓝牙;到达角

1 引　言

人类有 70%～90% 的时间是在室内环境中度过的,由于在室内情况下缺乏卫星信号的覆盖,所以全球导航卫星定位系统无法应用于室内场景下,但是在复杂的室内环境下,如医院、大型商场等,也急需室内定位技术。近几年来,室内定位技术得到了高速发展,特别是随着物联网与人工智能的快速发展,人们对室内定位技术的需求越来越大,基于位置服务(LBS)逐渐渗透到人类生产生活的各个方面。

目前,人们已经基于现有的无线技术进行了室内定位技术的研究和开发,例如基于蓝牙 4.0 的室内定位系统、超宽带 UWB 的室内定位系统、Wi-Fi 室内定位系统、射频识别 RFID 室内定位系统、超声波室内定位系统及蜂舞协议(ZigBee)室内定位系统等。但是,这些方法都有各自的缺点,如精度低、复杂性高、不可靠及硬件成本高等。在这样的大环境下,蓝牙技术联盟于 2019 年发布了蓝牙 5.1 标准,利用 AOA/AOD 技术极大地提升了室内定位技术的可用性,同时兼具高精度、高并发、低功耗、低成本、高兼容性等特性,为解决室内精确定位问题奠定了基础。

本文首先介绍了蓝牙 AOA 定位技术的原理,然后进行了基于 CC2640R2 蓝牙开发板和 BOOSTXL 天线板的室内定位实验,最后分析了蓝牙 AOA 定位技术有待解决的一些问题。

2　蓝牙 AOA 定位技术

如图 1 所示为 AOA 示意图,发射端为单天线,接收端为多天线。发射端通过单天线设备发送具有测向功能的数据包,接收端匹配具有多天线阵列和射频开关的设备进行数据接收。其中射频开关的作用是切换不同的天线以获取 I/Q 采样数据。这些采样信号 I/Q 值可用来计算不同天线阵元之间所接收信号的相位差,然后利用相位差信息估算到达角,从而实现定位功能。

如图 2 所示,d 为接收端两个天线阵元之间的距离,当蓝牙信号通过时,因信号到达天线的距离不同,从而产生相位差 ψ,γ 为波长。

相位差 ψ 的计算公式如下,即

$$\psi = (2\pi d \cos(\theta))/\lambda \tag{1}$$

则到达角 θ 为

$$\theta = \arccos((\psi\lambda)(2\pi d)) \tag{2}$$

---

* 基金项目:国家自然科学基金项目(No.41764002)

在上述到达角计算过程中,需注意,接收端两个天线阵元之间的距离 d 应小于半波长,避免距离过大而引起信号失真。

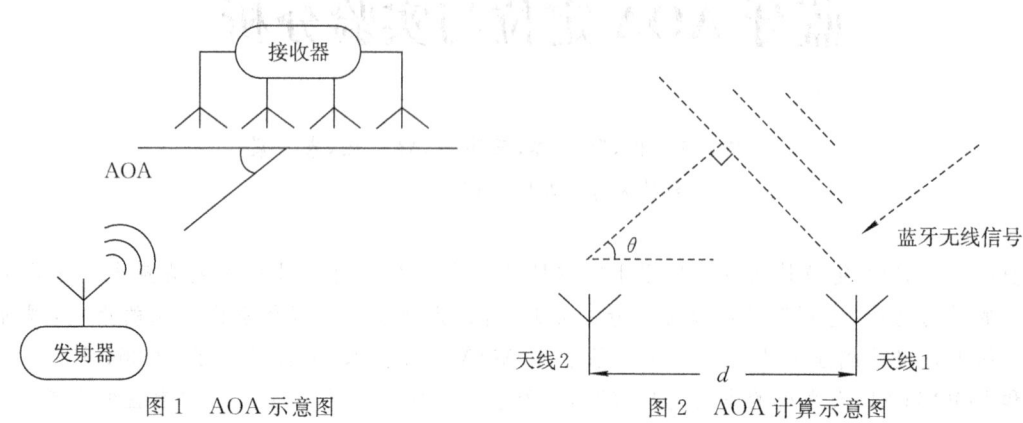

图 1　AOA 示意图　　　　　　　图 2　AOA 计算示意图

3　蓝牙 AOA 定位测试

本次实验使用 Texas Instruments(TI)公司的设备采样传入的恒定音波作为 I/Q 数据,此原始 I/Q 数据表示信号的幅度和相位数据,可用于得出设备发送恒定音波的角度。设备连接图如图 3 所示。

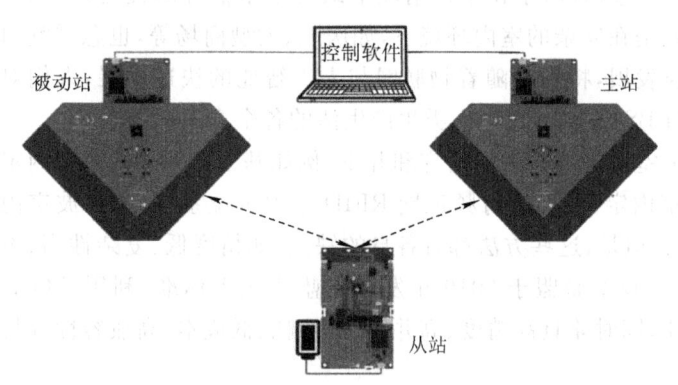

图 3　设备连接图

如图 3 所示,由一块 CC2640R2 蓝牙开发板搭载一块 BOOSTXL 天线板作为 RTLS 被动站节点,同样的,再由另一块 CC2640R2 蓝牙开发板搭载另一块 BOOSTXL 天线板作为 RTLS 主站节点,最后将一块 CC2640R2 蓝牙开发板作为 RTLS 从站节点。其中,RTLS 被动站节点和 RTLS 主站节点将收集实时 I/Q 样本数据,最终得到 RTLS 从站节点到其他两个节点的角度。

实际测试时,为了降低多径干扰对实验的影响,将 RTLS 被动站节点、RTLS 主站节点及 RTLS 从站节点放置于距离地面一定高的支架上,将 RTLS 被动站节点与 RTLS 主站节点的位置固定,RTLS 从站节点按预设轨迹匀速运动。本次实验的场地分为室内复杂环境和室内空旷环境,室内复杂环境场地如图 4 所示,室内空旷环境场地如图 5 所示。

图 4　室内复杂环境场地

图 5　室内空旷环境场地

RTLS 从站节点按预设路线运动结束后,将角度信息导出到 csv 文件,再利用 MATLAB 软件对角度信息进行处理,最终求得 RTLS 从站节点的轨迹信息。本次蓝牙 AOA 定位的二维平面轨迹图如图 6、图 7 所示。

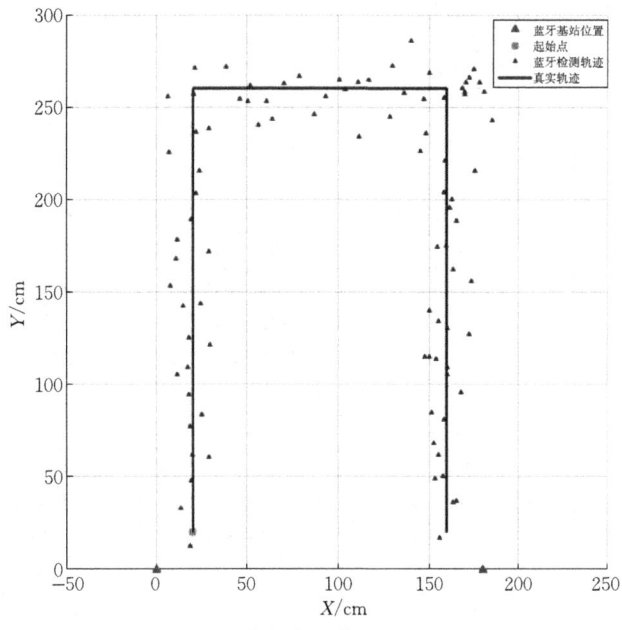

图 6 室内复杂环境下的轨迹图

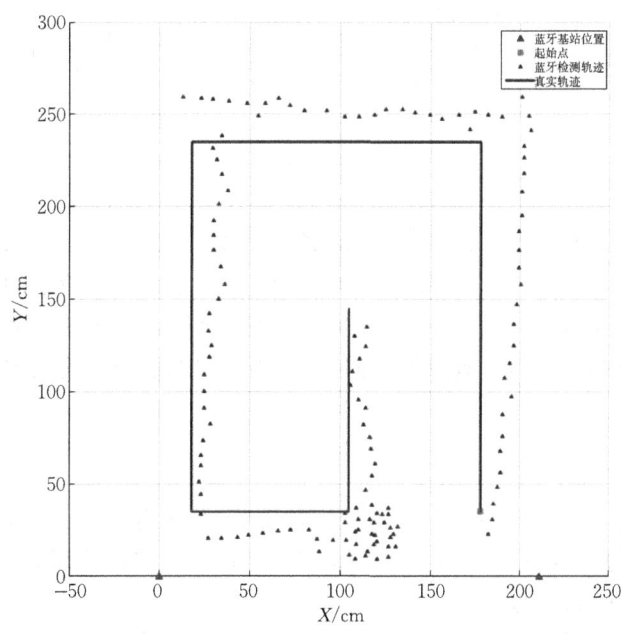

图 7 室内空旷环境下的轨迹图

不同场景下的定位结果如表 1 所示。

表 1 不同场景下的定位结果   单位:cm

场景	被动站节点坐标	主站节点坐标	从站移动节点的坐标	从站节点的真实坐标	X 轴误差	Y 轴误差	均方根误差(RMSE)
室内复杂环境	(0,0)	(180,0)	(20,20)	(18.35,12.21)	1.65	7.79	41.002 9
			(20,61.796)	(24.84,83.28)	4.84	21.484	
			(20,110.558)	(14.85,142.15)	5.15	31.592	
			(20,159.32)	(23.78,215.38)	3.78	56.06	
			(20,201.116)	(21.31,257.03)	1.31	55.914	
			(20,256.844)	(38.05,271.38)	18.05	14.536	

续表

场景	被动站节点坐标	主站节点坐标	从站移动节点的坐标	从站节点的真实坐标	X轴误差	Y轴误差	均方根误差（RMSE）
室内复杂环境	(0,0)	(180,0)	(20,260)	(78.51,246.26)	58.51	13.74	41.0029
			(96.626,260)	(150.46,254.15)	53.834	5.85	
			(152.354,260)	(165.29,285.74)	12.945	25.74	
			(160,256.844)	(159.69,195.28)	0.31	61.564	
			(160,180.218)	(173.92,155.79)	13.92	24.48	
			(160,110.558)	(172.77,127.08)	12.77	16.522	
			(160,61.796)	(158.26,81.13)	1.74	19.334	
			(160,20)	(152.93,68.21)	7.07	48.21	
室内空旷环境	(0,0)	(211,0)	(178,35)	(182.508,22.699)	4.508	12.301	18.4584
			(178,91)	(190.37,87.417)	12.37	3.583	
			(178,147)	(200.239,158.012)	22.239	11.102	
			(178,203)	(202,226.683)	24	23.683	
			(178,235)	(189.743,248.325)	11.743	13.325	
			(129.301,235)	(141.042,250.514)	11.741	15.514	
			(73.645,235)	(72.044,254.759)	1.601	19.759	
			(18,235)	(13.192,258.958)	4.808	23.958	
			(18,203)	(37.733,208.806)	19.733	5.806	
			(18,147)	(32.891,208.806)	14.891	2.96	
			(18,91)	(25.005,91.129)	7.005	0.129	
			(18,35)	(27.31,20.477)	9.31	14.523	
			(61.5,35)	(72.94,25.17)	11.44	9.83	
			(97.75,35)	(103.396,19.142)	5.646	15.858	
			(105,41.875)	(117.522,38.699)	12.522	3.176	
			(105,90)	(113.296,81.888)	8.296	8.112	
			(105,145)	(115.118,134.861)	10.118	10.139	

由表1数据可知，基于TI实验设备的蓝牙AOA定位实验在室内环境下的定位精度可达亚米级，但由于蓝牙AOA技术目前较为新颖，硬件条件发展尚未成熟，使得该设备的有效监测范围目前较为狭窄，并且由于RTLS从站节点内存有限，导致数据存储有限，因此限制了单次连续定位的测量时间。

4 总 结

本文采用TI蓝牙设备，进行了蓝牙AOA室内定位实验，分析得出了亚米级的定位精度。蓝牙AOA室内定位已经取得了较大的进步和发展，在实践中也得到了越来越多的应用，但是仍然还有许多挑战需要应对，下面列出一些有待考虑的问题。

(1)反射信号的干扰：在实际的室内环境中，存在大量的光滑反射面，如金属、玻璃等，因此蓝牙AOA基站在接收直达信号的同时也会接收到反射信号。由于直达信号和反射信号的波长与频率相同，难以区分，所以蓝牙AOA基站接收的是一个叠加信号，这会导致测量的到达角出现较大误差。

(2)天线阵列的误差：天线阵列采用射频开关切换的方式，切换过程中会造成测量误差，另外，存在阵元间互耦、相位中心误差、取向误差等。

(3)天线方向性扰动：被定位设备随着放置位置的不同会呈现不同的天线方向性进而影响角度检测结果，需要能够适应不同设备的摆放状态。

参考文献：（略）

作者简介： 石良，男，1997年生，硕士，主要从事室内定位方面的研究。

"BDS+5G"定位技术在北京市自然灾害综合风险普查中的应用研究

余永欣[1,2]，任小强[3]，张 译[1,2]，杨旭东[1,2]，崔亚君[1,2]，刘 睿[1,2]

(1. 北京市测绘设计研究院，北京 100038；2. 城市空间信息工程北京市重点实验室，北京 100038；
3. 住房和城乡建设部综合勘察设计研究院有限公司，北京 100007)

摘 要：随着北斗三号系统组网建设完成，北斗导航卫星系统的定位精度等性能显著增强，其能够为用户提供可靠、高精度的定位服务，同时，时下成熟的5G无线通信技术的高速度和低时延数据传输等技术特点，能满足自然灾害调查场景中对网络进行无缝、可靠衔接与集成的需求。基于我国完全自主知识产权的北斗导航定位系统和5G无线通信技术的融合，开展面向自然灾害综合风险普查的北斗定位若干关键技术研究，我国在BDS定位技术与5G技术、云架构平台、软件开发、设备构造等方面均取得突破，研究成果广泛应用于自然资源调查领域，为北京市第一次全国自然灾害综合风险普查提供了可靠的技术保障。

关键词：北斗定位；5G通信技术；自然灾害综合风险普查

1 引 言

2020年6月8日，国务院办公厅下发了《关于开展第一次全国自然灾害综合风险普查的通知》。按照党中央、国务院决策部署，为全面掌握我国自然灾害风险隐患情况，提升全社会抵御自然灾害的综合防范能力，定于2020—2022年开展第一次全国自然灾害综合风险普查工作。

全国自然灾害综合风险普查是一项重大的国情国力调查，是提升自然灾害防治能力的基础性工作。通过开展普查，摸清全国自然灾害风险隐患底数，查明重点地区抗灾能力，客观认识全国和各地区自然灾害综合风险水平，为中央和地方各级人民政府有效开展自然灾害防治工作、切实保障经济社会可持续发展提供权威的灾害风险信息和科学决策依据。

本次自然灾害风险普查以调查为基础、评估为支撑，其突出的特点是：普查涉及范围广、参与部门多、专业性强、技术要求高、普查时间紧迫、任务量大。这就要求普查必须提高科技装备水平和技术服务能力，以确保这项工作按期保质完成。

为解决在传统调查任务中利用纸质图件采集、记录、标绘存在的流程复杂、效率低下、采集精度不够、自动化程度低下、受制天气因素等诸多问题，项目利用具有我国自主知识产权的北斗定位技术，结合5G网络、航空遥感、地理信息、云计算、区块链等技术，打造纵向联动、横向协同、互联互通的自然灾害要素实时移动调查系统，通过对"北斗定位+5G"关键技术的研究和攻关，实现遥感影像快速发布、自然灾害要素一张图展示、实时调查、数据处理、成果共享、远程管理，并打造可视化表达的一体化服务体系，解决了自然灾害综合风险普查的若干关键技术难题，为深度、持续开展自然灾害综合风险普查提供重要的科学借鉴和技术支撑。

2 北斗导航卫星系统概述

北斗导航卫星系统(BeiDou navigation satellite system，BDS)是我国自主研发、独立运行的全球导航卫星定位系统。与美国GPS、俄罗斯GLONASS、欧盟Galileo系统并称全球四大导航卫星系统。2020年

6月23日随着北斗三号最后一颗卫星升天,中国北斗全球星座全面部署完成。北斗导航卫星系统是独立自主、开放兼容、技术先进、稳定可靠、覆盖全球的导航系统。因此,中国导航卫星和位置服务打破了欧美垄断,实现了独立自主。

2021年是国家"十四五"开局之年,也是北斗三号系统开通后的应用元年,"北斗+"融合创新和"+北斗"时空应用技术迎来了新的机遇与挑战。随着北斗系统全球组网完成,"北斗+"和"+北斗"的理念将逐步推广。北斗导航卫星系统正在促进导航卫星产业链的形成,形成完善的国家导航卫星应用产业支撑、推广和保障体系,推动导航卫星在国民经济社会各行业的广泛应用。

面向自然灾害综合风险普查应用需求,我们亟须建立我国自主导航的全天候、空天地一体化的自然灾害要素调查系统;构建统一的北斗导航卫星空间基准服务共享平台、自然灾害要素调查移动采集系统、自然灾害要素一张图数据库等。积极稳妥推进北斗导航卫星系统在我国国民经济中的应用,推进北斗导航产业的科学技术成果转化。

3 关键技术与研究

我国北斗全球导航已全面建成,并在全球范围内全天候、全天时为各类用户提供高精度、高可靠的定位、导航、授时服务,并兼具短报文通信能力。这将使国内相关导航领域实现弯道超车。作为一个大国,我们需要建成全面的北斗导航卫星高精度定位数据、网络、监控管理的运维体系,研究北斗超快速事后GNSS数据计算技术、区域差分导航卫星定位技术及集成北斗、GPS、GLONASS、Galileo联合定位、自动解算、自动平差等多个关键技术。

3.1 BDS定位技术与结合5G网络技术的深度融合

当下,如火如荼建设的5G网络正在引领由万众互联向万物互联的伟大变革。5G是一个多业务、多技术融合的移动通信网络,5G网络关键技术是泛在化的组网,是多系统、多分层、多小区、多载波的综合通信技术,通过需求牵引和技术融合、演进与创新,满足未来广泛数据和连接的各种业务的快速发展需要,以提升用户体验。目前,我国已建成5G基站超60万个。

北斗是唯一的全球性、高精度时空基准。其最大的好处是系统的全球性,能实现全球时间的精确同步,可以在广域甚至全球把感知时间和位置的能力赋给5G,实现高精度导航增强技术对移动通信网、互联网赋能,实现移动信息在网上瞬时位置定位,使移动互联网具有室内外定位无缝化、一体化功能,实现城市全时域/全空域定位的智慧城市建设需求。

与5G同属国之重器的北斗导航卫星系统(BDS),是为全世界使用者提供定位服务的国家重要空间基础建设。BDS能带来实时导航、快捷定位和位置汇报等基本功能,与目前应急灾害保障领域对于定位设备的精准位置需求高度契合。随着北斗全面完成星座部署,当北斗遇上5G,两大"国之重器"的融合,将加持助力自然灾害要素等调查手段的发展和技术革新。"BDS+5G"充分实现目标信息的时空位置可感知、可计算、可量测、可共享。实现"BDS+5G"的融合和相互赋能,自然资源调查领域将有大量的机遇与挑战。

2020年,我国的5G网络将开始大规模商用,北斗三号系统也将完成全球组网。这不只是时间上的偶然,也是5G和北斗的彼此需要。"BDS+5G"基站本身就构成一个超高密度、超高精度的地基增强网,成为国家北斗地球参考框架的延伸和补充,为地面用户提供精密定位、授时和时间同步服务。北斗与5G相互赋能,彼此增强。早在4G时代,基于位置服务就推动了共享出行的崛起与发展。5G将与北斗一起铸造出国民经济时空互联体系的基石,并与人工智能、物联网和大数据等智能化、信息化技术进行深度融合。

北斗导航卫星系统与地基增强系统所构建的高精度定位能力虽然可覆盖较广的区域,但仍存在着因局域遮挡而导致的局部定位盲点区域(如高架桥、树荫下的道路)。同时密集化部署的5G基站不仅可以有效地覆盖这些室外遮蔽区域来补充北斗在室外的盲点,而且可以全面覆盖北斗信号无法传达的室内区域,因而5G与北斗在定位服务上的融合就显得恰逢其时、相辅相成。利用5G网络的技术优势可以实现较高的定位精度,利用5G网络的覆盖优势可以实现对北斗高精度定位服务盲点进行的有效补充,进而打造一张室外及室内场景的可全域覆盖的高精度定位网络。从而全面满足自然灾害综合风险普查的空间信息要素调查的所有需求。

3.2 "BDS+5G"的移动智能终端差分定位技术

消费级移动智能终端产品一般定位精度都是10 m左右,不能满足自然灾害风险普查对空间位置信息的位置服务要求,而采用基于融合"BDS+5G"实时差分定位技术可以大幅提升移动智能终端的定位精度,基于BDS+5G的移动智能终端差分定位技术利用北京市多个均匀分布连续运行的北斗基准站(也称参考站),各个基准站通过互联网连续不断地向数据控制中心传输北斗卫星观测数据。数据控制中心实时在线解算网内各基准站的观测数据,建立误差改正模型。用户将单点定位位置数据通过基于5G网络技术的移动数据链路传送给数据控制中心,数据控制中心在流动站附近创建一个虚拟基准站,该虚拟站相当于距离用户较近(≈10 m)位置,控制中心再利用北斗高精度算法建立消除虚拟基准站的各误差源影响的改正模型,经计算处理实时生成格网化的差分改正数据,并将改正模型发送给流动站(用户),流动站通过接收数据中心发送的虚拟基准站的差分信息或者虚拟观测值,进行差分解算得到用户定位数据,从而实现高精度的实时"BDS+5G"定位,技术实现如图1所示。

5G网络的大带宽、低时延等特点,解决了4G时代北斗定位精度低、误差大、信号弱等问题。而北斗三号系统则能实现全球时间的精确同步,可以在全球范围内,通过5G将导航、定位、授时这些信息赋给机器和网络环境,极大提升了北斗定位的应用领域和科技水平。"BDS+5G"利用多个连续运行北斗基准站的观测数据,同时"BDS+5G"联合全网其他导航系统开展全网最佳算法融合,进行北京市自然灾害综合风险普查空间信息数据采集,其结果可靠、精度高,并且精度一致性好。

北斗与5G互相赋能、彼此增强,让自然要素调查在关键技术上实现了定位计算、通信共享、远程协同、精准定位等功能。5G的"快"和北斗的"准"从技术上为自然灾害风险调查技术带来了新的突破。

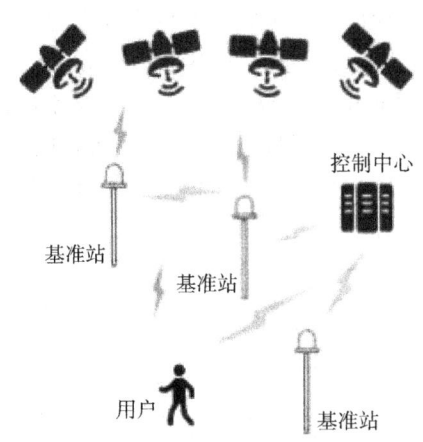

图1 基于"BDS+5G"的移动智能终端差分定位技术

3.3 "BDS+5G"与融合多星座导航的定位技术创新

基于"BDS+5G"融合多星座导航的定位技术创新主要包括北斗高精度算法、误差模型优化、整周模糊度快速获取、BDS接收天线优化等研究。

研究发现一种利用BDS融合GPS、GLONASS和Galileo多星座信息在统一坐标系中采用最小二乘法进行组合导航定位的算法,以解决BDS、GPS、GLONASS、Galileo等单星座系统定位中存在的定位精度不足、可见星不多、定位可靠性不强等问题。该算法通过泰勒级数展开的方法将一组非线性的观测方程转换为线性方程,并利用最小二乘法对其进行求解,然后获得用户坐标,融合BDS/GNSS多星座组合导航的北斗定位高精度算法解决了多个卫星系统的兼容设计,在设备跟踪环路设计时考虑参数设计方法,可以最大限度地保证环路的灵活性。高精度定位解算单元对包括北斗在内的卫星定位坐标解算,实现全星座数据接收和处理,通过北斗标准差分电文解算得到高精度位置。

整周模糊度是载波相位在空间传输的整周期数中一个无法通过观测直接获得的未知数,每个相位观测值中都包含了一个相同的整周模糊度,因此需要数学模型,通过多个参考站的已知坐标和观测数据,快速确定某整周模糊度值,进一步确定误差模型的精细结构。基于"BDS+5G"的定位技术的整周模糊度获取方法,根据各时段的双差观测方程分别构建对应的分块最小二乘平差方程;根据各分块最小二乘平差方程构建序贯观测方程,并解算序贯观测方程获得位置未知参数;利用位置未知参数根据各分块最小二乘平差方程获得各时段的整周模糊度浮点解;根据各整周模糊度浮点解获取各时段的整周模糊度固定解。

这个算法能够在确保整周模糊度解算精度的前提下,降低整周模糊度解算过程中矩阵运算的阶数,大大节省了数据处理时间,实现了快速解算整周模糊度,极大提高了解算效率。

研发基于"BDS+5G"的多模多频组合天线技术,提升自然灾害普查设备的稳定性和定位精度。多模多频组合天线包括第一屏蔽罩、射频板、BDS接收天线、支架、网络主天线、网络分集天线及Wi-Fi蓝牙天线,通过集成化设计思路,合理的优化设计布局,天线区域合理整洁,网络主天线和分集天线相互隔开,Wi-Fi蓝牙天线相互隔开,并且均对角放置,增加了物理距离,这样不仅提高隔离度,而且能保证BDS天线的相位中心稳定,减小了BDS天线由于几何不对称引起的相位误差。这样定制的自然灾害普查设备结构设计合理,能保证高精度卫星信号、网络信号及Wi-Fi蓝牙信号的有效接收与发射。另外,网络天线兼容主天线和分集天线,充分利用空间信号更强的天线接收信号,信噪比更高,信号传输质量更好。

3.4 "BDS+5G"技术支持下的云架构数据采集与共享平台

基于"BDS+5G"技术,搭建了云架构数据采集与共享平台,该平台采用分布式、云计算、大数据等技术,研发了自然灾害风险普查多源遥感数据库云管理与综合服务信息系统,构建了自然灾害风险综合普查数据业务保障体系。利用先进的大数据算法、物联网、区块链等技术,构建自然灾害风险综合普查大数据管理体系,实现资源决策科学化、监督精准化、服务便利化。

面向自然灾害综合风险普查的"BDS+5G"定位技术采集与共享平台能提供用户端基于云的各种服务,共包含三个方面:Software as a Service(软件即服务),将应用主要以基于Web的方式提供给客户;Platform as a Service(平台即服务),将应用开发和平台部署作为服务提供给用户;Infrastructure as a Service(基础设施即服务),将各种底层计算(如虚拟机)和存储等资源作为服务提供给用户(平台架构,如图2所示),这些科研创新成果和系统开发、平台建设极大地支撑了自然灾害综合风险普查业务的顺利开展。

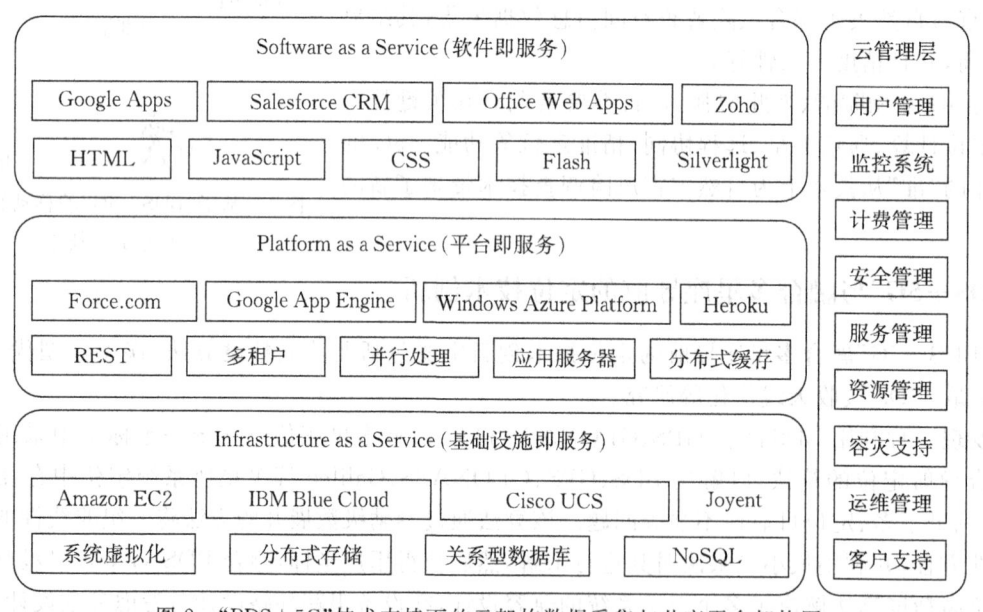

图 2 "BDS+5G"技术支持下的云架构数据采集与共享平台架构图

云架构数据采集与共享平台基于云管理与信息服务系统集成子系统拓展应用,开展自然灾害风险综合普查空间数据采集,构建了全流程、多种类、立体化数据快速采集、自动处理、模块化质检的自然灾害风险普查地理信息综合技术服务体系,为自然灾害综合风险普查成果应用提供有力技术支撑。可以快速实现自然资源空间定位、数据采集、编辑处理、符号化显示、数据字典处理、数据质检、数据分发、打印制图、数据入库等扩展应用,实现设备调查平台便可完成自然灾害要素信息获取、编辑、存储、共享等流程化管理,快速便捷地解决自然灾害要素空间立体化调查中的技术难点。

北斗导航卫星系统变成全球性系统后,对于手机、无人机、汽车这样的终端产品来说,其在全球的使用体验和稳定性都将会有大幅提高。北斗三号系统提升的优势,已使很多的芯片厂商开始支持北斗定位。目前常见的华为 P 系列手机都支持接收北斗信号,华为海思很早就支持了北斗。据不完全统计,在中国使用的智能手机中,有 70% 在芯片上都支持北斗服务。

"BDS+5G"技术支持下的云架构数据采集与共享平台与手机硬件设备兼容性良好,界面友好,基于安卓(Android)系统运行流畅,快速实现空间要素的样本点采集、调查和核查、数据字典管理、属性填写、调查轨迹采集、元数据采集、调查结果统计表格输出等功能,平台基于 5G 网络、基于位置服务(LBS)的 BS+CS 交互,以空间定位为基础,通过云技术实现便携调查设备、调查系统、服务器之间的交互,极大提升了自然资源调查的整体效率和共享水平。同时利用手机端开展自然灾害风险要素获取极大地节约了硬件成本。

4 结 语

本文通过"BDS+5G"定位技术在北京市自然灾害综合风险普查中的应用研究,形成了一套自主性强、可靠性高的自然灾害要素综合风险移动调查技术,基于 BDS 自主导航技术与我国先进的 5G 网络技术开展技术攻关和应用推广,在当前背景下都具有十分重要意义,北斗导航卫星系统和 5G 网络是国家重要信息基础设施之一,随着北斗最后组网卫星的成功发射,越来越完善的导航卫星定位系统一定能带来巨大的社会效益和经济效益,其不仅在自然资源调查等行业占据重要地位,更能在灾害预防、网络通信、交通运输和国家安全等诸多领域发挥重要作用。

本文研究的"BDS+5G"技术具有稳定性较好、定位精度高、自动化强、共享通用等特点,研究是基于"BDS+5G"联合技术首次在应急灾害领域中应用,具有较好的示范性,其成果可在生态文明建设多项工作中得以推广应用。同时,相关技术创新与应用也有利于提高我国导航终端产业的国际竞争力,通过产业化示范,带动和促进我国导航卫星定位产业集群的形成,提升我国导航卫星定位产业的结构层次,促进我国导航卫星定位产业的发展。未来,让我们期待北斗和 5G 让生活更加美好。

参考文献:(略)

作者简介:余永欣,男,1978 年生,高级工程师,主要从事自然资源调查及 GNSS 测绘技术应用与实践。

水下无人装备应用北斗定位通信系统的关键技术与应用研究

陈 菁[1]，何心怡[1]，梁 智[2]，宋 杰[2]

(1. 92578 部队，北京 100005；2. 成都国星通信有限公司，四川 成都 610097)

摘 要：针对北斗定位通信系统在水下无人装备领域应用存在的技术难题，通过深入分析水下无人装备应用北斗定位通信系统的特点及需求，研究具备高精度导航定位、远距离数据回传及遥控、大范围精确示位、惯性导航外部快速校准功能的水下无人装备应用北斗定位通信系统，突破小型化多频宽波束高增益微带天线、多路射频/电源/控制信号一线通、基于陡峭矩形系数微型带通滤波的防邻频电磁干扰、基于霍夫曼编码电文估计与模糊带宽控制的高灵敏度接收等关键核心技术，攻克小型化北斗通信定位系统在高海况非静稳状态时通信定位的瓶颈短板，并实现技术推广应用，提升水下无人装备的定位与通信能力，支撑水下无人装备民事与军事行动，为水下无人装备的跨代提升及应用拓展奠定坚实基础。

关键词：水下无人装备；小型化；北斗定位通信系统

1 研究背景

1.1 水下无人装备

水下无人装备是承担各类水下民事/军事任务无人装备的统称，包括水下无人航行器(unmanned undersea vehicle，UUV)、水中兵器、浮标等，执行包括海洋勘探、海区测绘、救生救援、侦查探测、作战打击等任务。水下无人装备在执行"枯燥(dull)、脏(dirty)、危险(dangerous)"任务时，由于不受人类生理因素限制，可承担有人装备难以完成的任务。民用方面，典型的有西北工业大学在"863"计划海洋技术领域重大项目支持下自主研制的 50 kg 级便携式水下无人航行器(图1)，先后突破了复合材料耐压壳体结构轻量化设计等关键技术难题，标志着我国在微小型水下无人航行器方面已突破国外技术封锁。军用方面，近年来军用水下无人航行器、鱼雷、靶雷、自航水雷等军用水下无人装备发展迅猛，可执行侦查探测、反潜、反舰、布雷、反水雷等军事活动，是海军新质作战力量的重要组成部分，有力促进了海军战略转型建设。借助海洋掩护，水下无人装备具有隐蔽性突出、机动能力强等特点，是未来水下作战利器。其中，高精度导航定位、远距离数据回传及遥控、大范围精确示位、惯性导航外部快速校准是支撑水下无人装备有效完成各项民事、军事任务的重要保障。

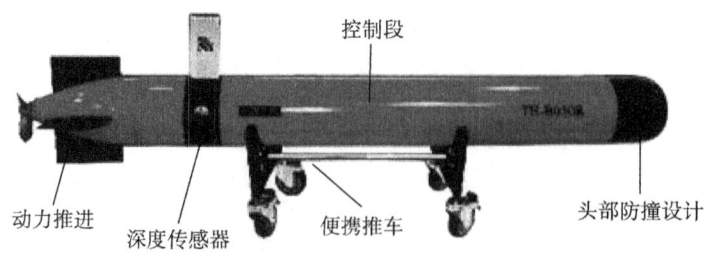

图 1 50 kg 级便携式水下无人航行器

1.2 水下无人装备对北斗定位通信系统的需求

我国自主研制的北斗导航卫星系统(以下简称"北斗系统")是为全球用户提供全天候、全天时、高精度的定位、导航和授时服务的国家重要空间基础设施,目前已广泛应用于交通运输、气象预报、水文监测、军事活动等领域。北斗系统的无源定位与短报文通信为水下无人装备的高精度导航定位、远距离数据回传及遥控、大范围精确示位等功能实现提供了可能的技术途径,但受限于水空介质的物理隔阂,水下无人装备只有漂浮于水面或近水面低速航行处于非静稳状态时(其北斗天线伸出水面),才具备应用北斗系统的条件。此时,近水面非静稳状态的水下无人装备面临着强约束条件下,小型化北斗天线在高海况复杂海洋环境下快速捕星、稳健接收微弱北斗信号等技术瓶颈,因此,通过研究水下无人装备应用北斗定位通信系统的关键技术,攻克相关技术难题,迅速实现北斗系统在水下无人装备领域的拓展应用,满足我国军民力量向深蓝迈进的迫切需求。水下无人装备对北斗定位通信系统有以下特殊需求:

(1)小型化、轻量化、集成化需求。以回转体型水下无人装备为例,其物理尺度远小于水面舰船。传统的水面舰船用北斗定位通信系统无论是北斗天线、还是北斗组部件,物理尺度均较大,无法直接应用于水下无人装备。北斗定位通信系统的小型化、轻量化、集成化,是其向水下无人装备领域拓展应用的关键。

(2)高海况复杂海洋环境下可靠工作需求。受限于水下无人装备强约束适装条件,近水面低速航行、无动力漂浮时小型化北斗天线伸出水面高度通常只有几十厘米;与车载、机载、船载等工作环境相比,受高海况复杂海洋环境影响,水下无人装备应用北斗定位通信系统工作环境恶劣,海平面无规律大幅扰动和海浪遮挡,使得水下无人装备难以保持稳定姿态,传统的北斗定位通信系统无法满足使用需求。因此,水下无人装备北斗定位通信系统在向小型化、轻量化、集成化发展的同时,必须实现抗强干扰和可靠通信的能力,确保"连得上""听得清""发得准"。这是北斗定位通信系统在水下无人装备领域广泛应用亟待解决的难点。

2 研究思路

鉴于传统的船载北斗卫星通信系统因物理尺寸大无法直接应用于水下无人装备的现状,为解决水下无人装备强约束条件下的适装性要求,以及在高海况、近水面非静稳状态下的大范围定位通信难题,针对水下无人装备在复杂海洋环境下定位通信的急需与挑战,开展水下无人装备应用北斗定位通信系统的关键技术研究,研制具有小型化、精度高、抗干扰能力强的水下无人装备应用北斗定位通信系统,形成了一体式、分体式、耐压式等系列化北斗装备,以满足各类水下无人装备的应用急需,实现我国卫星定位通信系统在水下无人装备高精度导航定位、远距离数据回传及遥控、大范围精确示位、惯性导航外部快速校准领域的广泛应用。

3 关键技术突破

系统突破了小型化多频宽波束高增益微带天线、多路射频/电源/控制信号一线通、基于陡峭矩形系数微型带通滤波的防邻频电磁干扰、基于霍夫曼编码电文估计与模糊带宽控制的高灵敏度接收等核心关键技术,解决了高海况、海面多径与复杂电磁环境导致短小天线小型化北斗系统捕星时间长、通信成功率低、定位精度差的难题,实现了对近水面非静稳状态水下无人装备进行高精度导航定位、远距离数据回传及遥控、大范围精确示位、惯性导航外部快速校准,有力支撑了水下无人装备测绘、勘探、通信、侦察、攻击等海上民事与军事行动。

3.1 小型化多频宽波束高增益微带天线

传统的北斗天线体积大、天线高、重量大,无法满足近水面非静稳状态的水下无人装备对北斗天线的小体积、高集成、轻重量、抗强冲击的需求及抗海面多径与复杂海洋环境的使用要求。

鉴于此,该系统综合运用低功耗与低噪声接收、高线性度发射、轴对称多馈源阵元等小型化射频技术,提出了小型集成化、多频、宽波束、高增益、圆极化微带天线及具有微波透镜功能的天线罩、10 W 高线性度功率放大器及低功耗、低噪声放大器的技术方案,研制了同能力下体积更小、重量更轻的微带天线。在五级海况天线仅高出海面 10 cm 的条件下,实现了近水面非静稳状态的水下无人装备北斗快速定位与通信。

3.2 多路射频/电源/控制信号一线通技术

为满足水下无人装备高安全性高精度导航定位、远距离数据回传及遥控、大范围精确示位等使用需求,系统应具备北斗导航定位及短报文功能,并将 RNSS B3 频点作为导航定位频率。传统的多路射频信号传输采用每种频段独立传输的射频信号、电源、控制信号的混合电缆传输技术,存在线缆多、体积大、不易盘绕装配的技术难题,无法满足水下无人装备对小型化北斗天线的迫切需求。

为此,建立了基于电磁波与直流信号的分合路传输模型,提出了滤波叠加耦合信号处理的多路射频/电源/控制信号一线通技术,在直径仅 2 mm 的电缆上实现了射频接收、射频发射及电源、控制信号等的多路传输功能,攻克了传统北斗线缆多导致的体积大、可靠性差等小型化技术难题。

3.3 基于陡峭矩形系数微型带通滤波的防邻频电磁干扰技术

水下无人装备普遍存在定位与通信同时工作的状态,北斗系统发射的大功率信号极易影响微弱卫星信号的接收,严重时甚至导致失锁,并且小型化天线的邻频间电磁干扰尤为严重。

该系统的基于陡峭矩形系数微型带通滤波的防邻频电磁干扰技术(图 2),通过多级滤波及高线性接收链路处理将发射大功率信号抑制,实现了在复杂电磁环境下 RNSS 卫星信号的快速捕获与稳定跟踪,保障了水下无人装备在近水面非静稳状态时的导航与通信。

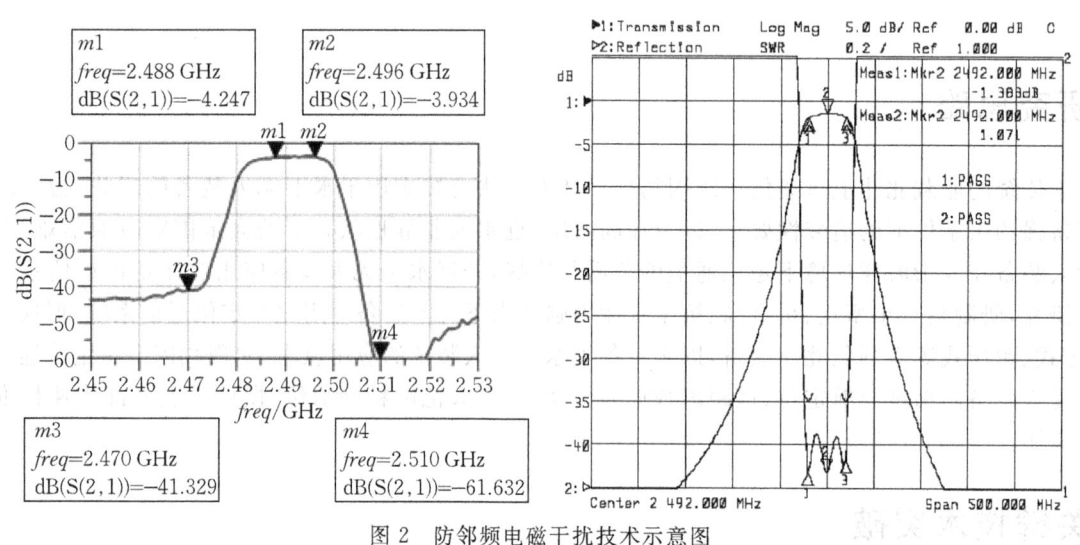

图 2 防邻频电磁干扰技术示意图

3.4 基于霍夫曼编码电文估计与模糊带宽控制的高灵敏度接收技术

通常民用水下无人装备要求 3 级海况可靠工作,军用水下无人装备要求 5 级海况可靠工作。水下无人装备利用北斗定位通信系统,在高海况恶劣工作环境下天线小型化及海面多径效应带来的天线指向性多自由度剧烈变化,存在非连续微弱卫星信号可靠接收难的问题。传统的北斗系统接收技术依赖搭载平台的稳定性,无法满足水下无人装备在近水面非静稳状态下的精确定位与短报文通信需要。

鉴于此,通过研究卫星信号电文特性,以及强弱信号下锁相环灵敏度与环路带宽的权衡选择方案,研究提出了基于霍夫曼编码电文估计与模糊带宽控制的高灵敏度接收技术,以解决传统北斗天线高海况条件下难以捕获跟踪微弱信号问题。

3.4.1 基于霍夫曼编码的电文估计技术

现有提高捕获灵敏度的方法主要是通过相干积累、非相干积累和差分积累的方式,辅以加长积分时间得以实现。

对于相干积累、非相干积累、差分积累而言,对 M 个相关值的运算分别为

$$S_C = \sum_{m=1}^{M} |R_m|^2$$

$$S_N = \sum_{m=1}^{M} |R_m|^2$$

$$S_D = \sum_{m=2}^{M} |R_m R_{m-1}^*|^2$$

由上式可知：相干积累获得的增益最大，效果最好；但是，当积分时间超过了电文的数据宽度时，可能产生数据位翻转，导致相干累积的增益受损，甚至无法获得任何增益。

针对上述问题，研究提出了基于霍夫曼编码的电文估计技术。该技术根据北斗卫星信号霍夫曼编码特性，解决了1 ms数据位的翻转对相干积累产生的严重影响，实现了对微弱信号的稳定捕获。

图3(a)为采用基于霍夫曼编码的电文估计技术处理后的卫星信号捕获仿真图，图3(b)为未采用基于霍夫曼编码的电文估计技术处理的卫星信号捕获仿真图。对比可知，图3(a)中的卫星信号可被稳定捕获，而图3(b)中的卫星信号完全淹没于噪声之中。由此可见，基于霍夫曼编码的电文估计技术具有更高的捕获增益，捕获灵敏度大幅提高。

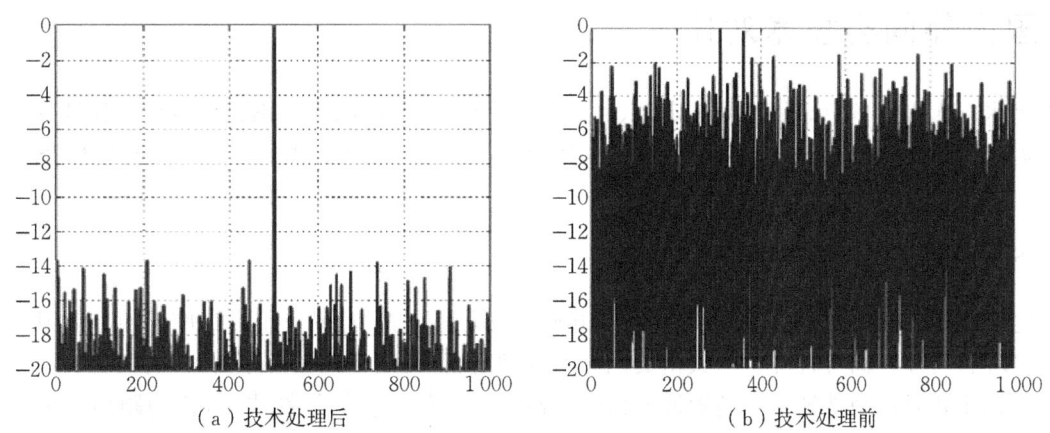

图3 基于霍夫曼编码电文估计技术处理后/前捕获仿真图

3.4.2 自适应模糊带宽控制技术

传统的跟踪环路常采用固定带宽锁相环的方式，设计完成后无法自适应使用环境。固定带宽锁相环在高海况条件下、卫星信号变化剧烈时，容易出现环路失锁问题：跟踪环路带宽越大、环路越稳定，但是跟踪精度较差；反之跟踪环路带宽越窄、跟踪精度越高，但是环路易失锁。

针对这一问题，研究提出自适应模糊带宽控制技术，可根据环路的跟踪结果实时调整环路带宽，使之能稳定可靠地跟踪强度剧烈变化的卫星信号，满足水下无人装备应用北斗定位通信系统在高海况复杂海洋环境下的使用需求。采用自适应模糊带宽控制技术的锁相环结构如图4所示。

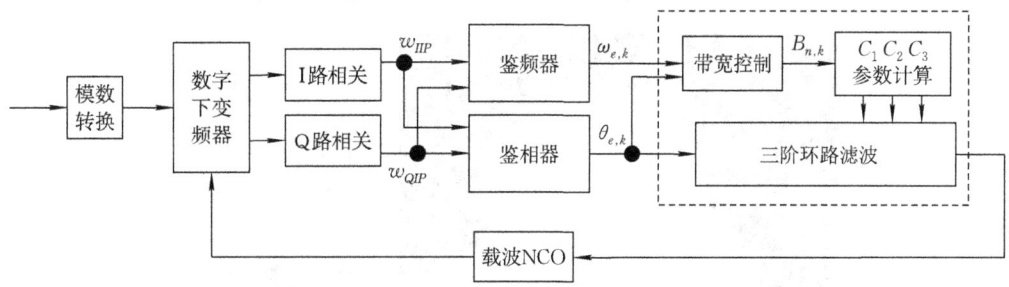

图4 自适应模糊带宽控制技术的锁相环结构

自适应模糊带宽控制过程是将 $\omega_{e,k}$（取值区间$[-\pi,\pi]$）、$\theta_{e,k}$（取值区间$[-\pi/2,\pi/2]$）从小到大分成NB(负大)、NM(负中等)、NS(负小)、ZE(零)、PS(正小)、PM(正中等)、PB(正大)7个区间，带宽 $B_{n,k}$ 也从小到大分成 ZE、PSS、PS、PSM、PM、PMB、PB、PBB 共8个区间，其映射关系如表1所示。

表 1　模糊带宽控制映射表

$\omega_{e,k}$	$\theta_{e,k}$						
	PB	PM	PS	ZE	NS	NM	NB
PB	PBB	PB	PB	PMB	PB	PB	PBB
PM	PB	PMB	PM	PSM	PM	PMB	PB
PS	PMB	PM	PS	PSS	PS	PM	PMB
ZE	PM	PS	PSS	ZE	PSS	PS	PM
NS	PMB	PM	PS	PSS	PS	PM	PMB
NM	PB	PMB	PM	PSM	PM	PMB	PB
NB	PBB	PB	PB	PMB	PB	PB	PBB

自适应模糊带宽控制根据 $\omega_{e,k}$ 及 $\theta_{e,k}$ 的实时结果,选用对应的带宽 $B_{n,k}$,计算出环路系数 C_1、C_2、C_3,从而解决了在高海况条件下、卫星信号变化剧烈时,北斗接收机容易出现环路失锁问题。

经实测,采用基于霍夫曼编码电文估计和自适应模糊带宽控制技术的北斗接收机跟踪灵敏度得到提升,可满足高海况条件下水下无人装备的使用需求。

4　与国内外同类技术对比

为满足水下无人装备对高精度导航定位、远距离数据回传及遥控、大范围精确示位与惯性导航外部快速校准等需求,目前主要有以下四种可能的技术途径:GPS+数传通信、GPS+铱星通信、GPS+海事卫星、水下无人装备专用北斗定位通信系统。

4.1　GPS+数传通信

全球定位系统(GPS)由美国海军于 1973 年开始研发,是目前全世界应用最为广泛的导航卫星定位系统,具备精度高、可靠性高等优点。但其由美国政府管理运营,无法保证其使用的安全性。

数传通信主要是超短波通信。超短波通信受其高频无线信号传播特性决定,传输距离为视距。受限于伸出水面的天线高度,水下无人装备应用数传通信时的通信距离通常不超过 10 km,无法满足远距离超视距通信需求。图 5 为数传电台实物图。

图 5　数传电台实物图

4.2　GPS+铱星通信

铱(Iridium)星系统是一种在全球范围内,提供个人语音、数据传输的卫星通信系统,该系统具备 2 400 bit/s 实时数据传输能力,通信范围覆盖全球,但其终端天线指向性要求较高,天线集成困难;同时铱星资费较高,并且其运营管理者为美国政府,使用安全性无法保证。图 6 为铱星天线实物图。

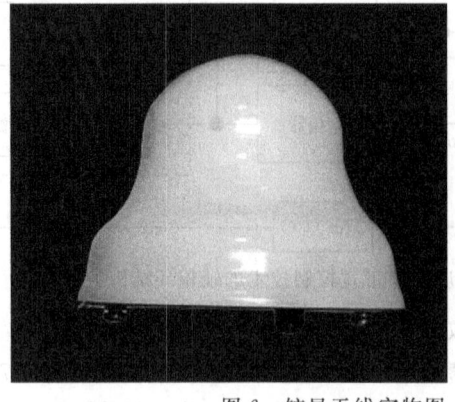

图 6　铱星天线实物图

4.3 GPS+海事卫星

海事卫星一般为Inmarsat系统,是专为海洋环境设计的产品,2009年的第四代卫星已实现全球覆盖。该系统虽配有海用型天线,但体积较大(φ128 mm×75 mm)、重量较重(380 g),通信费用高,更适用于海上舰船和陆上设备的数据传输。其运营管理者为国际移动卫星公司,安全性无法保证。图7为海事卫星天线实物图。

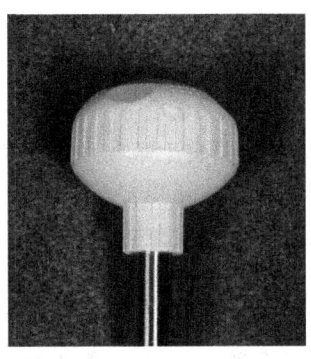

图7 海事卫星天线实物图

4.4 水下无人装备专用北斗定位通信系统

水下无人装备专用北斗定位通信系统具备高精度导航定位、远距离数据回传及遥控、大范围精确示位和惯性导航外部快速校准功能,其体积小、抗高海况能力强,并且具有完全自主知识产权,安全且保密性高。

4.5 综合对比分析

水下无人装备专用北斗定位通信系统与当前国内外同类技术能力需求对比如表2所示。

表2 水下无人装备专用北斗定位通信系统与当前国内外同类技术能力需求对比

能力需求	GPS+数传通信	GPS+铱星通信	GPS+海事卫星	水下无人装备专用北斗定位通信系统
小型化、轻量化	优	中	中	优
远距离数据回传及遥控	视距	超视距	超视距	超视距
大范围精确示位	满足	满足	满足	满足
安全保密等级	低	低	低	高

由表2可知,该系统开发的水下无人装备专用北斗定位通信系统,既可实现精确无源定位与惯性导航外部快速校准,其短报文功能又可实现远程通信及遥控,在具备小型化、轻量化适装条件的基础上满足了水下无人装备对高精度导航定位、远距离数据回传及遥控、大范围精确示位和惯性导航外部快速校准的需求,从国家安全和自主可控的角度全面优于其他定位通信方式。

5 展望

水下无人装备专用北斗定位通信系统具备高精度导航定位、远距离数据回传及遥控、大范围精确示位、惯性导航外部快速校准功能,可解决水下无人装备水下工作时面临的"不可视""不自知"的位置定位问题和跨介质信息交互等问题,有力支撑我国水下无人装备民事、军事活动。后续将进一步提高水下无人装备专用北斗定位通信系统在恶劣海况下的使用性能,持续优化升级;同时,随着北斗三号系统的全面建成,水下无人装备专用北斗定位通信系统将随之同步进行技术升级,有力支撑我国国家利益的全球拓展。

参考文献:(略)

作者简介:陈菁,女,1992年生,主要研究方向为水下无人装备。

位置服务应用系统的标准化研究与应用

刘禹鑫,张晓磊,刘恒飞

(自然资源部黑龙江基础地理信息中心,黑龙江 哈尔滨 150086)

摘　要:当前,卫星导航与位置服务应用标准化分别针对终端通信协议数据格式和车载终端硬件等内容进行标准化规范,侧重于车载终端设备、数据格式和系统架构的规范,尚无对构建位置服务应用系统与应用接口进行明确定义与描述的技术规范,导致行业各种位置服务监控系统重复投入建设。本文通过研究探讨位置服务应用系统标准化建设,基于系统建设与应用的服务经验,最大限度地保证各种定位终端接入的开放性,统一多模式协同定位,凝练适用于行业位置服务建设的标准接口服务,形成黑龙江省地方标准,力图补充地方行业位置服务应用建设标准,降低各种类型终端接入的复杂度,加速位置服务行业应用关键技术的研究与突破,规范与补充地方位置服务应用建设工作。

关键词:位置服务;技术规范;行业应用;标准化建设;接口服务;地方标准

1　引　言

随着北斗导航与位置服务技术的发展,移动互联领域与电子地图功能的日趋强大,基于位置的服务逐渐由一项新兴技术演变为行业大众的基础应用,相关位置服务产品也层出不穷,对位置服务的需求是多样化且综合的,但基于空间位置的信息服务始终作为基础位置服务应用。目前基于位置服务的定位系统多种多样,各自建设,且都主要提供了定位、导航和远程控制的基础位置服务功能,但大多是面向有限的位置服务应用进行设计开发的,不具有可扩展性。因此,通过开展位置服务应用系统标准化建设与研究,实现了支持多源定位终端的统一多模式协同定位,提供了适用于行业位置服务建设的标准接口服务,形成了地方行业标准,补充地方行业位置服务应用建设。

2　应用现状

我国交通运输部推行了一系列交通运输行业须参照遵循的位置服务相关规范并不断修订完善,包括《道路运输车辆卫星定位系统　终端通讯协议及数据格式》(JT/T 808—2019)、道路运输车辆卫星定位系统　车载终端技术要求》(JT/T 794—2019)等相关技术规范,分别针对终端通信协议数据格式、车载终端硬件和平台架构建设等内容做出相关定义与技术要求,为构建车辆定位系统平台建设提供了可参考的依据,但这些规范主要侧重于车载设备数据格式、车载终端硬件及软件架构的技术要求,对构建位置服务应用的通用接口尚无明确定义与描述的技术要求与规范,为实现定位导航和远程控制等基础位置服务功能,各类行业位置服务应用仍在频繁重复建设平台。

3　建设目标

自主研发的位置服务综合服务平台具备应用基础及行业服务经验,总结多种适用型终端类型及通信协议,依据网络服务接口设计架构与理念,将常用的位置服务定位通信基础服务等提炼为一系列标准网络服务接口,供有开发能力的位置服务行业运营用户调用,提供实时定位和双向通信等系列服务接口,成为有别于位置服务单一化的系统。本研究参考借鉴现行国家、行业有关标准规范,开展位置服务平台多模式协同定位服务接口技术规范编写,形成黑龙江省地方标准,为地方行业位置服务应用系统快速构建提供技术手段。

4 总体方案

4.1 建设内容

4.1.1 位置服务应用系统标准化

一个完整的位置服务应用系统不是单独存在的,而是卫星导航、位置服务、地理信息和移动互联等多种技术及定位软硬件系统共同组成,依据并参照《道路运输车辆卫星定位系统 车载终端技术要求》(JT/T 794—2019)等技术要求,本文结合已有的黑龙江位置服务平台建设与应用经验,将位置服务应用系统概括为硬件定位系统和软件应用系统两部分,主要包括定位终端(主要针对符合交通运输部"808通信协议"的车载终端及其他扩展终端)、服务端和应用端三部分实现定位终端通信、定位数据获取、数据解析处理、数据交互与可视化展示,构建一整套完整的位置服务应用系统(图1)。

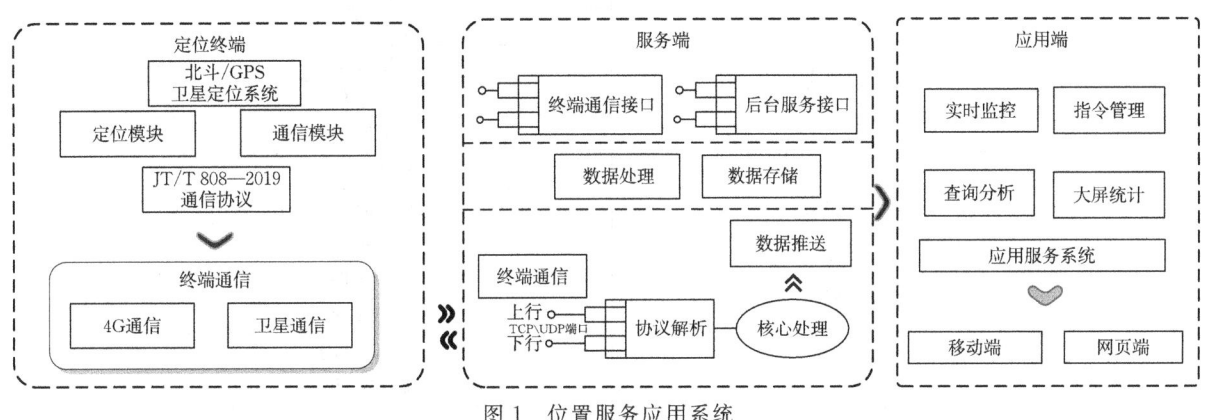

图1 位置服务应用系统

1. 硬件定位系统

(1)定位终端。定位终端是整个系统的位置数据和信息数据的来源,包含车载定位终端、移动端等多种定位终端,本文研究内容支持符合交通运输部"808通信协议"终端,并可定制扩展终端。定位终端的选型主要依据应用范畴与服务对象,本研究主要针对外业车辆具体需求,北斗/GPS双模定位,4G传输通信的定位终端,通过北斗双模定位方式获取实时位置。

(2)终端通信。依据终端北斗双模定位方式,采用移动通信方式实现终端与定位管理平台的通信链路畅通可靠,传输稳定。车载设备通过定位模块,接收卫星数据,并通过内置手机卡,将实时定位数据和行驶状态内容通过GPRS发送到移动服务商基站,转化为网络数据,传输到服务端,服务端支持接收符合交通运输部标准终端协议的普通定位精度终端。

2. 软件应用系统

软件应用系统作为位置服务应用系统,分为服务端和应用端两大部分,服务端包括终端通信处理系统和后台服务系统,负责接收与处理定位终端数据,形成各项业务接口,支持应用端系统构建,系统之间相互关联又各自独立,通过网络接口实现逻辑关联。

(1)服务端。主要为软件应用系统的构建,包括终端通信处理和后台功能服务,实现从北斗双模定位数据接收、通信协议接入、解析、转换和存储处理,到实时定位数据可视化展示及相关业务功能,为用户提供监管服务的完整流程形成统一数据接收、处理与存储的处理机制,以接口方式提供给前端展示系统进行车辆实时监控与业务应用,最终通过前端应用系统实现定位对象可视化实时监管。

(2)应用端。应用端指网页前端应用系统,是面向用户最直接的载体,提供位置服务综合服务功能,负责提供车辆监控与管理等基础定位服务与业务服务应用等功能。

4.1.2 服务接口标准化

为保证基于位置服务的服务接口的科学、合理、适用和丰富性,根据行业位置服务需求和已有位置服务平台架构设计,提供统一的 Rest 网络服务接口,形成位置服务定位系统各类功能服务接口,支持网络接口统一请求与反馈的标准化响应,注重接口的实用性、可操作性和可扩展性。本文基于平台形成 6 大类 100 余个接口,实现终端实时位置、命令交互等多项基础位置服务和相关业务功能,接口列表如表 1 所示。

表 1 接口列表

类别	功能
基本服务	用户验证
	设备验证
	位置坐标
	服务注销
	服务响应
	服务异常
	消息通道
定位服务	终端管理
	参数设定
	实时定位
	历史回放
指令服务	报警指令
	定时监控
	拍照
管理服务	用户管理
	终端管理
业务服务	移动端应用
	综合统计
	地图应用
	辅助工具
备注	6 类接口 100 余个(扩展接口)

4.1.3 技术规范编写

依据平台应用架构设计形成的各类二次开发接口,依据网络服务接口设计架构编写位置服务平台多模式协同定位服务接口技术规范,根据《标准化工作导则 第 1 部分:标准化文件的结构和起草规则》(GB/T 1.1—2020)的规定,保持与国内相关标准的一致性,形成黑龙江省地方标准《位置服务平台多模式协同定位服务接口测绘标准》(DB23/T 2637—2020),于 2020 年发布实施,通过建立一套位置服务多模式协同定位接口来协助规范与建设地方行业位置服务建设,实现行业位置服务应用的快速定制。本项目成果形成的技术规范规定了适用范围,分别从基本服务元素、定位服务操作、指令服务操作与扩展服务操作等方面概述服务接口的使用,适用于行业领域位置服务多模式协同定位的管理、研究、开发及应用。

4.2 应用模式

位置服务平台多模式协同定位服务接口技术规范,经过平台实际应用提炼而来,适用于多终端北斗双模定位,可向有该方面开发需求的二次开发用户提供快速位置服务,简化位置服务平台载体构建复杂工作,快速构建一套基于用户业务的地理信息位置服务应用,目前在测绘外业安全监管、智慧城市建设等方面均开展行业位置服务应用,实现了接口技术规范的应用验证(图 2)。

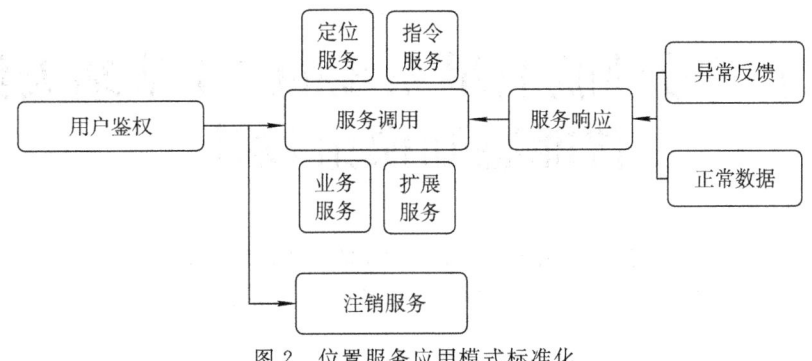

图 2　位置服务应用模式标准化

5　结　语

位置服务在应急救援、车辆导航、城市管理等行业领域与公众应用领域越来越重要,位置服务技术和平台作为与移动互联领域的重要交互入口。本文结合位置服务应用系统标准化建设与研究,形成位置服务平台多模式协同定位服务接口技术规范,该规范是经过实际平台应用凝练而来,适用于多终端双模定位,基于标准接口供有开发能力的位置服务行业运营用户调用,可简化位置服务平台载体构建工作,快速构建位置服务应用系统,降低技术难度和开发成本,操作性和应用性强,适合地方位置服务的推广与应用,同时对北斗导航产业、位置服务产业、信息产业具有技术转化成果的带动作用。

参考文献:(略)

作者简介:刘禹鑫,女,1987年生,工程师,主要从事地理信息系统研发与位置服务研究应用工作。

基于北斗三号导航卫星系统的 5G 基站天线姿态智能感知模组设计

徐娟娟,张海军,姚文杰,崔晓伟,王 题

(深圳市华信天线技术有限公司,广东 深圳 518055)

摘 要:本文设计了基于北斗三号导航卫星系统的 5G 基站天线姿态智能感知模组,采用北斗三代导航卫星实时测向功能并结合物联网技术,实时监测 5G 基站天线姿态(经纬度、海拔高度、天线方位角和下倾角等),并将监测的天线数据回传至控制中心,实现 5G 基站天线的姿态远程实时监测。

关键词:基站天线;姿态;航向角

1 引 言

随着北斗系统的性能提升和全球组网进度的不断完成,我国导航卫星与位置服务产业将围绕综合时空体系建设,迎来由技术融合创新和产业融合发展共同带来的升级发展变革。作为时间和空间信息感知采集的关键技术,北斗与移动通信、移动互联网、物联网、大数据等技术将加速实现融合创新。以北斗提供的时空信息为核心的导航定位授时服务产品,将更广泛地应用到电子商务、移动智能终端、智能网联汽车、互联网位置服务中,大规模进入到行业应用、大众消费、共享经济和民生服务等领域,影响和改变着人们的生产生活方式。

一直以来,对在网基站天线实时监控和有效管理都是全球运营商所面临的难题,特别是在站点分散、天线数量庞大、多个运营商多个系统共用杆塔或天线资源的今天,完全依赖人工不但耗费大量资源,而且问题定位时间长,网络响应速度慢、效率低,直接影响到运营商网络的品牌形象。按照"北斗+"的发展思路,推动北斗在 5G 领域的应用,本文设计了基于北斗三号导航卫星系统的 5G 基站天线姿态智能感知模组,采用北斗三号导航卫星实时测向功能并结合物联网技术,实时监测 5G 基站天线姿态(经纬度、海拔高度、天线方位角和下倾角等),并通过天线接口标准组(AISG)协议将监测的天线数据回传至控制中心,实现 5G 基站天线的姿态远程实时监测。

2 模组设计

基于北斗三号导航卫星系统的 5G 基站天线姿态智能感知模组设计结构如图 1 所示,两路导航卫星信号经过射频电路并滤波后进入两个北斗定位模块,定位模块解算出经纬度、海拔高度传送给微控制单元(MCU)进一步处理。同时,定位模块输出各个卫星的原始观测量,以及卫星星历传送给 MCU 做实时动态(RTK)定向,解算出天线方位角。微机电系统(MEMS)采集加速计和角速度信息传送给微控制单元做倾角计算,并进行温度补偿,输出稳定的下倾角。5G 基站天线姿态(经纬度、海拔高度、天线方位角和下倾角等)计算完成后通过 AISG 协议打包由通信链路回传至控制中心,实现基站天线姿态的远程监测。

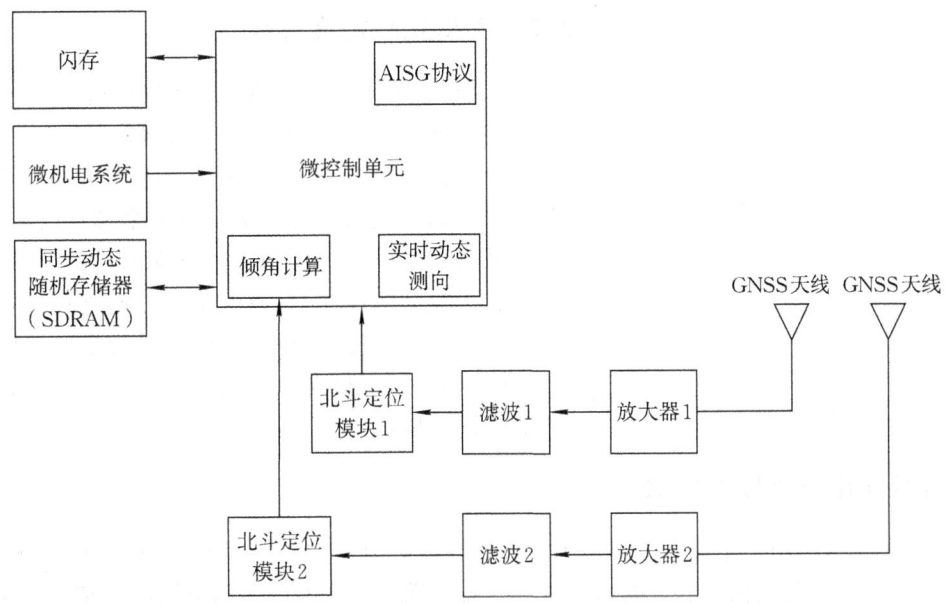

图 1　基于北斗三号导航卫星系统的 5G 基站天线姿态智能感知模组设计结构

3　关键技术

由于模组应用在 5G 基站天线上,对模组的尺寸有限制,采用双频实时动态测向时,基线长度太短(25 cm 以下),需要满足不同环境下 5°以内的测向精度,需要短时间(3 min 以内)获取可靠的测向结果,同时保持长时间定向结果的稳定性是一个较大的挑战。模组的工作环境是长年工作在户外,并且南北不用区域,昼夜温差差异较大,而传感器随着温度会发生漂移,影响倾角的计算精度,如何输出稳定可靠的下倾角也是一个需要克服的问题。获取天线姿态后,如何将这些信息回传到控制中心,也是一个需要解决的问题。

为了解决以上问题,模组的设计采用了以下关键技术:基于北斗三号的实时动态测向算法;小型化高精度天线设计;传感器温度补偿及校准算法;面向通信协议的数据回传技术。

3.1　基于北斗三号的实时动态测向算法

模组中基站天线方位角的获取是通过双频实时动态测向算法实现的。该算法采用双频天线、超短基线(25 cm 以下),并采用国产最新的北斗三号芯片,同时跟踪北斗和 GPS 双模卫星信号,获取卫星星历、高精度的伪距观测量和载波相位观测量,选取双模卫星中最优的卫星组合,以基线长度为约束,使用一种基于角度域搜索的整周模糊度求解算法,进行方位角解算。

由于基线长度已知,若以基站为原点建立东北上(ENU)坐标系,则基线向量在 ENU 坐标系下坐标 r 可表示为如下基线方位角与仰角的函数,即

$$r = \begin{bmatrix} e \\ n \\ u \end{bmatrix} = l \cdot \begin{bmatrix} \sin\alpha\cos\beta \\ \cos\alpha\cos\beta \\ \sin\beta \end{bmatrix}$$

式中,l、α 与 β 分别为基线的长度、方位角与仰角。

算法过程通过离散化角度域空间,生成一组候选基线向量,遍历搜索基线的方位角,计算每一个搜索方位角所对应的基线的距离差分理论值,将其与基线的载波相位差分观测值进行比较,确定基线的实际方位角。

此算法在超短基线的应用中有较好的效果,但同时也需要好的卫星观测量质量。获取较好的卫星质量,需要高精度的天线设计。

3.2 小型化高精度天线设计

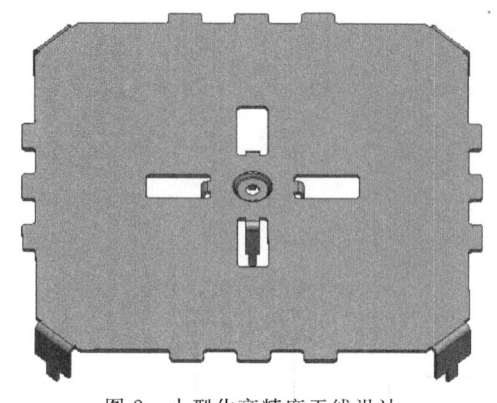

图 2 小型化高精度天线设计

为了给 3.1 节中的实时动态测向算法提供高质量的卫星观测量，同时由于模组尺寸的限制，设计了小型化高精度天线。天线相位中心的稳定性对测向性能和定位精度产生很大的影响，天线尺寸的缩小必然带来抑径反射板尺寸的减小，也就带来了多路径抑制能力下降的风险。模组从天线介质材料、天线结构尺寸、有源电路等方面进行探索，天线采用空气介质，性能稳定，避免了温度差异带来的温度漂移问题，天线体采用不锈钢材料一体成型，尺寸小，精度高，整体结构稳固，如图 2 所示。

3.3 传感器温度补偿及校准算法

模组中基站天线的下倾角是通过传感器中的加速计获取，传感器的性能受环境温度变化的影响比较严重，这是影响组合导航系统精度的重要原因之一。为了满足工作温度区间范围的内精度性能指标，需要对传感器进行温度补偿，通过加速度计在水平和垂直位置定点升温的方法，通过多阶多项式建模，利用最小二乘法拟合建立起了加速度计的零偏和标度因子的静态温度误差模型，对加速度计由温度变化引起的误差进行了有效补偿。通过对自然升温和降温过程的补偿，验证模型的正确性。

另外由于传感器误差来源较多，需要分析传感器误差的种类和性质，并通过对各种误差的分析，得到传感器误差的校正模型，传感器的校正模型是关于误差参量的非线性方程组，非线性方程组的求解难度较大，同时求解结果的精度不好保障。为了提高校正的效率和精度，需要对误差校正模型进行参数化代换。同时需要对输入数据组合进行完好性检测，避免求解过程的发散。在求解校正模型时多次应用参数化代换，将误差模型转换成为关于参数的线性方程，在此基础上运用递推最小二乘算法对该线性方程组的参数进行辨识，实现传感器误差的校正，如图 3 所示。

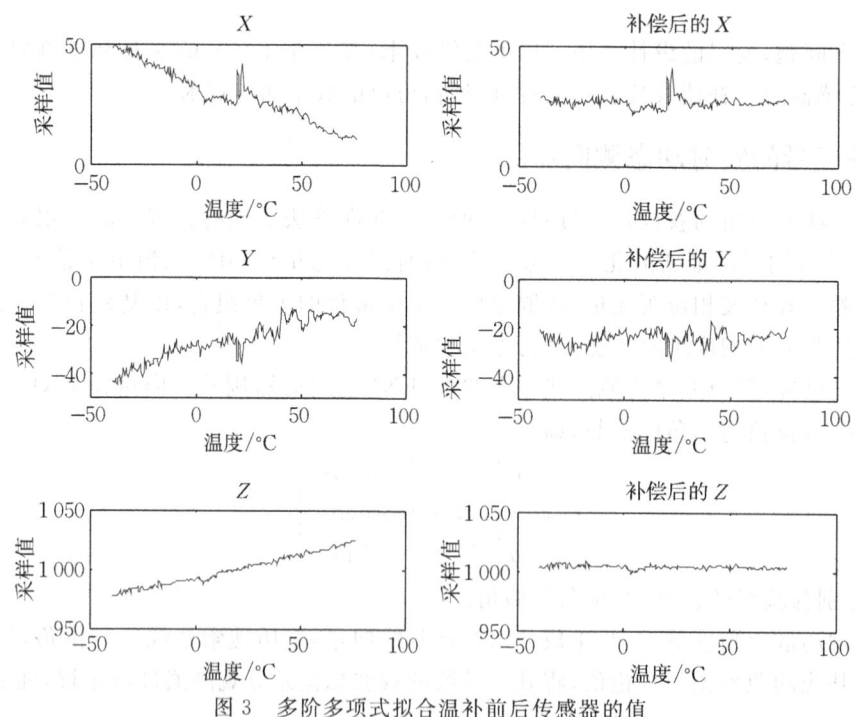

图 3 多阶多项式拟合温补前后传感器的值

经过温度补偿及校准算法可使模组在不同区域、昼夜温差差异较大时均可获得稳定可靠的下倾角精度。

3.4 面向 AISG 协议的数据回传技术

获取天线姿态(工程参数)后,如何将这些信息回传到控制中心(网管平台),本文设计的智能感知模组与网管平台之间的通信主要通过 AISG 协议通信链路实现,如图 4 所示。

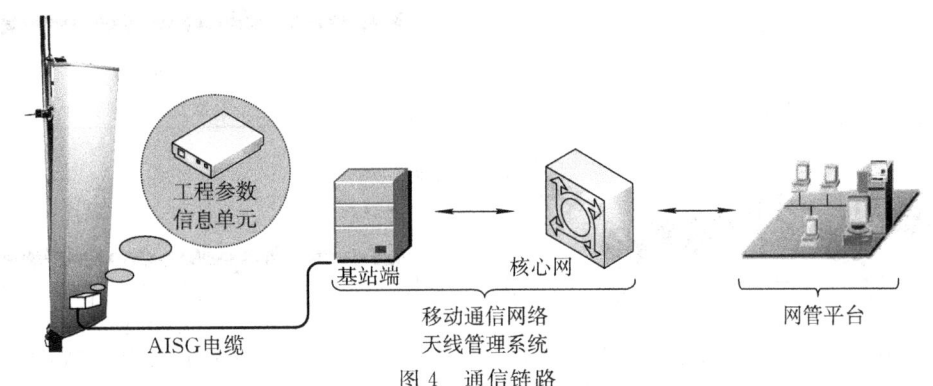

图 4 通信链路

AISG 协议是基站通信行业的标准协议,与其他普通串口通信协议和总线协议不一样,而且不同厂商通信设备之间需要匹配与兼容,所以需要专门研究和进行技术突破,从而保证与各个通信设备商产品的可靠通信。首先按照标准的 AISG 协议进行协议开发和完善,同时需要与华为、中兴、诺基亚、爱立信等通信设备进行联调、联试,确保姿态智能感知模组能很好地兼容各种设备和厂商。

4 试验结果

针对 3.1 节、3.2 节中关键技术的效果,对基线长度在 25 cm 以下的基于北斗三号导航卫星系统的 5G 基站天线姿态智能感知模组,测试了首次定向时间、首次定向精度及持续定向的稳定性。

图 5(a)和图 5(b)分别为高墙半遮挡测试环境及屋檐下强遮挡测试环境,矩形框中为姿态智能感知模组。图 6(a)和图 6(b)分别在半遮挡和强遮挡环境下的首次定向时间及首次定向航行角,模组重启次数为 450 次左右。通过图 6 的数据统计,在半遮挡环境下,首次定向时间小于 3 分钟的比例为 100%,首次定向精度小于 5°的比例为 100%,在强遮挡环境下,首次定向时间小于 3 分钟的比例为 99.3%,首次定向精度小于 5°的比例为 75.5%,小于 10°的比例为 95.9%,说明模组有较好的定向收敛时间及定向精度,并且有较好的环境适应性。

(a)半遮挡　　　　　　　　　　(b)强遮挡

图 5 测试环境

图 7 为强遮挡环境下的航行角,经统计分析,误差(RMS):0.331°,峰峰值:2.728°,持续定向的稳定性较好。

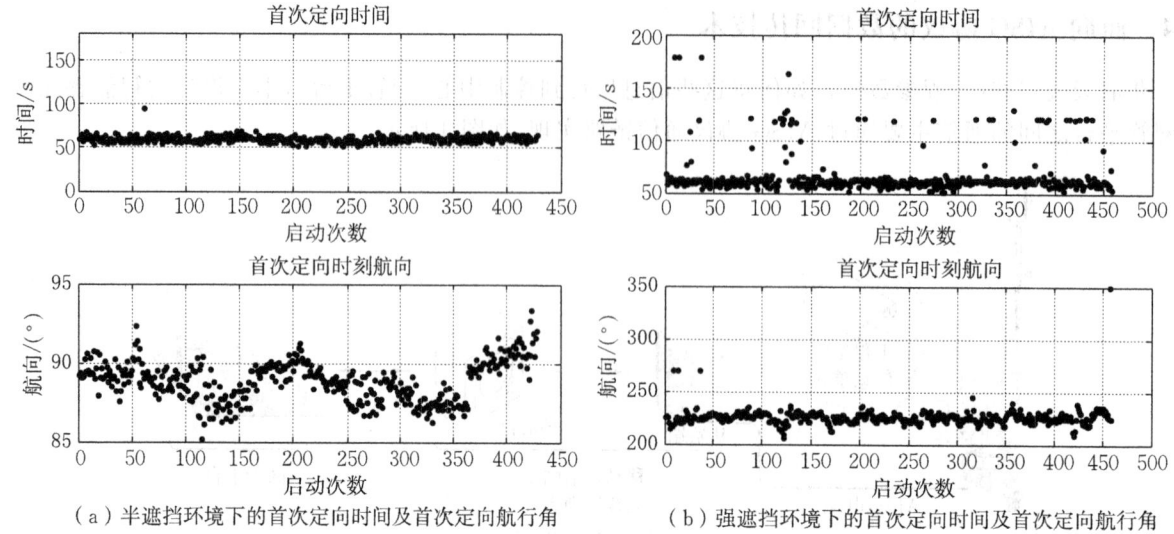

(a) 半遮挡环境下的首次定向时间及首次定向航行角　　　(b) 强遮挡环境下的首次定向时间及首次定向航行角

图 6　首次定向测试结果

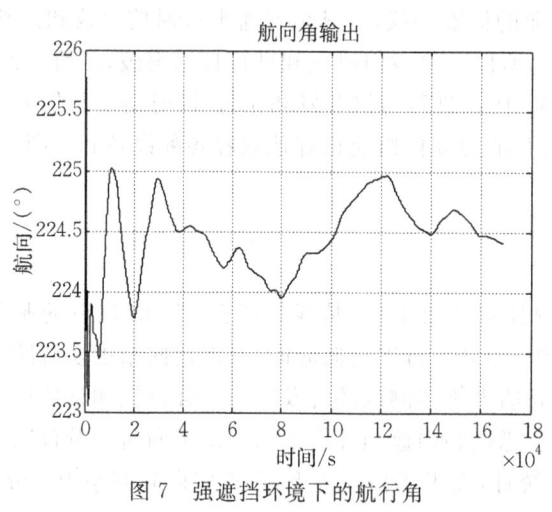

图 7　强遮挡环境下的航行角

5　总　结

本文设计了基于北斗三号导航卫星系统的 5G 基站天线姿态智能感知模组,可实时监测 5G 基站天线姿态(经纬度、海拔高度、天线方位角和下倾角等),并通过 AISG 协议通信方式将监测的天线数据回传至控制中心,实现 5G 基站天线的姿态远程实时监测,模组采用了基于北斗三号的实时动态测向算法、小型化高精度天线设计、微机电系统传感器温度补偿及校准算法、面向 AISG 协议的数据回传技术,解决了不同环境超短基线下首次定向时间要求短、测向精度要求高、持续定向要求稳定性高的问题,同时解决了温差大时要求稳定可靠下倾角的问题及数据回传的问题。模组环境适应性强,可广泛用于 5G 基站天线及 4G 基站天线的姿态测量。

参考文献:(略)

作者简介: 徐娟娟,女,1982 年生,算法工程师,主要从事通信、卫星导航算法设计。

应用于导航卫星系统的低剖面测量型天线设计

张 闯,王晓辉,姚文杰,张 捷

(深圳市华信天线技术有限公司,广东 深圳 518055)

摘 要:为满足导航卫星系统中对高精度测量型天线多模多频、低剖面、低重量的需求。本文设计了一款剖面高度仅 8 mm 的空气-介质组合型测量天线,仅用一片介质基板即可实现 1 164～1 300 MHz 和 1 520～1 610 MHz 两个频段的谐振,接地耦合枝节的引入对天线总增益前后比进行了改善,进而能够提高接收机抗多路径效应技术。满足了对 BDS、GPS、GLONASS、Galileo 四大全球导航卫星系统的全频段覆盖,实现了高精度卫星定位功能。

关键词:微带天线;双频天线;测量型天线;低剖面

1 引 言

近年来随着导航卫星定位技术的不断发展,高精度定位技术已经应用到各种行业中。如在精准农业、测量测绘、无人驾驶、形变监测、智慧施工、驾考驾培等多个领域,高精度定位技术发挥了越来越大的作用,极大地提高了工作和作业效率,降低了人力成本。特别是随着我国北斗三号全球组网成功,以及 5G 通信技术的发展,高精度定位技术必将进入更多行业,会对行业进行重大变革。

在卫星定位领域中,以卫星信号的载波相位为量进行测量的接收天线被称为测量型天线。测量型天线位于整个高精度定位系统的最前端,其性能好坏会直接影响整个系统的指标。本文设计了一款能够工作于 1 164～1 300 MHz 和 1 520～1 610 MHz 频段的空气-介质组合型高精度测量型天线,可以满足对 BDS、GPS、GLONASS、Galileo 四大全球性导航卫星系统的全频段覆盖。其低成本、轻量化、低剖面的特点能够适应未来卫星接收终端的发展趋势。

2 天线方案设计

在测量型天线的设计中,与一般天线相比,除了要求阻抗带宽、增益、辐射效率等指标,还对天线的以下指标有特殊要求,即波束宽度、低仰角增益、不圆度、滚降系数、前后比、抗多路径能力、相位中心稳定性等。

传统的导航卫星天线通常采用微带天线形式,通过上下层叠的方式实现双频带工作,增加天线介质厚度可以满足宽频带工作需求。但是厚度的增加使得天线的高度、重量、成本都会随之增加,不利于接收设备小型化和便携化的发展趋势。过厚的介质也会激励起介质表面波,造成天线辐射效率下降。本文中的天线为空气-介质组合型的微带天线形式,用单片介质基板实现双频段工作,将剖面高度降到了 8 mm,仅为常规层叠测量型微带天线的一半。天线工作的每个频段可以覆盖若干 GNSS 频点,从而实现四大全球导航卫星系统全频点覆盖。

低剖面测量型天线结构如图 1 所示,图 1(a)为天线整体结构示意图,图 1(b)为介质基板上层表面结构图,图 1(c)为介质基板下层表面结构图。与常规微带测量型天线利用两层介质基板层叠实现双频工作不同,本文天线上层环形贴片与下层圆形贴片之间通过四个金属化过孔连接,上下层贴片之间产生的电磁耦合实现了在一片介质基板上实现双频带工作的目的。基板下层贴片工作在 L1 频段,上层贴片工作在 L2 频段。在底面通过四点馈电的宽带圆极化馈电网络实现馈电,四点馈电在改善天线圆极化特性的同时扩展了天线圆极化带宽,实现了更宽的频带覆盖,并且相比于单馈点和双馈点馈电,四馈点馈电的微带天线相位中心稳定性有所提升。本文在微带天线周围引入了 8 条通过金属螺柱接地的耦合枝节,金属螺柱也可以作为介质基板的支撑结构,整体结构稳定可靠,重量相比常规层叠微带天线大为减轻。

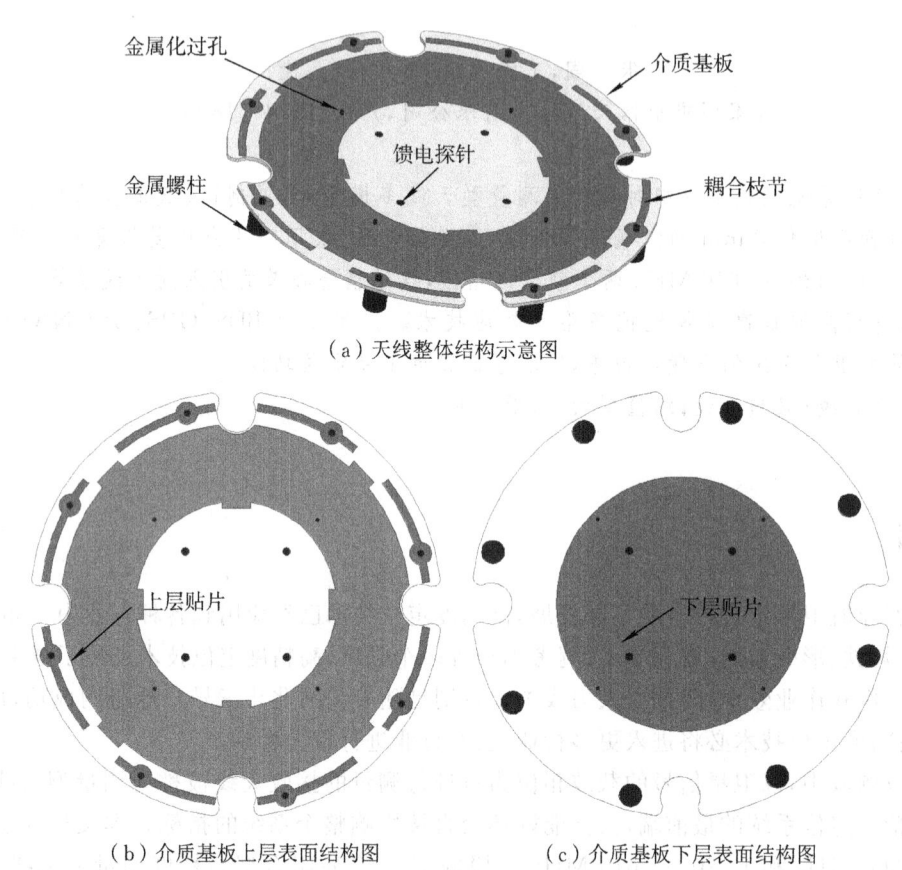

图 1 低剖面测量型天线结构

微带天线的地板上会有以表面波形式传播的地板电流,在阻抗不连续处如地板边缘产生后向辐射,造成天线方向图后瓣电平升高,弱化了天线抗多路径效应的能力。为提高天线前后比,接地耦合枝节长度约为工作波长的四分之一,在空间上对电磁波有带阻特性,可以对地板电流进行抑制。此外,微带天线与接地耦合枝节之间产生的容性耦合可以降低微带天线的 Q 值,达到天线小型化和宽带化的目的。8 条枝节上的耦合电流形成环形阵列,可以通过调控耦合枝节相对微带天线位置、耦合枝节长度等参数,对天线的方向图波束宽度、前后比等性能指标进行优化。

3 试验结果

以下仿真结果是天线安装于直径 123 mm 金属地板上所得。图 2 为天线仿真回波损耗曲线,高低频的谐振频率分别位于 GPS L1 和 L2 频点,带宽能够覆盖 1 164～1 300 MHz 和 1 520～1 610 MHz 频段。图 3 为天线在 1 176、1 207、1 227、1 246、1 268、1 561、1 575、1 610 MHz 处的方向角为 0°、45°和 90°三个切面的仿真方向图,由图 3 中可以看到天线方向图对称性较好。图 4 为天线在工作频段内的仿真增益曲线图,天线在高低频段内仿真的右旋圆极化增益最高接近 7 dB。表 1 为天线在各工作频点的总增益前后比仿真数据,天线在 L1 频段总增益前后比约 19 dB,L2 频段约 14 dB,具有良好的抗多路径效应能力。

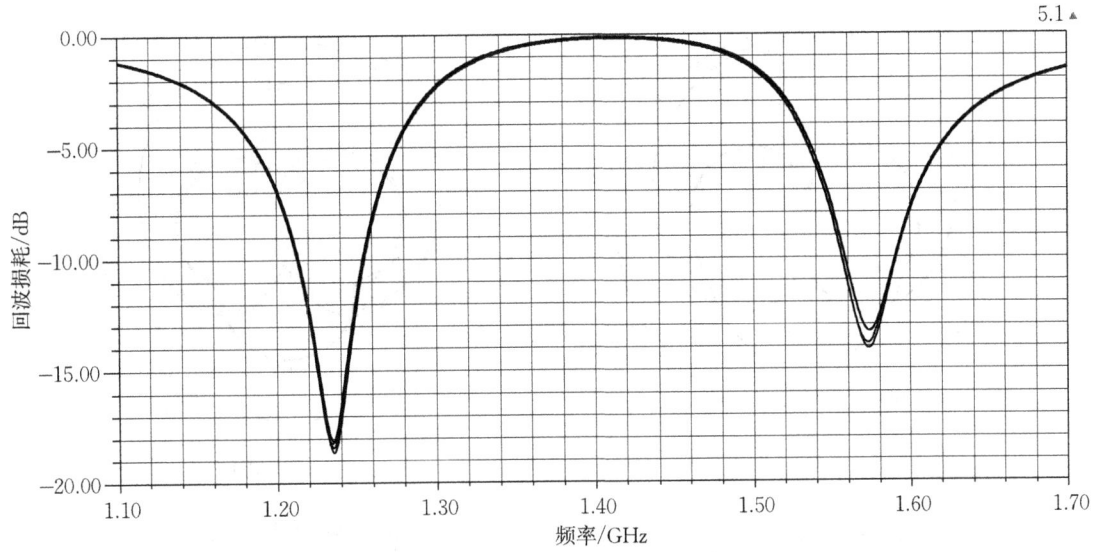

图 2 天线仿真回波损耗曲线

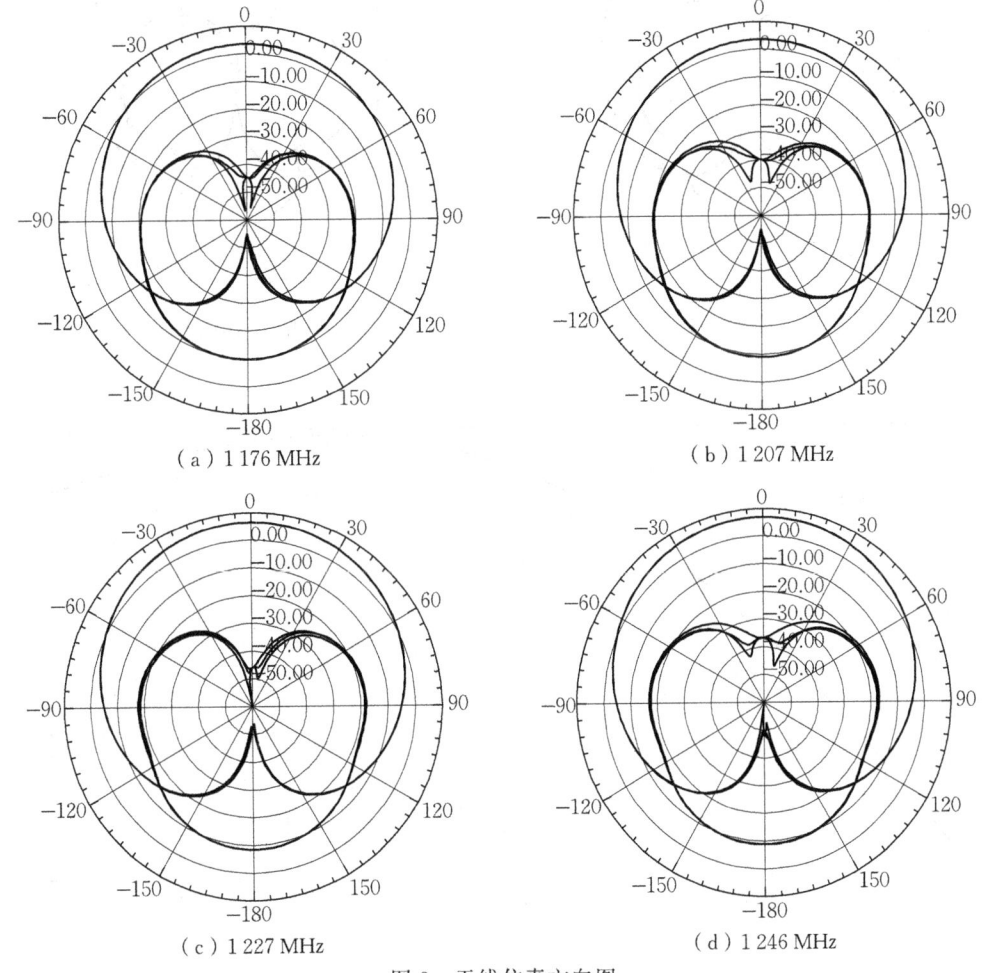

图 3 天线仿真方向图

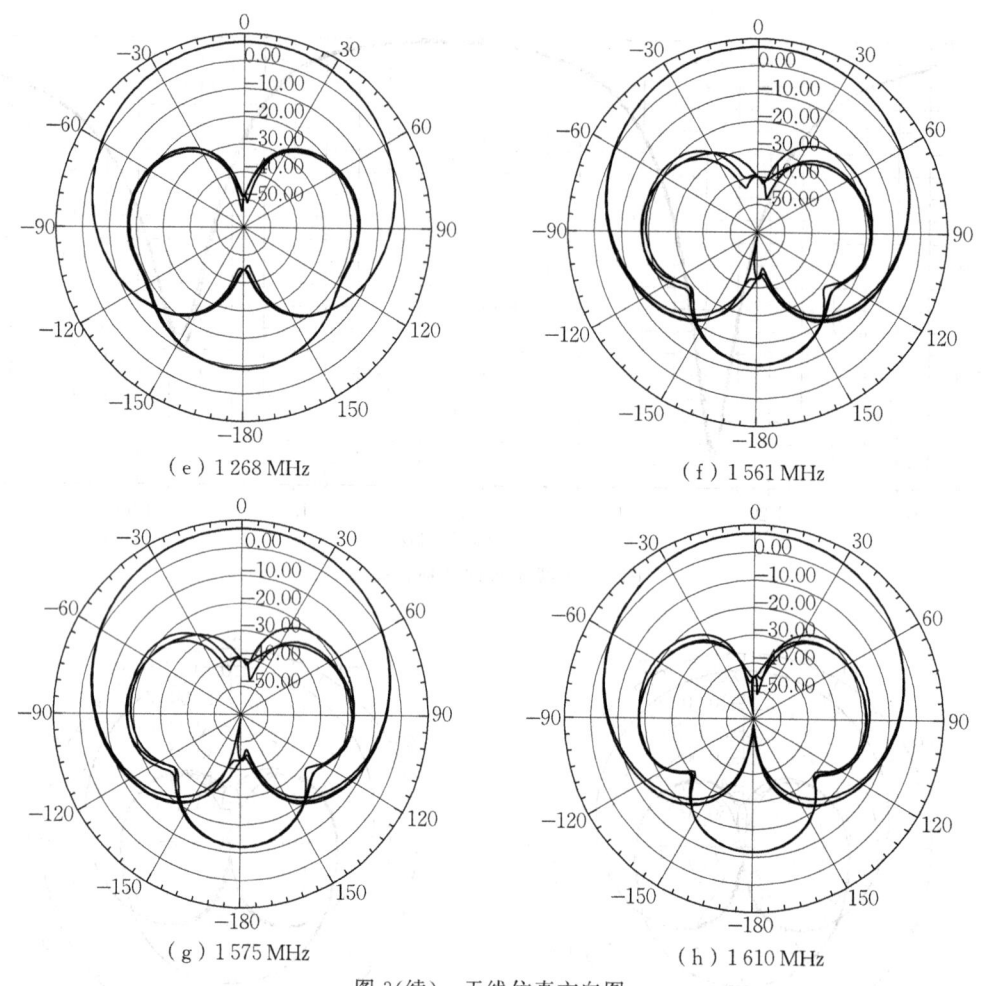

(e) 1 268 MHz　　　　(f) 1 561 MHz

(g) 1 575 MHz　　　　(h) 1 610 MHz

图 3（续）　天线仿真方向图

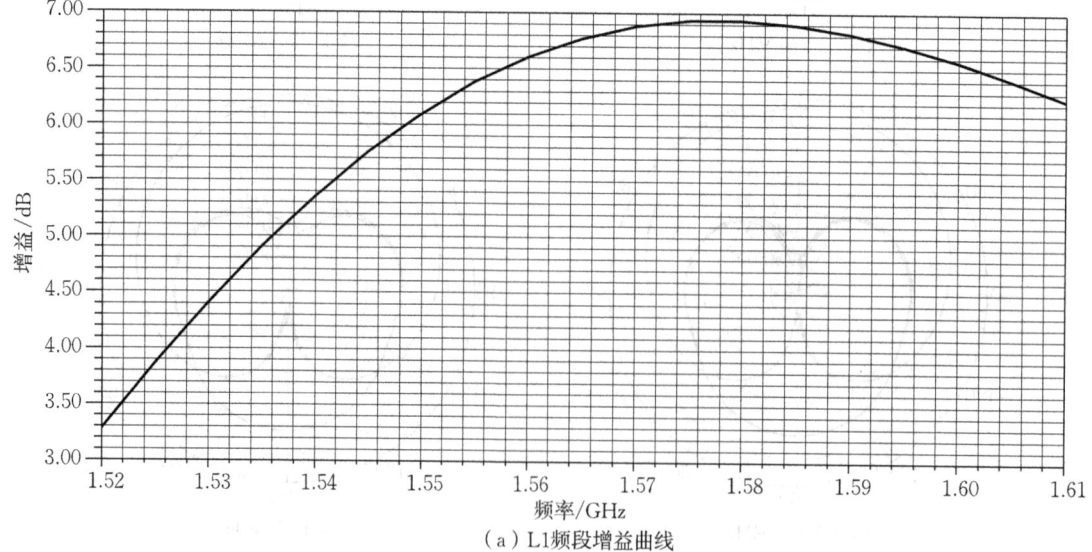

(a) L1 频段增益曲线

图 4　天线仿真增益曲线图

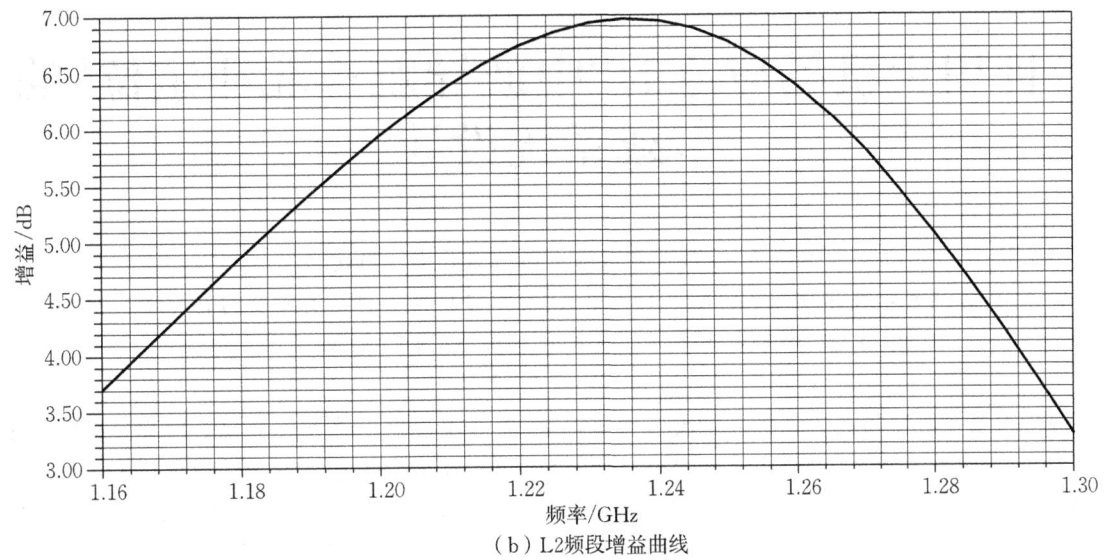

（b）L2频段增益曲线

图4（续） 天线仿真增益曲线图

表1 天线在各工作频点的总增益前后比仿真数据

频点/MHz	1 176	1 207	1 227	1 246	1 268	1 561	1 575	1 610
总增益前后比/dB	13	13.8	14.8	15.6	15.8	19	19.1	18.6

4 总　结

本文设计了一款剖面高度只有 8 mm 的轻重量、低剖面空气-介质组合测量型天线，仅用一片介质板即可实现 1 164～1 300 MHz 和 1 520～1 610 MHz 两个频段的谐振。天线频率覆盖 BDS、GPS、GLONASS、Galileo 四大全球导航卫星系统的全频段。天线总体设计体积小巧，性能良好，总增益前后比高，符合高精度定位应用需求，具有良好的应用价值。

参考文献：（略）

作者简介：张闯，男，1992 年生，硕士，天线工程师，主要从事高精度测量天线设计。

一种用于机场应急的"中波导航＋北斗定位"的车载系统设计

王建亮[1,2]，张彦军[2]，张　新[3]，陈月彬[3]，郭建立[3]

(1. 北京科技大学天津学院，天津 301830；2. 天津锴华仪器科技有限公司，天津 300304；
3. 天津七六四通信导航技术有限公司，天津 300210)

摘　要：中波导航车辆能为飞机进行救灾物资投递、灾害现场抢险救灾人员的运送及灾害现场伤员转运时发挥重要作用。而"中波导航＋北斗定位"的开载系统能起到给飞机指明确定具体位置等提供强有力的位置信息支持，充当"指路明灯"的作用，缩短了抢险应急响应的时间。实践表明，本系统能够精确定位导航、短报文通信，可以在机场应急指挥中发挥重要的作用。

关键词：中波导航；北斗定位；机场应急

1　引　言

传统机场应急救灾工作任务量大，并且向各级上报流程繁琐，易耽误最佳抢险时间，给人们带来了不可挽救的损失。中波导航机动车辆在面对突如其来的地震、火灾、水灾及医疗救护等需求时，能迅速到达指定地点，正在被越来越广泛地用作应急救灾手段，发挥着其独特的作用。中波导航使得保障模式方便、快捷，能够实时互相通信机场现场状况，越来越发挥出先进的作用。北斗导航卫星系统作为我国自主研发的全球导航卫星系统，与全球定位系统(GPS)等其他导航卫星系统相比，其不仅可在全球范围内为各类用户提供全天候的高精度定位、导航和授时服务，同时还具备短报文通信的独特功能。北斗导航卫星系统的通信功能可满足应急通信的基本要求，是一种非常有效的通信手段，中波导航与北斗定位技术的结合无疑将给机场应急带来了极大的便利。

2　系统概述

本车载系统中舱式车体底盘采用某型越野车底盘，可靠性高、越野性强；采用中波导航双信标发射机，集成度和信息化水平高；信标天线为车载式，采用自动或半自动升降方式；具有北斗定位和短报文通信功能，利用北斗短报文功能取代短波电台通信功能，并可实现双信标组合机的远程无线遥控和监测功能。油机可在车上工作，配备了相应的生活保障设施。产品机动性强，架设撤收迅速，能快速到达指定区域形成双信标导航能力，借助北斗短报文汇报所在位置信息和设备工作信息。用于航路导航补盲和机场临时开辟导航点，是机动导航应急保障的重要手段之一，在飞行训练和重大任务保障中发挥着重要作用。

3　中波导航设备系统设计

中波导航设备主机包括微机单元、控制单元、功率放大器、频率合成器、键盘显示器、电源单元等部分，如图1所示。主机由微机通过键盘显示器对操作和数据处理进行控制，从而产生带有摩尔斯码的导航信号。频率信号由频率合成器产生，然后送至功率放大器进行放大，1 kHz的摩尔斯码信号由微机产生，并送至功率放大器的调制端进行调制，经调制后，在功放的输出端获得调制后的摩尔斯码信号，送至天线。

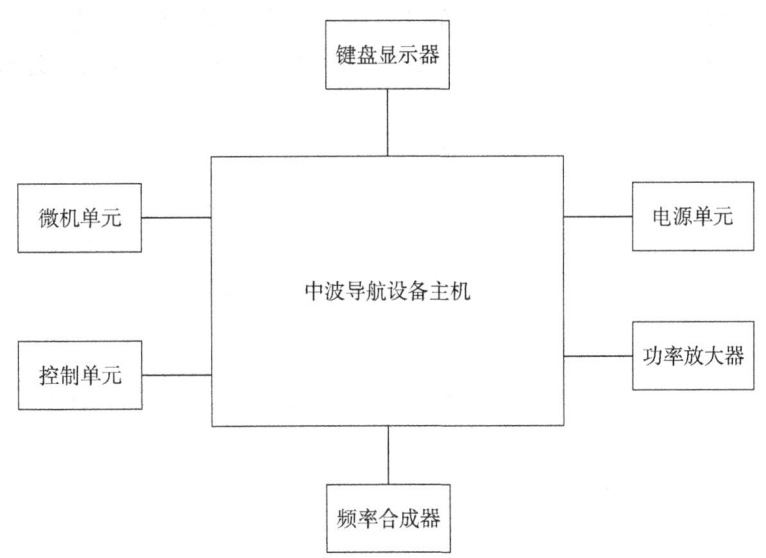

图 1 中波导航设备主机系统组成

(1) 微机部分主要由微机单元程序、地址锁存器、地址译码器、并行接口、不易失随机存储器(RAM)组成。实现对导航机的面板数据显示、键盘操作控制、频率合成、功率放大器放大信号、控制单元传送控制信号。为了对天线电流进行检测，微机设置了天线电流检测电路——天线电流检测器，流向天线的电流经检测电路，送至电流表指示。

(2) 控制单元由无方向性信标(NDB)外话音频转换电路、指点信标(MB)发射机输出转换电路、电源转换电路、指点信标衰减器组成，在控制单元的指令下完成无方向性信标、指点信标不同发射机的双机转换。

(3) 调制单元采用漏极调幅方式。微机单元产生 1 kHz 方波调制信号，经过控制单元接入，使集成电压调整块输出电压占空比由载波输出时的 50% 变为 0%～90%，并以 1 kHz 周期变化，从而在末极功放管的漏极端产生 1 kHz 基波的调制信号。在外部电源电压为 +24 V 的情况下，通过开关电压调制电路可以提高电源的利用率。这样，可减少小信号时的效率问题，解决了一般调幅发射机效率不高的问题。

(4) 频率合成单元采用直接数字频率合成(DDS)技术。它不是通过对频率进行加减乘除运算而获得所需频率的，而是从相位的出发角度进行频率合成的。其基本原理是根据信号的波形，在不同的相位给出不同的幅值，然后由这些周期性的离散幅值经平滑滤波后，形成所需频率的信号。本单元采用 ADI 公司生产的集成 DDS 芯片 AD9851。通过串行输入频率、相位、控制码，在参考时钟(REF CLOCK) 11.059 2 MHz 的作用下，将相位码对应的 10 位幅值码输入数字模拟转换器(DAC)。该转换器形成的模拟电压由模拟输出端输出，经放大、滤波、整形后得到载波信号，最终送至功率放大器。

(5) 中波导航机的天线系统包括天线杆体、加顶、加感线圈、地网等部分组成。频率较低时天线的辐射效率可采用加顶天线的方法来解决，理想的天线长度应是波长的 1/4，此时辐射效率最高，中波的波长往往长达几百米甚至上千米，如频率为 250 kHz 时的信号波长为 1 000 m，1/4 波长为 250 m，不适用于实际情况，因此采用天线中部加电感线圈来解决匹配的问题，使小型天线也能达到匹配及提高辐射效率。

4 中波机动车辆系统设计

中波导航车辆系统由舱式车、导航设备、辅助设备、供电系统等组成，如图 2 所示。导航设备由中波导航主机、车载北斗用户机、中波导航天线、指点信标天线、车载北斗用户机天线组成，主要功能为利用双信标发射机、中波导航天线和指点信标天线发射中波导航信号和指点信标信号。车载北斗用户机具有定位和短报文通信的功能。利用北斗用户机可实现双信标组合机的远程监控功能。车辆安装通信设备较多，中波、短波、超短波等设备均在车内机柜内固定安装，车内机柜设计二次减震，并选用专用减震器，通过减震措施,能有力保证车辆静态、动态安全和良好的避震性能。车顶固定位置安装短波鞭天线及超短波天线,中波伞形天线则随车携带,到达外场指定位置后在现场组装。中波导航设备通过低损耗馈线与中波伞形天线连接。

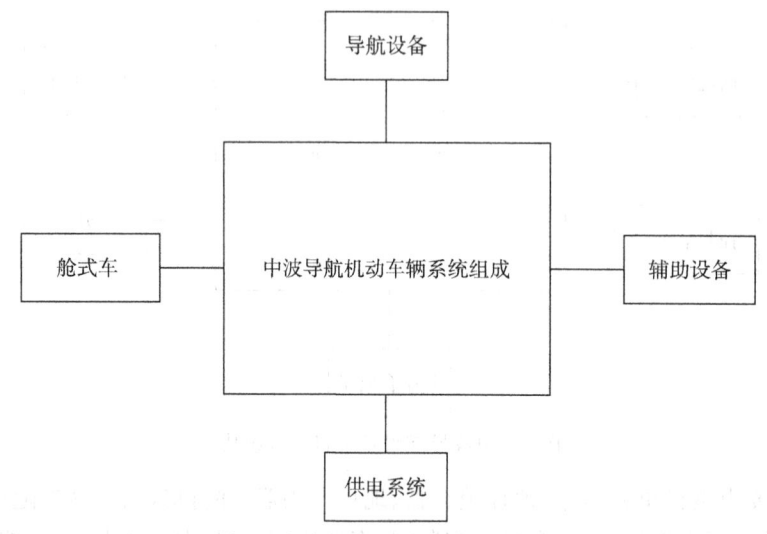

图 2　中波导航机动车辆系统组成

车辆采用外电供电、车载发电机供电、车载蓄电池和不间断电源(UPS)设备逆变供电多种供电方式,确保通信指挥车载系统和设备在任何情况下都能正常使用,同时可以向外界提供电源输出。在电气安全方面主要针对车上安装的电子通信设备,采取有效措施,确保设备及人员安全。对供配电系统和各通信天线加装防雷保护装置,保证全车设备在各种环境下的使用安全。在控制台面板上装有数字电压(带过、欠压设置功能)、电流表,车内供电系统设有过压和短路保护。

设备走线统一接地,地线为一条铺设在走线槽内的铜带,通过铜带接到底盘,车上还配有接地桩,以保证与大地的连接。供配电设备具有电源保安装置,实现过流、过压、漏电保护。当输入电源电流超过 32 A 时,过流保护切断电源;当输入电源电压大于 264 V 时,过压保护切断电源。当额定漏电电流大于 30 mA,电流型漏电保护开关切断电源;当车体到地的电压超过 36 V 时,保安装置切断交流供电。车辆内各舱均配有车载灭火器。

5　结　语

综上所述,"中波导航+北斗定位"技术在车载上的成功运用为飞机准确而快速的着陆提供了强有力的位置保证,并且方便而快捷。产品机动性强,架设撤收迅速,能快速到达指定区域形成双信标导航能力,借助北斗短报文汇报所在位置信息和设备工作信息。用于航路导航补盲和机场临时开辟导航点,是机动导航保障的重要手段之一,在机场应急保障中发挥重要作用,能够极大地挽救人们的生命和财产损失。

参考文献:(略)

作者简介:王建亮,男,1983 年生,高级工程师,主要研究领域为电子信息及物联网、智能科技。

车道级驾驶辅助地图的特点与应用

殷志东[1]，李宏利[1]，申雅倩[1]，于迅文[2]

(1. 北京长地万方科技有限公司，北京 100041；2. 北京百度网讯科技有限公司，北京 100096)

摘　要：本文从分析车道级驾驶辅助地图的需求出发，给出了车道级交通网络数据组织的方法和特点，以及基于车道交通网络的车道级导航应用方法。
关键词：车道级驾驶辅助地图；数据模型；数据组织；车道级导航

1　引　言

导航电子地图经过近三十年的发展，已成为人们出行不可或缺的大众化产品。但是这种地图都是以道路中心线作为交通网络进行规划和引导，位置精度普遍在 5～10 m，无法实现车道级的位置定位、路线规划和行径引导，主要的用户痛点有：

(1)主、辅路不分，高架桥上、下不分。例如，规划路径是要上高架，由于紧急情况改走高架下道路，但导航引导仍播报走在高架上的引导提示。

(2)不能定位在车道上，导致无法实现在路口转向时，提前遵守交通规则进行并(换)道行驶，转向正确的前往道路，稍有不慎就会出现未按规定车道行驶的违章行为。

(3)无法表达车道内的交通属性，如不慎驶入公交车专用道，不能及时播报遵守交通规则的车道级引导。

(4)由于没有精准的三维导航路网数据，导致传统导航地图不能根据导航线直接生成汽车高级辅助驾驶系统(ADAS)所需的数据，不能实现汽车转向的安全控制、汽车上下坡的燃油和车速控制。

传统导航地图缺少亚米级精度的车道交通网络，无法满足人们在车道级定位与引导方面的需要，因此急需突破。

车道级驾驶辅助地图是在位置精度经过提升的标准地图基础上，通过添加特定的专题信息和与标准地图的关联关系而形成的，既可供普通导航使用，又可供具有高级驾驶辅助功能和车道级引导功能的智能汽车或具有高精度定位功能的手机使用。它既兼容现有的标准地图(SD Map)，也对接正在探索生产的自动驾驶地图(HD Map)。车道交通网络是车道级驾驶辅助地图最为重要的新增内容，精度必须是亚米级的，引导必须是车道级的，更新必须是及时的。

2　车道交通网络数据的组织方法和特点

车道级驾驶辅助地图是在经过了位置精度提升至亚米级的标准导航地图的基础上，增加车道交通网络和利用三维道路网络推算出的道路前进方向上形状点并供辅助驾驶系统使用的数据，包括航向、曲率和坡度的导航地图，适用于车道级导航和汽车辅助驾驶。

车道组表示交通流方向一致的一组车道，是连接各个车道间的关系和车道与道路间关系的载体，以关系表的形式表达。

车道级驾驶辅助地图总体数据模型如图1所示。

由图1中可以看出，车道交通网络各线段成组出现，车道组与车道线段呈 1∶N 的关系。道路交通网络路段与车道组呈 1∶1 关系，通过道路路段的唯一标识码 LinkID 可以找到车道组标识码 Lane_groupID，继而找到车道中心线线段的唯一标识码 LaneID，从而实现道路与车道的双向关联。道路交通网络供远距离规划和引导,车道交通网络供局部短距离规划、引导和并道关系计算。

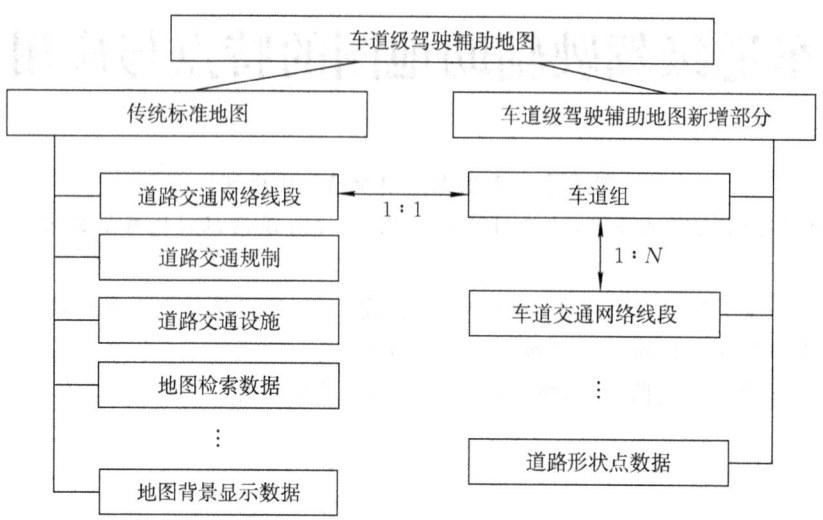

图 1 车道级驾驶辅助地图总体数据模型

2.1 车道网络交通网络结构定义

车道交通网络即车道中心线拓扑连接网络,由车道线段和车道结点两个图层构成,典型的实际场景如图 2 所示。

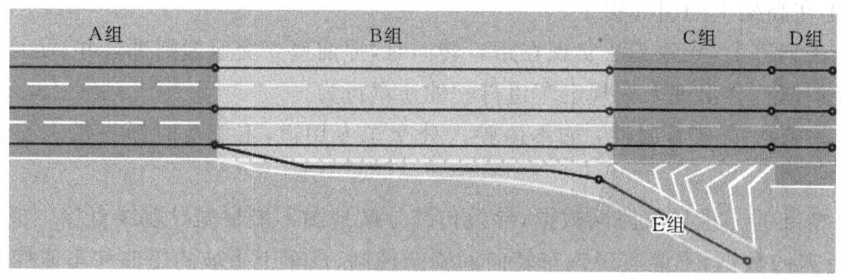

图 2 车道交通网络示意

车道线段代表车道的实际位置,几何上是 n 个点顺序连接的一条二维折线 $(X_1,Y_1,X_2,Y_2,\cdots,X_n,Y_n)$,数据结构如表 1 所示。

表 1 数据结构 1

专题名称	车道中心线		几何类型	PolyLine
表名	Lane_arc		约束条件	M
序号	属性字段名	数据类型	作用描述	属性值或值域表
1	LaneID	Integer	车道线段唯一标识码	主键; 正整数,全国唯一
2	Lane_groupID	Varchar(128)	关联的车道组标识码	外键,源自车道组关系表;正整数,全国唯一
3	FNodeID	Integer	车道线段开始结点	正整数,全国唯一
4	ENodeID	Integer	车道线段结束结点	正整数,全国唯一
5	Lane_No	Integer	车道位置编号	最内侧为 1,依次向外数
6	Lane_type	Integer	车道的类型	0=未划分车道 1=实际主行车道 2=虚拟连接车道 ⋮ 10=应急车道 11=待转区车道

续表

专题名称	车道中心线		几何类型	PolyLine
表名	Lane_arc		约束条件	M
序号	属性字段名	数据类型	作用描述	属性值或值域表
7	Lane_form	Integer	车道的形态	0＝无限制车道 1＝潮汐车道 ⋮ 9＝限时公交车道
8	Traficflow	Integer	交通流方向	0＝与数字化顺序同向 1＝与数字化顺序反向 2＝双向可通行 3＝通行方向受时间限制
9	L_width	Integer	车道宽度	正整数,单位 0.1 m
10	Left_MLine	Integer	左侧分隔线	1＝双黄实线 ⋮ 15＝白实线
11	Right_MLine	Integer	右侧分隔线	同上
12	Turn_to	Char[3]	车道内地面标识箭头指示的方向	0＝无箭头标示 1＝直行 2＝左转 ⋮ 9＝可变向车道(视信号灯) 组合转向时组合给出,如直行加左转则为"12"
13	Slow_down	Integer	减速让行标识	0＝无 1＝减速让行▽ 2＝人行横道预告◇
14	Speed_max	Integer	车道内最高限速	单位:km/h
15	Speed_min	Integer	车道内最低限速	单位:km/h
16	Fee_type	Integer	收费方式	0＝非收费车道 1＝不停车收费(ETC)车道 2＝停车收费车道
17	VT_flag	Char[2]	车种和时间限制标识	00＝全无 01＝车种限制 10＝时间限制 11＝车种和时间同时限制
18	V_Type	Integer	允许行驶的车种	见允许车辆赋值表
19	Time_domain	Char[128]	允许行驶的时间段	格式为 HH:mm-HH:mm,多个时间段以分号";"分隔
20	Tide_PTime	Char[128]	潮汐车道的时间变化段	在 Traficflow=3 的情况下,与数字化顺序同向的时间段,格式为 HH:mm-HH:mm,多个时间段以分号";"分隔
21	Length	Double	车道线长度	单位:1 m
22	H_limit	Integer	高度限制	单位:0.1 m

车道结点代表各车道之间的连接位置,几何上为二维点。数据结构如表2所示。

表 2 数据结构 2

专题名称	车道结点	几何类型	Point
表名	Lane_Node	约束条件	M
序号	属性字段名	数据类型	作用描述	属性值或值域表
1	L_NodeID	Integer	车道结点唯一标识码	正整数，全国唯一
2	L_LinkNum	Integer	连接至该结点的车道线段个数	正整数
3	L_Links	Char[254]	连接至该结点的车道线段标识码集合	每个标识码之间以";"分隔
4	V_Line	Integer	过结点垂直道路的交通标线状态	0＝无垂直道路的地面标线 1＝有停止线 ⋮ 7＝有减速让行线和人行横道

2.2 车道组结构定义

车道组定义车道线段间的关系和车道线段与道路路段的关系，如表 3 所示。

表 3 关系表

序号	属性	字段名	数据类型	值域描述
1	车道组标识码	Lane_groupID	Char(32)	一个车道组一条记录
2	车道线段总数	Lane_Link Num	Short	正整数，同一车道组内的车道总数
3	车道线段标识码列表	Lane_Link_list	Char(254)	记录与该车道组关联的各车道线段的标识码
4	道路线段标识码	Road_Link_list	Char(32)	记录与该车道组关联的道路路段的标识码

3 车道交通网络在导航上的应用

道路交通网络是标准导航地图的基础网络，车道交通网络是车道级导航产品的必需网络。应用上，宏观的长距离规划和诱导，需要由道路级网络实现，而局部的短距离规划和诱导，需要由车道级网络实现。道路网络和车道网络，必须能够相互对应、双向查找。车道交通网络在导航与驾驶辅助上的作用主要表现在车道级定位、车道级路径规划和引导，以及辅助驾驶中的车道保持、自适应巡航、换道辅助等。

3.1 车道级精准定位的应用

应用地图匹配技术，首先根据接收到的车辆位置，进行道路级的线段匹配，匹配到车辆所在的道路。然后根据已知的所在道路路段，查找关联的车道组，由车道组表给出的车道线标识码列表，找到可能的车道线段，然后逐一进行车道匹配，直至找到所在的车道，完成车道级精确定位。在车辆定位设备精度和车道交通网络位置精度均小于 1 m 的情况下，匹配准确度可达 80% 以上，如果结合车载前方摄像头，则可提高准确度在 99% 以上。车道级导航定位效果如图 3 所示。

3.2 车道级精细化图像显示应用

应用车道中心线和中心线上两侧的地面标线的属性进行图像渲染，可以真实还原地面标线显示效果，具体绘图步骤如下：

（1）根据道路网络的导航线表里的法规分隔线的属性，绘制最内侧车道的左侧地面标线。位置取序号为 1 的最内侧车道中心线向左平移半个车道宽度的平行线，长度为当前车道段的长度。

（2）根据车道中心线网络的各条车道的右侧地面标线属性绘制各条车道的右侧地面标线，位置取车道中心线向右平移半个车道宽度的平行线，长度为当前车道段的长度。当线型为导流区边线时，还需要组合导流线为导流区，绘制导流区。各条车道分隔线的绘图次序是自内侧车道向外侧车道依次绘出。

图 3　车道级导航定位效果

(3)当有"分隔附属"的属性时,还需要据此给出导流、减速、可变的车道性质。车道内的转向箭头,需要依据车道线上的转向箭头属性绘出。

(4)当处于平交路口的时候,还需要根据车道结点所给出的属性,绘出停止线、让行线及斑马线。位置为各结点连线并延伸至整个路幅宽度(各个车道宽度之和)。

根据车道交通网络数据真实还原地面标线显示效果,如图 4 所示。

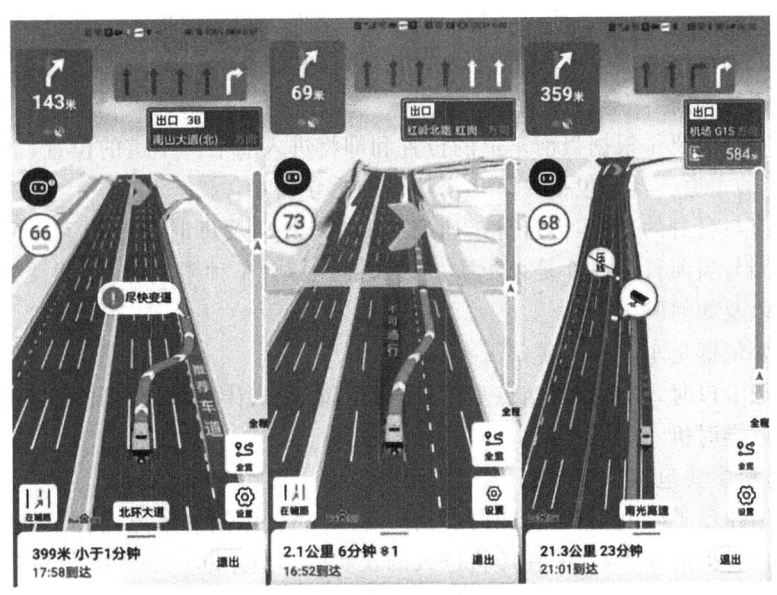

图 4　车道级图像显示效果示例

3.3　车道级路径规划应用

给定起始位置和结束位置,实施道路级的路径规划,依据道路交通网络给出远距离要依次经由的各条道路路段,在路段上的哪个车道上行驶,需要车道级的路径规划给出。

根据当前位置,向目的地方向推算前方 3 个路口的车道级路径。计算的基本流程是:

(1)提取 3 个路口以内的全部车道网络数据,作为当前局部车道网络。结合车道定位结果确认所在初始车道。

(2)根据道路规划的总体走向,判断是直行还是转向,根据车道转向箭头属性判断当前所在车道是否符合前行的要求。

符合前行要求时,读取第 2 路口和第 3 路口之间的道路路段,找出与其相对应的车道组,取中间车道作为末端车道段。以当前所在车道段的起结点和末端车道段的末结点为起始点,在局部车道交通网络里根据网络的拓扑连接关系,计算车道级行车路径。

不符合前行要求时,提取与本车道衔接的下一车道组,判断组内哪个车道符合转向的要求,找到符合转向要求的车道段后,顺交通流反方向找到该车道段与初始车道同一车道组内的,并且该车道段有顺向车道连接关系的车道段2,实施初始车道向车道段2的并道处理。可否并道需要判断车道分隔线属性:向左并道,看左侧分隔线属性;向右并道,看右侧分隔线属性。找到当前车道组内可连接至符合转向要求的下一组内的车道段时,以该车道段为起始车道段,以第2路口和第3路口之间的道路路段对应的车道组内的中间车道作为末端车道段,实施车道级路径规划。

(3)当前行通过第1路口时,从当前局部车道网络删除已用的车道组内的车道线段,并读取第3路口和第4路口之间道路路段对应的车道组内的车道网络,并入当前局部车道网络内,重复实施(1)和(2)的步骤,计算下一段的局部车道级规划路径。

(4)车道级路径规划要顾及自身车辆的性质和车道段的限制信息。选择途径的车道线段时,要避开不允许的车道线段。

3.4　车道级诱导应用

3.4.1　车道级诱导的方式

车道级诱导的方式分为语音诱导和图像诱导。而图像诱导又分为悬挂式车道转向条和地面车道引导箭头两种,如图4所示。

悬挂式车道转向条内的拟转向车道应高亮显示,底图可以是2维、2.5维地图,或实景影像。语音类的提示,总是在合适的时机,提供合适的语音提示,包括并道提示和转向提示。并道提示分为向左并道、向右并道,以及连续并道提示。转向提示包括直行、左转、右转和掉头等。

3.4.2　车道级诱导判断

车道级诱导的判据,主要是根据当前车道的位置和即将进入的下一车道的位置,下一车道包括即将并入的车道和即将连接的车道。具体包括以下几个场景的诱导判断:

(1)车道内的限速与自身的车速,当自身车速超出限制车速时要即时提出警示。

(2)车道内的限制与当前行驶条件是否矛盾,包括时间限制、车种限制等,如果受这些限制影响,要提示尽快驶出该车道,以及如何驶出。

(3)转向提示主要依据是车道内的转向箭头属性。

(4)在进入路口或卡口时,还要依据结点上的停止线、斑马线、让行线或收费站的属性提前做出提示。

3.4.3　车道级诱导时机

车道级诱导的时机主要包括以下4种:

(1)车辆所在车道违反了限制要求,应即时提出警示,驶离受限制的车道,驶向正确行使的车道。

(2)发生并道的位置提前预告,一般在即将进入的长实线车道距起点200 m的位置提示。

(3)发生转向的位置提前预告,一般在标有转向箭头的车道,进入拟转入的车道起点的前200 m位置提示。当有道路级诱导的情况下,要紧跟在道路级诱导之后,给出详细的车道级诱导。

(4)进入路口或卡口时,根据结点属性提前100 m做出提示。

4　结　语

本文论述了车道交通网络的数据整体模型和车道交通网络在导航产品上的定位、显示、规划和诱导等方向应用。随着中国北斗系统的全面应用,带来高精度定位芯片的大范围普及,配套车道级驾驶辅助地图的发展也会加速普及。围绕导航体验中的痛点问题,利用车道级驾驶辅助地图实现车道级导航应用可以很好地解决,相信随着车道级导航、驾驶辅助、自动驾驶时代的来临,将极大地提升人们出行体验。

参考文献:(略)

作者简介:殷志东,男,1985年生,工程师,主要从事导航电子地图研发、车道级高精度地图研发和应用研究。

第五代移动通信技术引领下的导航地图革命

李宏利[1]，夏德国[2]

(1. 北京长地万方科技有限公司，北京 100041；2. 百度时代网络技术(北京)有限公司，北京 100096)

摘　要：本文从介绍5G移动通信特点入手，分析了5G技术为导航电子地图带来的革命，分场景论述了5G技术对驾驶辅助地图和自动驾驶地图应用的影响、对智慧城市和智慧公路建设的影响、对外业数据采集的影响、对建设广义生活服务平台的影响。最后给出加快推进"5G＋北斗"促进导航产业发展的建议。

关键词：导航；地图；自动驾驶；智慧城市

1　引　言

5G是第五代移动通信技术的简称，是目前最新一代陆基数字蜂窝网络的通信技术，由国际组织3GPP主导，华为等公司在该组织中一直处于领先的地位，引领了世界5G标准的发展。5G基本目标是高数据速率、减少延迟、节省能源、降低成本、提高系统容量和大规模设备连接。国际电信联盟无线电通信部门(ITU-R)发布的5G愿景称其满足增强的移动宽带、海量的机器间通信、超高可靠和超低时延通信三大类主要应用场景，如图1所示。

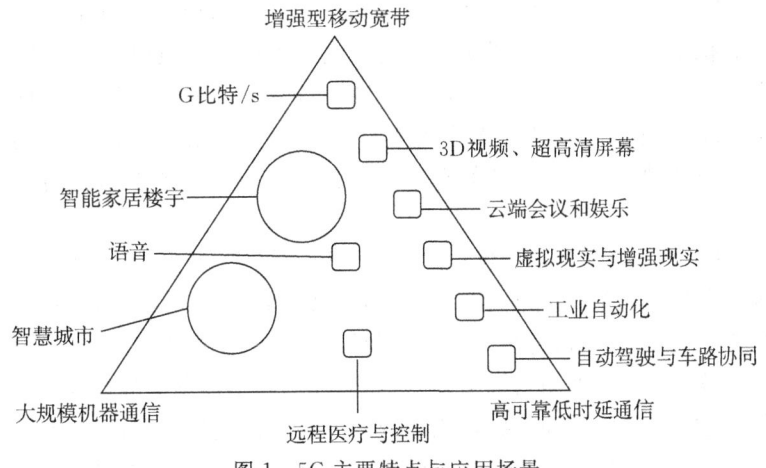

图1　5G主要特点与应用场景

5G的基本特点可以归纳为高速度、泛在网、低功耗、低时延、万物互联、重构安全。相对4G而言，5G提升了3～5倍的频谱效率、百倍的能效、1 ms的空口时延、500 km/h的移动性支持、100万/km^2的连接数密度，以及10 Tbit/$(s·km^2)$的流量密度等关键能力指标。

"4G改变生活，5G改变世界"，5G将使万物互联成为可能，"5G时代"就是"支持万物互联、改变世界的时代"。

5G技术解决的是在任何时间、任意地点、任何设备间的各个行业信息的低时延快速传递的难题，是一切行业革命性变革的基础支撑。5G技术需要与人工智能(A)、大数据(B)和云计算(C)的"ABC"技术融合才能促进整个社会各个行业的创新型发展。

5G技术与测绘地理信息产业的结合，可以使地球空间信息服务做到社会化与大众化，5G影响的不仅是地理信息数据的采集、制作等生产方式的改变,更重要的是地理信息在各行各业的应用方式的转变。导航电子地图是应用最广、受众最多的一种地理信息服务,无论是采集还是应用都需要端-云结合、协同服务的网络应用模式,因此5G技术给导航地图生产与应用带来了革命性的变化,下面分不同场景论述如下。

2 5G技术带动了车道级驾驶辅助和智能驾驶高精地图的应用

5G技术的高速率、低时延、高可靠、低功耗特点为无人驾驶汽车的革命带来了充足可靠的通信保障。按稳步推进智能驾驶的路线图来看,无论是L1还是L5,智能驾驶能力的每一步提高,都需要配套的导航电子地图升级,都需要高效的通信能力提升,如表1所示。

表 1

地图等级	位置精度	地图内容	适应的驾驶等级
标准地图	5～10 m	道路拓扑连接网络、道路交通规制、道路交通设施、交通引导数据、地图检索数据……; 地图背景显示数据	L0 无自动化; 驾驶员和出行者
车道级驾驶辅助地图	0.5～1.0 m	比标准地图增加: (1)车道级拓扑连接网络; (2)ADAS驾驶辅助数据	L0—L2,人和车; 驾驶辅助和部分自动化
智能驾驶地图	0.1～0.3 m	比车道级驾驶辅助地图增加: (1)交通标线和交通标志; (2)路侧和跨路设施,如护栏、龙门架等; (3)辅助定位对象,如广告牌、显著建筑物等	L0—L5,人和车; 有条件自动化、高度自动化和完全自动驾驶

地图内容和要求的每一次换代升级都带来了海量数据的急剧增加,带来了应用产品性能极大的提高,因此都需要高速的通信管道,实现毫秒级端-云协同智能导航。从全天候、全时段、全地域的普适性应用来看,导航电子地图的换代升级十几年一次,标准导航地图在中国普遍应用已有十七年的历史,预估车道级驾驶辅助地图会随着亚米级定位设备的手机和车载终端大批投放市场很快铺展开来,再延续十多年,全面过渡到智能驾驶高精地图。目前智能驾驶用的高精地图在特殊场景下的特种车辆的应用市场随着5G技术的推广,市场需求的增长是非常快速的。无论从哪个角度,5G时代的到来都为导航电子地图的升级换代带来了强烈的需求,必须紧跟这一形势,抓好车道级驾驶辅助地图和智能驾驶高精地图的生产,夺得市场的先机和主动权。

智能驾驶高精地图具有"高精度+高鲜度+高丰富度"的"三高"特点,除实现车道级导航的功能之外,更重要的是提升传感器的性能边界,使车辆控制大脑具有先验的道路环境知识,配合车内传感器和端-云协同的人工智能识别能力和决策能力,为车辆驾驶控制提供依据,使汽车完成自动驾驶操控。地图规模化生产面临的主要挑战是:如何保住"地图的鲜活度"?如何降低高精地图的量产成本?为解决这个问题,高精地图生产的最佳模式是"传统测绘"和"众包"相融合的模式。初次采集制作使用专业的移动道路采集车(GNSS+IMU、激光点云、CCD相机)完成基础数据制作,后期的道路交通标志和标线的变化则采用基于视觉的"众包"更新。无论是专业采集还是众包更新,都需要把资料及时快速地传递到数据中心处理,5G高速宽带的特点为这种作业模式带来了极大的便利。

3 5G技术带动了智慧城市、智慧公路建设,增大了实景三维地图需求

5G为智慧城市万物互联提供了信息快速传输通道和海量设备接入能力。智慧城市一个最重要的基础数据就是刻画真实世界的实景三维地图,一般采用无人机数字倾斜摄影或移动测量车测绘,是地理信息产品中最先进的产品,是导航电子地图的重要发展方向。自然资源部将其列为最重要的新型基础测绘,目前正在开展实景三维中国的建设,如图2所示。

传统的三维建模渲染是供人观看的,而实景三维单体模型数据不仅可供人们从不同视角观看,更重要

的是它能够提供多种地理环境分析能力,是典型的 BIM+GIS 的结合。每一个单体建筑都有它自身详细的属性信息,"几何体图元+属性"可以为各种基于人工智能算法的系统提供强大的环境分析能力,能够在智慧城市管理中对城市规划、交通管理、公众事业、公共安全、应急救援等领域发挥出不可替代的决策参考作用,并便于各方面进行系统环境仿真试验和活动的演练。

图 2　实景三维地图

智慧城市建设之一就是智慧公路,无人驾驶汽车大规模产业化、社会化,仅靠单车智能的无人驾驶是不能实现的,必须从智慧交通的整体上去把握,实现车路协同式的智能驾驶、智慧交通体系建设。5G 技术海量设备的接入能力,使得道路上的所有车辆相互之间、车辆与道路的基础设施和交通管控设施之间,即 V2X(车对外界的信息交换)的互联互通成为可能。公路变为智慧公路,车辆变为聪明车辆,如图 3 所示,车辆之间、车辆与路侧设施或服务中心之间实现互联互通,促进整个智能驾驶、智慧交通产业的快速发展。

图 3　车路协同示例

智慧公路体系由完善的基础设施监测体系、智能化的路网感知管控体系、可靠的通信网络体系、实时的预报预警体系、高效的应急保障体系和完备的出行服务体系所构成,需要能刻画真实道路场景的三维实景公路沿线地图,这与智能驾驶用的高精地图本质无异。除此之外,智慧公路建设还需要实现交通管理设施的数字化、交通感知监控体系的智能化和网联化。例如交通信号灯的智能化改造,道路交通标志和标线的信息化改造,不仅能向出行者提供交通信息服务,还能向过往的无人驾驶车辆传送动态的交通服务信息。路网上感知的交通流和交通事件可以及时传递给运行中的车辆,及时调节动态交通流量达到最优运输效率等。

为积极应对 5G 时代智慧公路建设和智能网联汽车产业的发展给导航电子地图应用带来的变化,除了加快导航电子地图由标准地图到高精地图的升级换代之外,还要积极探索智能信号灯、电子斑马线、智能交通标志牌、路侧气象台、路侧感知与通信基站等新一代车路协同设施在导航电子地图中的表达,在有人驾驶导航系统和无人驾驶汽车控制系统里的应用,使"科技让出行更简单"。

4　5G技术的应用带来外业采集模式的革命

当前外业采集模式主要是专业采集车和众源、众包模式相结合的方式。专业采集车完成新建道路和主要道路的地图更新巡检任务,实施的是网上调度派发任务、实时监控车辆的运营状态,测量车单人作业。高精轨迹、全景影像和激光点云记录在车内硬盘上,测绘完毕,由公司派员工巡回收盘,携带回生产基地,周期大约为一周。紧急任务时,采用加急快递或专人直送模式,一般最快也要一天时间。外业资料预处理和中业检测识别一般也需要一天,处理后的资料成果进入内业制图平台完成最后的地图生产和上线发布一般也需要一天的时间。因此从更新的效率而言,这种方式一般需要一周左右的时间完成从外业测绘到产品发布。由于不能实时检测外业测量数据质量,个别时候,当发现数据存在测量问题时,还需要测量车再次返回作业城市重新测绘,造成时间和资源浪费,延误产品发布。

众源和众包模式,则是用户在网上贡献数据,无论是主动收集型还是被动接收型,都涉及实时轨迹和全景照片的快速传输和云端自动识别处理。

5G时代的来临,为外业采集的实时数据进行网上传输,云端实时预处理和检测识别,提供了快速可靠的运行环境。单从技术上而言,5G的应用一定会带来外业采集模式的革命。

据报道5G的传输速度可以达到10~20 Gbit/s,专业采集车每秒采集约10 MB数据,因此5G通信带宽,完全满足外业资料实时上传下载的需要。借助于云端人工智能识别、大数据处理和5G快传能力,可以实现对道路数据的快速差分检测,达到边采集、边上传、边识别、边处理,快速协同更新地图的目的,可以预见届时的更新能力达到小时级,甚至是分钟级,完全避免转场后再返工的现象。

导航电子地图测绘,除了专业采集车之外,也应用无人机航拍或激光雷达扫描。5G技术使得利用无人机实施局部地区快速精准测绘成为可能。远程低时延控制、永远在线、实时超高清图传等这些5G移动通信所赋予无人机的能力,使得其在导航电子地图测绘领域有着广阔的应用前景。其具体表现在:

(1)网联化:无人机网络连入蜂窝网络,可确保安全飞行,在降低成本的同时提升效率。

(2)实时化:结合5G增强移动宽带,实现区域无人机全连接,超视距范围无人机互联互通、高可靠低时延的高清视频和海量点云数据实时传输等,为应急测绘提供有效支撑。

(3)智能化:5G网络与空间智能观测、云处理技术相结合,可实现无人机自主作业、实时智能感知与计算,催生更丰富的无人机移动测量、构建智慧城市应用的新型测绘产品。

5　5G万物互联的能力将助推地图导航工具变为广义生活服务平台

地图是媒体、地图是容器、地图是平台。5G的快速通信能力和海量设备的接入能力,使得导航地图从出行服务,扩展到生活的方方面面。有了丰富的服务内容,可以使手机地图从低频应用的工具软件演变为高频应用的平台软件。其发展趋势是:

保持现有实时交通信息采集、处理和应用的基础上,进一步接入如下服务:

(1)实时公共交通信息,在已有公交线路规划基础上,对候车乘客提供换乘路线实时车辆到达信息,节省乘客候车时间。

(2)实时景区游览信息,给出景区位置和深度服务信息介绍,包括开放时间、浮动价格、实时拥挤程度等动态信息,方便游客游览。

(3)超市、加油站等实时打折信息,方便顾客选择合适的时机购买物美价廉的商品,享受实时的聚合优惠。

(4)共享单车、共享汽车、出租车、网约车等实时信息,方便出行者就近查找出行工具,迅速出发,前往目的地,享受实时聚合打车优惠。

(5) 大型会展、体育场馆、博物馆、影剧院等文化场所的实时信息,便于顾客选择合适时机享受喜欢的文化娱乐。

(6) 宾馆、饭店的实时服务信息,方便消费者享受物美价廉的生活服务。

(7) 出发地和目的地间出行工具选择和路径规划及购票信息,方便用户选择最优出行方式。

6 结　语

5G布设的是陆地移动通信网络,而陆地在地球上只占29%,所以5G需要靠6G的卫星通信网来补充。6G是把5G技术和卫星移动通信技术及短距离直接通信技术融合在一起,解决通信、计算、导航、感知等问题,组建空、天、地、海泛在的移动通信网,实现全球覆盖的高速宽带网。6G通信卫星同时还兼做北斗系统的高精度星基差分站使用,是下一代移动通信技术发展的必然,在全球覆盖的广度、通信速率、能耗、时延、每平方千米连接设备数量和安全性上将大大超越5G。6G将拥有更高的接入速率、更低的接入时延、更快的运动速度、单位面积更多的设备接入率及更广的通信区域覆盖。

我们期待6G通信网络早日实现,更期待"6G＋北斗"一体化应用的成熟,位置更准、内容更全、更新更快的导航电子地图将为无人驾驶、智慧城市、智慧民生插上腾飞的翅膀。

参考文献:(略)

作者简介:李宏利,男,1953年生,教授级高级工程师,主持或参与卫星导航产业国家标准编写和系统开发多项,获国家和军队科技进步奖多项。

高等级道路快速更新生产模式研究

马 威，陈 科

（北京长地万方科技有限公司佛山分公司，广东 佛山 528303）

摘 要：本文提出了一种高等级道路快速更新的方法，介绍了通过快速获取情报信息，利用卫星遥感影像、外业采集等资料进行数据制作，预上线后快速上线的基本流程，并通过实际样例数据的生产验证了本文方法的可行性。

关键词：高等级道路；快速更新；预上线；实时开通

1 引 言

随着中国经济飞速发展，全国道路建设步伐在不断加大，道路里程每年均有不少的增长，尤其体现在高等级道路。各地图厂商紧跟步伐，希望将新开通道路尽快地体现到数据中。如果完全等到实地道路开通后再进行外业采集、内业制作、成果质检需要较长的生产周期，不满足开通即可导航的用户刚性需求。

为有效缩短地图数据更新周期，将新开通道路快速体现到地图数据中，道路一旦开通即刻能够展现出数据成果供用户使用，起到积极的宣传效果及良好的用户体验，各图商都在积极探索新开通道路快速更新的手段和方法。本文拟从地图更新的角度，通过研究新开通道路快速更新的必要性，打破传统的开通后实地测绘方式，通过室内遥感影像、在线地图等参考资料提前进行室内更新，同时结合外业事前实地调绘的方式分析道路快速更新路径，并通过具体样例数据论证了整体技术方案的可行性。

2 高等级道路快速更新的关键问题分析

2.1 高等级道路更新的信息情报获取方式

道路更新需要通过各种方式获取道路要素发生变化的消息，并把这些内容进行整理。因为道路变化消息获取渠道是多源的，所以技术实现途径上也是多渠道的设计，可以但不限定于通过以下几种方式：

（1）政府部门提供道路变化信息。
（2）用户反馈信息。
（3）网络电子地图标记。
（4）基于网络、广播、电视和报纸等多种媒体渠道获取。
（5）数据对比。
（6）历史更新在建信息提取。
（7）最新高分辨率航片/卫片遥感资料判读。
（8）基于浮动车技术的新增道路发现。

2.2 高等级道路快速更新资料满足的条件

2.2.1 资料需求的信息内容

道路快速更新成果要能够直观地体现道路显性要素，包括道路形状、基础属性及道路交通附属信息，视资料情况不同，所能提供的信息不尽相同。

(1)高速本线：①道路形态明确；②与相关道路的连接关系明确；③清楚体现道路的上下关系。
(2)互通立交：①立交桥位置明确；②上下及连通关系明确。
(3)大桥及隧道：位置和起止点明确。

例1：汕揭高速公路月浦至泰山段，通过遥感影像能获取道路形态明确、与道路的连接关系明确、清楚体现道路上下关系的高速本线。由此可判断，该道路可室内制作，如图1所示。

图1 汕揭高速月浦至泰山段卫星图像

例2：绕城高速小塆立交桥，该立交桥能清楚看到起始具体位置及道路之间的挂接关系，判断该立交桥可室内制作，如图2所示。

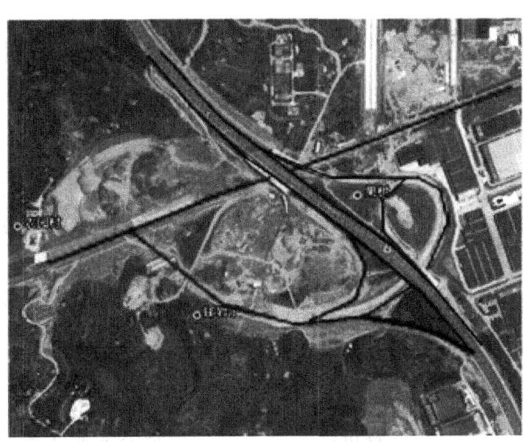

图2 小塆立交桥卫星图像

2.2.2 更新成果内容的体现

不同来源的资料可以体现不同的成果内容，如表1所示。

表1 道路更新成果资料来源

要素		内容项	可使用的参考资料
几何形状	主体道路	道路形状	遥感、网络资料
		道路位置	遥感、网络资料
		起止点	遥感、外业资料
	路口关系	匝道连通关系	遥感、外业资料
		道路上下关系	遥感、外业资料
		复杂路口关系	遥感、外业资料
基础属性	道路	道路名称	网络、外业资料
		道路形态	遥感、外业资料
		行车方向	遥感、外业资料
		车道数	网络、外业资料

2.3 快速更新资料的获取路径分析

2.3.1 遥感影像

以下综合分析了谷歌地图、资源三号卫星影像资源情况，主要从影像覆盖范围、清晰度、数据现势性等方面进行分析，针对作业对象，分析可能获取的信息。详细资料情况分析如表2所示。

表2 不同来源遥感影像资源分析

遥感类型	例1:宜巴高速在建比对情况	例2:阳左高速在建比对情况	综合分析
谷歌地图			1. 覆盖范围:全国范围 2. 现势性:半年或一年 3. 清晰度:0.5 m,高清,满足作业要求
资源三号卫星			1. 覆盖范围:全国覆盖 2. 现势性:季度更新,不定时更新 3. 清晰度:2 m,满足作业要求

通过上述比对发现，谷歌地图和资源三号卫星的影像均可作为资料参考，可获取道路形状、起止点关系、匝道连通关系、道路上下关系。

2.3.2 在线地图

通过对存在高等级道路在线地图（腾讯、百度、高德、谷歌、搜狗、天地图）的分析，根据收集到的即将通车或一个月内通车的情报信息，分析道路整体走势与形态，逐一进行确认，如表3所示。

表3 预计通车的高等级道路清单

序号	省份	城市	开通高速
1	广东省	潮汕市	汕揭高速泰山路段
2	浙江省	杭州市	钱江通道
3	河北省	秦皇岛市	沿海高速北戴河机场支线
4	湖南省	常德市	二广高速公路东岳庙至常德段/东常高速
5	北京市	北京市	京石二高速
6	湖北省	黄冈市、鄂州市	黄冈至鄂州高速公路（含黄冈长江大桥）
7	广西壮族自治区	百色市	靖西至那坡高速

通过7条在建高等级道路比对得出结论，所有的在线地图均未有新增信息，该路径暂不采用。

2.3.3 实地采集

在前面提到的室内遥感影像、在线地图资料均不满足时，启动高等级道路事前采集，在高速开通前通过实地与建设方沟通，专业采集车提前进入采集，保障道路形状、连通关系的获取，状态达成关键道路形状信息已实地采集完成，等待开通。道路正式开通后，采集车补充采集详细道路信息和路侧设施信息。随着手机、车机、行车记录仪等具有定位与摄像功能设备能力的提升和普及，逐步达到地图数据采集要求，实地获取数据的方式由传统的专业采集团队扩展到众包、众源采集模式，众源的数据获取从时效上更快。

3 道路快速更新的技术流程设计与实现

3.1 道路快速更新地图数据实现流程

3.1.1 道路快速更新流程

道路快速更新流程，如图3所示。

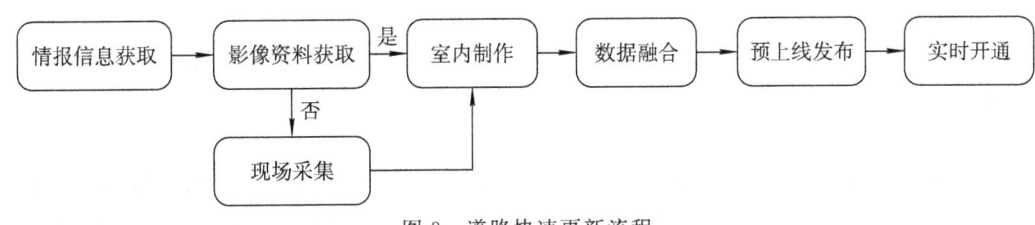

图 3　道路快速更新流程

3.1.2　道路快速更新的详细流程

1. 快速获取情报

快速情报获取的渠道有多种,这里以网络资料搜集方式详细说明。首先进行变更信息的收集,定向对固定网站进行爬虫搜集,根据爬虫清单整理。道路变更信息的主要网站有中国高速公路网、中国公路网、盛世工程网、中国交通技术咨询网等和各地政府网站、重大活动官网等,如图4所示。另外,还可根据历次外业采集遗留道路的在建信息,与开通时间进行校对,匹配后输出清单。随着网络互联的增强,各图商与各地交警部门、用户群体也建立了比较好的反馈路径,及时获取变化信息。

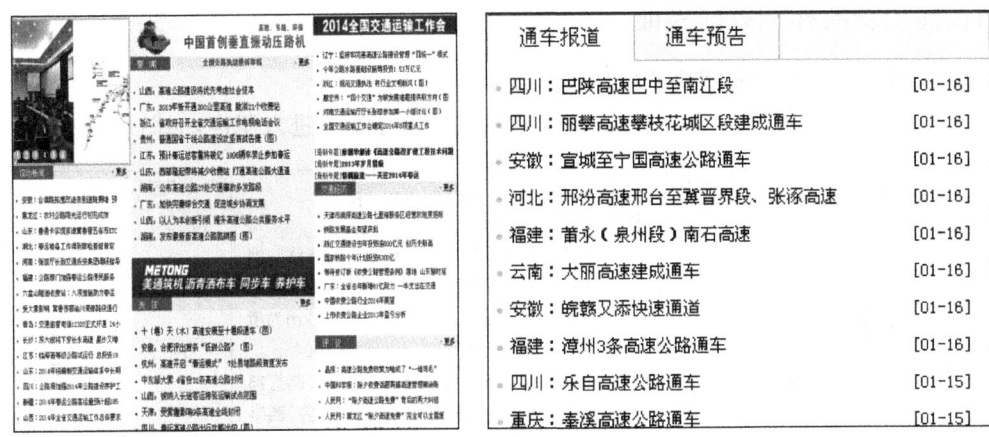

图 4　获取道路建设与管理信息的网站示例

通过对不同网站的网络资料分析,中国高速公路网与中国公路网为第一、第二参考,其他暂不参考,如表4所示。

表 4　网络资料作用分析

来源网站	针对性	时效性	有效性	可获取信息	评价
中国高速公路网	高	高	高	道路名称、起止点关系、道路材质、道路宽度、中间隔离物、车道数、服务区、收费站	第一参考
中国公路网	中	高	中		第二参考
盛世工程网	低	高	低		不参考
中国交通技术咨询网	低	中	低		不参考

2. 遥感影像资料提取

首先要对影像信息进行过滤,清晰的影像是进行正确判读的必要条件。尽可能选择现势性强、清晰度高的影像作为数据源。

利用工具平台在影像资料上进行判读提取道路形状,需注意道路的交通流方向、上下关系的处理及道路分合流的线性捕捉。

提取道路的基本属性信息,建立道路形状的拓扑关系。例如道路的形态明确、与相关道路的挂接、起止点的确定、立交桥位置的明确。

3. 现场事前采集

根据情报信息或比对出来的带有指引信息的资料,提前进入采集区域进行实地采集,获取道路形状、连通关系及基础道路信息等现场变化的更新。

4. 室内编辑道路属性与形状

利用地图编辑平台,将获取到的线状信息进行挂接、拓扑关系处理。将属性信息赋值到路网中,如道路的交通流方向、道路形态等。

5. 数据融合

将提取信息整合到母库数据中,与母库数据建立挂接关系,如路口关系的处理。同时,将属性信息进行融合,并进行连续编号的处理工作等。将增量数据与母库数据融合进行检查,修正问题数据。

6. 数据预上线发布

数据成果以全量数据或增量数据的方式进行提交,评估部门从数据覆盖率、里程数、时效性及导航路径规划收益进行整体评估,在评估同时,完成对基础数据的编译处理,待评估通过经测试后,完成对数据的预上线发布。

7. 数据正式上线及实时开通

通过对情报变化信息的持续监测,当道路正式开通时,完成数据的正式上线发布,实现道路正式开通后分钟级导航生效的用户体验。

3.2 道路快速更新的样例数据验证

3.2.1 武汉机场第二高速利用遥感影像预上线

(1)情报信息:通过中国高速公路网获悉,武汉机场第二高速施工进入尾声,如图5所示。

省	市	情报名称	情报类别	道路形式	更新类别	现在状态	情报(问题)文字描述	长度/km	起点	终点
湖北省	武汉	武汉天河机场第二高速	高速道路	本线	新增	在建	武汉机场第二高速公路始于三环线姑嫂树立交,与老机场高速相交,止于天河机场南入口,全长16 km,其中近14 km为桥梁;全程设6~10车道,设计时速100 km。目前90%的工程已经完工,栏杆、路灯都已安装就位,东半幅沥青已经铺完,西半幅沥青只剩最后一层,待天气条件允许	16	三环线姑嫂树立交	天河机场南入口

图5 武汉机场第二高速情报示例

(2)资料获取:首先根据遥感影像判读道路形状(图6),对图像进行数字化,绘制道路形状,同时注意道路的行车方向。其次根据图像及道路连接判读道路的属性,如出入口、分歧口、合流口、上下关系点,将此部分轨迹点描绘到对应位置。

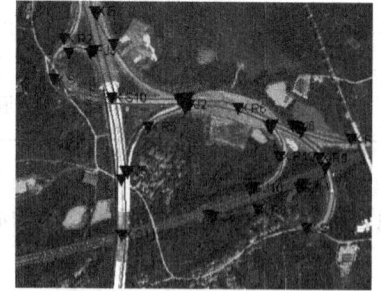

图6 武汉机场第二高速地图制作示例

(3)室内编辑:对道路进行属性赋值,如道路形态的赋值,以及高速本线与匝道、上下行道路的行车方向、上下关系的赋值等。

(4)数据融合:将新增道路融合到基础数据库中,处理道路的连接、唯一识别码的赋值、新增道路与母库道路的挂接关系等,确保道路捕捉到位、赋值合理。

(5)数据预上线发布及实时开通:将增量数据预发布到平台中进行体现,得到正式开通的官方消息后,立即开通导航服务。如图7所示,左为上线前,右为上线后。

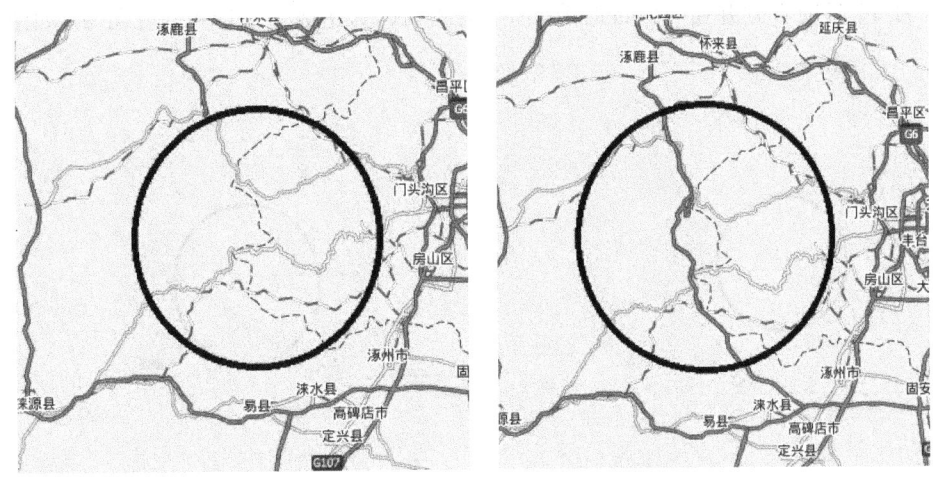

图 7　武汉机场第二高速地图发布前后截图

3.2.2　云茂高速公路开通前实地采集预上线

(1)情报信息:广东省交通集团发布消息,云茂高速是广东省"十三五"规划的重要项目,地处粤西偏远山区,起于云浮罗定市围底镇,途径茂名信宜市,终于茂名高州市荷花镇,全长约为 130 km,双向四车道,设计时速为 100 km/h,于 2021 年 6 月 11 日正式通车,如图 8 所示。

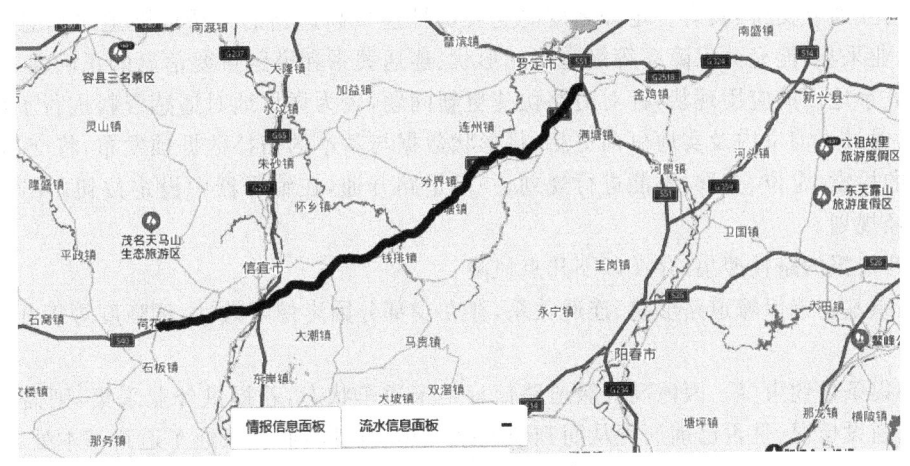

图 8　云茂高速位置示意

(2)开通前外采时间:2021 年 6 月 11 日开通,外业采集时间为 2021 年 3 月 15 日,如图 9 所示。

图 9　云茂高速采集示例

(3)室内制作:外业采集时间为 2021 年 3 月 15 日,内业制作时间为 2021 年 3 月 16 日。

(4)数据预上线发布及实时开通:于 2021 年 3 月 16 日发布上线。上线后,道路处于"预上线"状态,不可用于导航,6月11日随官方开通时间准时取消"预上线"状态,达成通车即可用于导航,如图10所示。

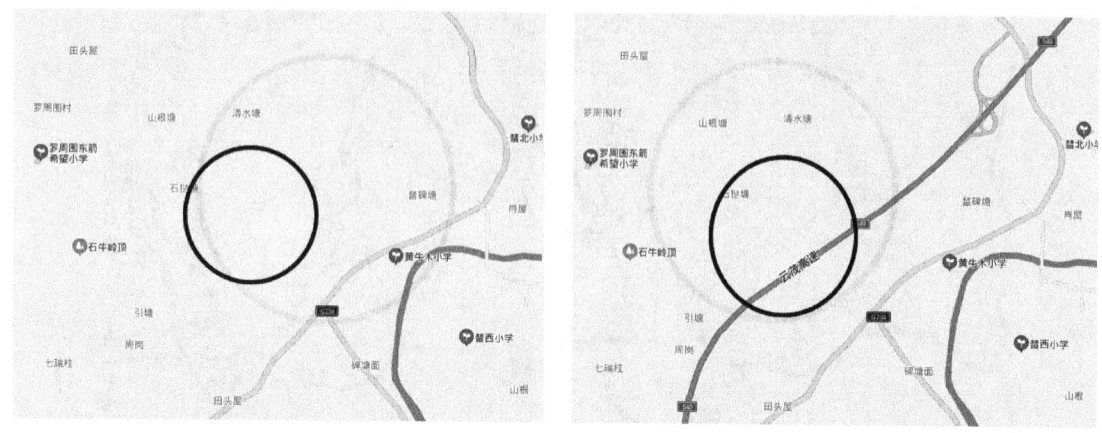

图 10　云茂高速地图发布前后截图

4　结　语

道路快速更新主要面向即将通车的高等级道路,其中包括新开通的整条高速、快速路与环路、高速快速路间的本线与互通立交桥、具有一定知名度的起关键性连接高速路的大桥或隧道等信息。经室内影像参考、开通前外业采集,能充分保障高等级道路的形状、连通关系和道路重要信息的正确性。

本文立足数字地图的应用现状,针对道路快速更新问题,较为详尽地对遥感资料进行了详细的分析及生产实践,可以通过事前室内及实地事前更新,将形状数据与基本的拓扑数据预发布,将交通流属性关闭,仅供用户道路的检索、定位、查询,不能进行规划,一旦道路开通,在编译器中设定按钮,开通交通流方向,即可以进行路径规划。

目前对公开情报的路径搜集,存在以下几点风险:

(1)依靠遥感基本能保障道路形状、连通关系,存在少部分因影像时效性、清晰度等需开通前外业采集保障的问题。

(2)外业采集条件约束多。因该高等级道路信息是未通车状态,若提供外业采集,则需确认该道路的属性完成情况、铺设情况、是否已铺沥青从而判断道路的建设进度,而且未通车道路基本处于封闭状态,要考虑采集设备是否符合采集条件。不定因素限制过多,需要结合具体情况再判断是否输出。

参考文献:(略)

作者简介:马威,女,1984年生,北京长地万方科技有限公司技术工艺部经理,工程师,从事导航电子地图技术标准和工艺质量的研发十六年,具有地理信息产业丰富的理论与实践经验。

基于北斗导航卫星定位技术的无人机物流应用探索

田尊华[1]，马　洋[2]，任　凌[3]，刘　锋[1]，贵海龙[1]，梁先芽[1]

(1. 湖南航天宏图无人机系统有限公司，湖南　长沙　410111；
2. 航天宏图信息技术股份有限公司，北京　100195)

摘　要：北斗三号系统的建成为国家新基建建设提供了强大的推动力，作为影响国家经济运行的物流产业，在降本提效的要求下，可以通过北斗和无人机技术来赋能传统物流产业。本文首先介绍北斗系统对无人机物流的几种赋能方式，然后分析影响北斗应用的无人机飞行控制卫星导航与惯性导航融合技术，最后以无人机应急配送为应用场景分析北斗和无人机技术赋能物流配送的效果。

关键词：北斗三号；无人机物流；精准位置服务；无人机三维测绘

1　引　言

物流对国内经济乃至世界经济的影响十分巨大，是世界经济的重要"循环系统"之一。2020年中国社会物流总额超过300万亿元，规模之大、影响之广，是国家经济建设中需要重点关注的领域。随着后疫情时代的到来，经济社会对物流业务的需求越来越多，如何推动物流行业降本增效，提高整个社会的物流运转效率，是必须严肃对待的问题。在物流运输和配送环节，对无人机的规模化使用可以极大地提高运输效率，降低人工成本，是推动后疫情时代物流行业降本增效的有力手段。

北斗三号系统是我国独立自主建设的全球导航卫星系统，于2020年7月31日建成并向全球提供服务。北斗三号系统除提供定位导航授时服务外，还集成了星基增强和精密单点定位功能，实现了高精度、高完好性，并融合了通信数传功能，从而实现全球、区域短报文通信及国际搜救服务。为了更好地规模化推广无人机物流应用，将无人机技术与北斗导航卫星定位技术相结合，可以获得良好的应用效果。

2　北斗赋能无人机物流

对于无人机来讲，定位及相应的应急通信是非常关键的问题，将北斗应用于无人机飞行监控，可以极大地提高无人机定位与导航精度，同时利用北斗系统也能够为无人机应急通信和无人机物流应用提供更为广泛的覆盖范围及更高的可靠性。

2.1　为无人机提供实时精确位置和导航信息

为无人机提供位置信息是北斗的首要任务，基于北斗地基增强系统的精准定位功能和数字化地图库配合可在电子地图上标注出无人机的实时位置和相应时间，同时也可以基于高精度的时空信息为无人机提供精准的导航服务。

2.2　显著提高无人机导航的可靠性

兼容北斗的多模导航卫星系统能够显著提高无人机导航的可靠性，因为利用北斗三号导航卫星芯片和模组，能够同时搜寻并利用多颗导航卫星的信号，使得在视卫星数量从单一系统的10颗左右提升到20余颗，极大地提高了导航卫星定位的可靠性。实验中发现在某些原来GPS信号较差的区域，北斗无人机能保持良好的卫星定位效果。

2.3 北斗短报文赋能无人机物流应急处理

当无人机物流出现意外情况，需要紧急搜寻无人机时，利用北斗系统预先设置的专用指令，即使在没有移动通信信号的区域，也可以通过北斗短报文进行搜救和维修。

2.4 加强人机信息交流

利用北斗导航，可加强地面人员设备与无人机的信息交流，提高对无人机的测控能力。地面站可通过北斗卫星向无人机发送遥控指令，当无人机飞出地面测控范围，北斗可作为备用测控通信技术。

3 无人机飞行控制卫星导航和惯性导航融合技术

北斗导航卫星系统（BDS）与惯性导航系统（INS）具有很强的互补性，惯性导航系统包括陀螺仪和加速度计。陀螺仪测量物体三轴的角速率，用于计算载体姿态；加速度计测量物体三轴的线加速度，可用于计算载体速度和位置。惯性测量的优点是不要求通视，定位范围为全场景；缺点是定位精度不高，并且误差随时间发散。将卫星导航与惯性导航进行融合，可以充分利用惯性导航系统短期精度高、不受外界干扰和导航卫星长期精度高的优点，克服惯性导航长期精度低和导航卫星系统动态性能较差、易受干扰的缺点，进而在精度和可靠性方面可以获得比单一导航设备都优良的性能。

将北斗数据引入无人机飞控平台，为无人机飞行提供关键的导航及位置信息，替代 GPS 信号，可以提供稳定、可靠、可控的通用控制平台。要将北斗系统引入无人机飞行控制平台，关键是弄清二者的接口和数据融合的问题。

3.1 北斗与无人机飞行控制接口

北斗与无人机飞行控制接口主要包括通信协议、数据结构、通信连接和时间同步等。

北斗与无人机飞行控制的通信协议如表 1 所示。

表 1 北斗与无人机飞行控制的通信协议

同步字符 1	同步字符 2	消息类型	消息编号	消息长度	有效数据	校验和

北斗与无人机飞行控制通信数据的数据结构如表 2 所示。

表 2 北斗与无人机飞行控制通信数据的数据结构

经纬度	海平面高度	锁定类型	水平/垂直精度估计	水平/垂直精度估计	水平/垂直精度因子	信号噪声值	三维速度信息	三维位置信息

北斗与无人机飞行控制通信连接如图 1 所示。

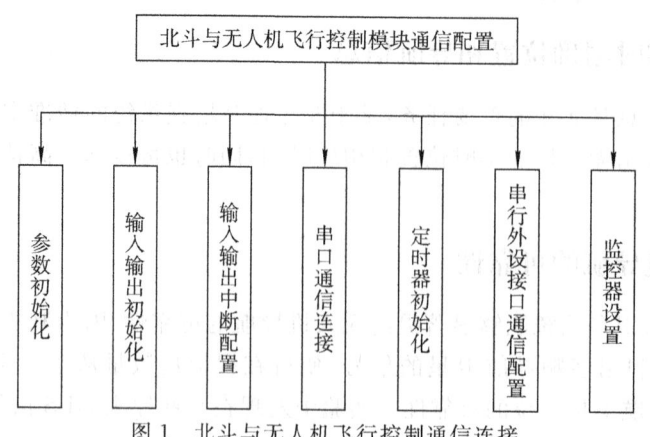

图 1 北斗与无人机飞行控制通信连接

北斗系统与飞行控制板具有不同的时间系统,北斗信号与其他传感器(惯性导航单元、气压计)等具有不同的刷新频率。当各传感器的刷新频率不一致或时间间隔不准时,将造成无人机控制的滞后,影响无人机控制的精准性。因此,需要对北斗信号和惯性传感器进行时间的同步。

通过构建北斗三号与飞行控制系统控制处理器的时间同步服务器,运用软件锁相控制算法和恒温晶振,保持组合系统高精度、高稳定度的特性,从而使得由北斗输入信号的时钟精度完全满足飞行控制要求。

3.2 北斗导航与惯性导航的深度融合

北斗导航与惯性导航的深度融合处理过程简述如下:基于无人机平台下惯性辅助的多通道联合跟踪的北斗导航和惯性导航深耦合技术,建立北斗导航和惯性导航精确的误差模型,设计最优的滤波器,对环境引起的系统动态误差进行有效补偿,从而获得高可靠、高精度的卫星导航与惯性导航组合性能,保障无人机在复杂环境下可靠连续的高精度定位。

通过利用北斗三号定位信号融合气压计、加速度计、陀螺仪等惯性导航设备为无人机提供实时、高精度定位服务,并将其作为无人机导航的数据来源,实现高精度实时导航。

其数据融合原理如图2所示。

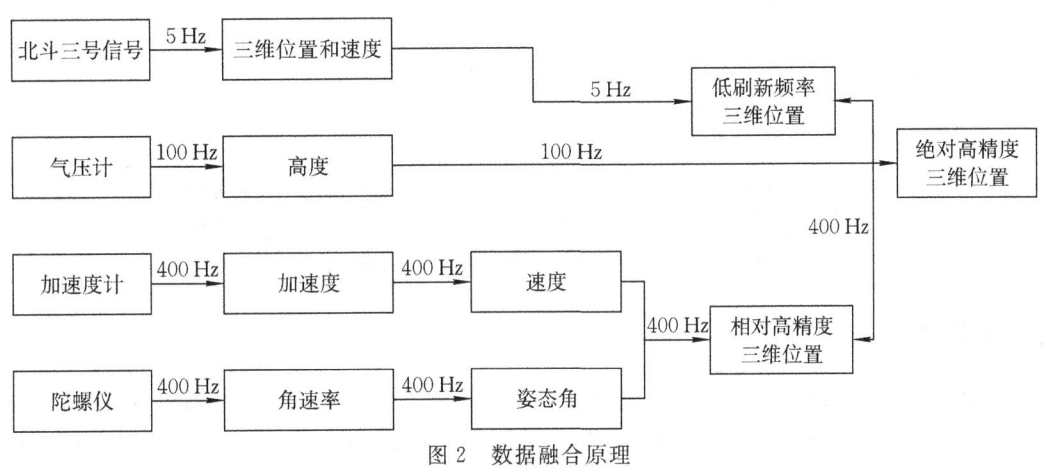

图 2 数据融合原理

4 "北斗+无人机"应急物流应用示范

采用无人机进行应急血液运输应用示范,除了具有提高效率、节省成本的优势外,还能解决地面拥堵带来的血液运输不及时的问题。

4.1 场景设计

以城市中心血站为运输起点,以某三级甲等医院为运输终点,飞行高度为150～200 m。地面交通全长为7.8 km,空中航线全长为5.2 km,地形平坦,航线上建筑物一般不超过150 m。净空条件较好时,在空域允许情况下比较容易实施无人机飞行。

该线路两点之间直线距离约为5.2 km(净空条件较好,运输航线按直线计算),地面道路距离约为7.8 km,救护车常规运输时间约为25 min,拥堵条件下运输时间在30 min以上;而采用多旋翼无人机运输则只需7 min,极大地缩短了血液运输时间,对分秒必争的手术抢救有着重大的意义。

4.2 无人机物流示范区域三维数字化建模

为保证无人机物流示范的安全,采用空天一体测绘手段将无人机物流示范区域进行三维数字化建模,为物流无人机的航线规划提供基础地理信息数据支撑。

无人机物流示范区域三维数字化建模流程如图3所示。首先明确测区范围并进行资料收集、实地踏勘和技术设计等准备工作;其次采用无人机进行倾斜摄影测量,获取示范区域内三维影像;再次进行三维影像的处理,包括像控点测算、空三加密、三维建模等;最后进行数据质量检查和数据提交。

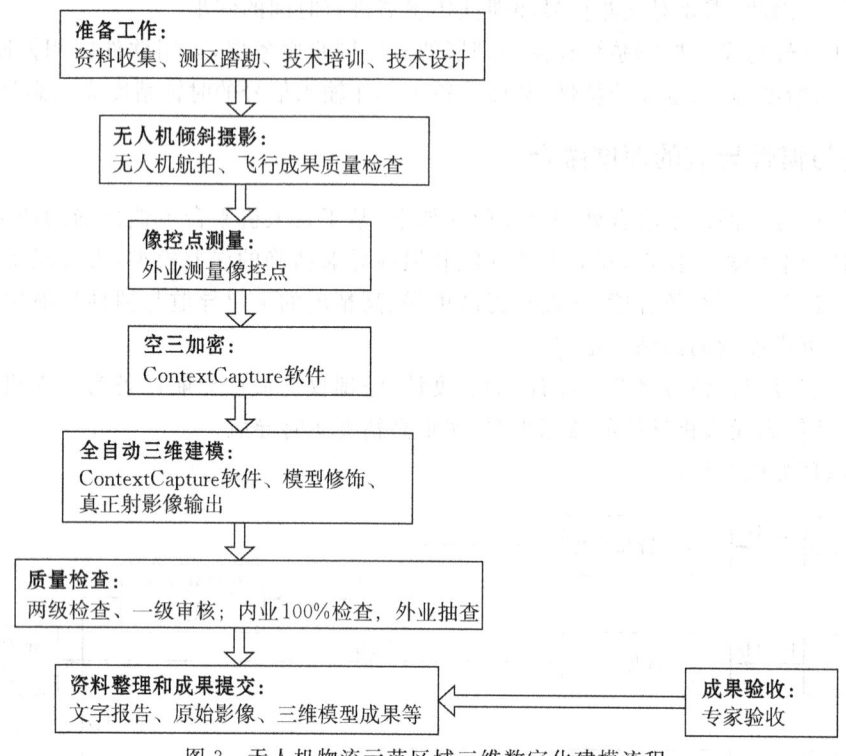

图3 无人机物流示范区域三维数字化建模流程

4.3 无人机物流示范设备选型

由应用示范的场景设计可知,该线路血液运输有运输航线在市中心、运输距离短、血液需求量较大等特点,需要无人机系统具备较大的载重能力、极高的系统稳定性、自主起降的能力。根据上述分析选配如表3所示硬件设备组成无人机系统。

表3 无人机物流示范设备选型

设备类型	数量	设备主要技术指标	设备使用说明
多旋翼无人机平台	2	最大载重:不小于12 kg 最大航程:不小于20 km 抗风能力:5~6级 防护等级:IP54	该线路上配备2架多旋翼无人机,每架次血液运输能力约为10 000 mL

典型的无人机设备如图4所示。

图4 无人机设备

此类无人机设备典型的技术参数如表4所示。

表 4 无人机设备典型的技术参数

基本参数	
飞机类型	六轴飞行器
轴距	1 600 mm
机身材料	碳纤维及复合材料
重量(不含电池或载荷)	7 kg
动力特征	
组装时间	2 min 30 s
起飞重量	25 kg
有效载荷	13 kg
飞行速度	15 m/s
飞行时间(满载)	25 min
飞行距离	22 km
控制半径	10 km
海拔高度	4 000 m
悬停精度	垂直±1 m,水平±1.5 m
飞行模式	全自动、半自主
使用环境	
抗风能力	5 级
工作温度	−20～60℃
防水等级	IP54

4.4 无人机物流示范能力评估

4.4.1 作业模式

该线路上配备 2 架多旋翼无人机。在无突发情况的平时,2 套无人机设备都存放于城市血液中心备用。当接收到应急运输作业指令后,血液中心的 2 架无人机迅速完成血袋装填,并按照管理平台的控制指令自主起飞飞往医院;无人机达到医院并卸下血袋后迅速返回执行下一趟运输任务。

4.4.2 作业能力

正常状态下,每架无人机航程能力按 22 km 计算,航时约为 25 min,每架无人机单趟运输血液能力按 10 000 mL 计算。2 架无人机在不更换电池情况下可以完成 2 个来回的运输,所以在不充电情况下,2 架无人机运输的血液总量为 40 000 mL,花费时间约 25 min。

应急状态下每架无人机配备 1 名操作手负责更换电池,保证更换电池、不歇飞机的工作模式,可以保证每小时 80 000～90 000 mL 的血液运输能力,持续时间一般在 6 h 以上。

5 结　语

北斗作为国家战略工程,能够为各行业提供精准定位导航服务,在提升各行业产业效能方面势必发挥巨大的作用。本文以末端物流配送为应用场景,梳理提炼出北斗技术赋能无人机物流的四种典型应用形式,并就北斗系统与无人机飞行控制系统的融合展开研究,给出了两个系统的通信接口、协议、数据结构和融合方式。最后以城市血液中心到三级甲等医院的血液应急配送为例,分析了无人机物流的流程和作业效果,经分析可知,与采用常规运输手段相比较,采用"北斗＋无人机"的物流方式,直线距离 5.2 km 的短程配送实验中,运输时间缩短 75%。

参考文献:(略)

作者简介: 田尊华,男,1976 年生,博士,高级工程师,公司总经理,主要从事无人机遥感、计算机图像识别等领域研究。

广域精密定位系统发展现状、机遇与挑战

吴晓莉[1]，陈金培[1]，赵 毅[1,2]，胡小工[3]，吴晓东[1]，吕 众[1]

(1. 千寻位置网络有限公司，上海 200438；2. 千寻位置网络(浙江)有限公司，浙江 德清 313000；
3. 中国科学院上海天文台，上海 200030)

摘 要：全球导航卫星系统(GNSS)可以实现有效的高精度位置确定，而相对定位和精密单点定位(PPP)是其中两项基本技术。通过星基发播精密星历和精密钟差改正的广域精密定位系统可以为用户提供不依赖于参考站的PPP服务，这成为近年来GNSS发展的一个趋势。本文首先给出了广域精密定位系统的定义与系统构成；随后详细介绍了世界上各主要广域精密定位系统的建设发展现状，既包括北斗导航卫星系统(BDS)、准天顶导航卫星系统(QZSS)、格洛纳斯导航卫星系统(GLONASS)和伽利略导航卫星系统(Galileo)相关服务现状与进展，又包括以天宝、辉固和海克斯康为代表的海外商用广域精密定位系统和国内合众思壮和千寻位置提供的广域精密定位服务；最后从数据处理方法和应用两个方面讨论了所面临的机遇和挑战，并给出了一些建议和想法。

关键词：广域精密定位系统；PPP；GNSS

1 引 言

随着人们对高精度导航定位的需求，出现了以实时动态定位(RTK)和网络实时动态定位(NRTK)为代表的差分高精度定位技术和以精密单点定位(PPP)为代表的非差高精度定位技术。RTK和NRTK技术可以实现实时厘米级高精度定位，其原理是基于基线的差分解算，因此需要比较密集的参考站支持。PPP技术是一种不需要用户自己设置地面基准站，利用一台全球导航卫星系统(GNSS)接收机的载波相位和伪距观测值，采用高精度的卫星轨道和钟差产品，并通过模型改正或参数估计的方法精细考虑与卫星端、信号传播路径及接收机端有关误差对定位的影响，从而实现高精度定位的方法。

近十几年来，国内外有众多学者对PPP技术开展了广泛、深入、细致的研究，介绍了PPP技术从模糊度浮点解到固定解，从后处理到实时处理，从单频到双频到多频，从单系统到双系统乃至多系统集成的技术发展；但介绍提供精密轨道和精密钟差改正服务的广域精密定位系统的成果并不多。而高精度、高可靠的精密轨道和精密钟差改正参数是PPP获得高精度定位的前提，通过星基播发精密星历和精密钟差改正的广域精密定位系统是近年来GNSS发展的一个趋势，北斗三号全球导航卫星系统也将精密单点定位服务作为其公开提供的服务之一。

2 广域精密定位系统

广域精密定位系统是指根据全球若干个GNSS参考站的观测数据处理得到GNSS单(多)系统卫星的高精度轨道、钟差、区域电离层和对流层产品，主要通过星基将实时高精度产品播发给用户，使用户可以通过PPP技术获得分米级甚至厘米级的定位精度。该系统的服务区域通常是数千千米甚至覆盖全球主要区域。

广域精密定位系统根据分布在全球参考站的观测数据，通过精密轨道确定、精密钟差确定、高精度电离层建模等处理及码/载波偏差参数估计等处理，生成实时的各导航卫星系统的高精度轨道和钟差改正

数,这些改正数上注至地球静止轨道(GEO)卫星后,再通过 L 波段发送给用户。发播的精密轨道和精密钟差改正信息采用状态空间域(SSR)信息格式,用户将接收到的 SSR 信息结合广播星历,进行全球范围内的实时 PPP 定位。PPP 技术广泛应用于精密农业、智能驾驶、大气监测、石油管线测量、海洋测量及地震预警等领域,目前已成为导航卫星领域关注的热点。为保证 PPP 定位的精度,服务端精密轨道的更新周期一般不超过 60 s,精密钟差的更新周期一般不超过 10 s。

3 广域精密定位系统的发展现状

广域精密定位系统既包括在基本导航服务之外提供高精度定位的 BDS、QZSS 和 Galileo,又包括海内外商业公司开发运维的精密定位系统,两者的主要区别为:前者是基于系统自有的 GEO 卫星或中圆地球轨道(MEO)卫星发播精密轨道和钟差信息,提供免费的精密定位服务;后者基本上依靠租用海事卫星发播精密轨道和钟差信息提供付费的商业服务。

3.1 提供精密定位服务的导航卫星系统

3.1.1 中国的 BDS

2020 年 7 月 31 日正式开通的北斗三号全球导航卫星系统(简称"北斗系统")具备导航定位和通信数传两大功能,面向全球范围提供定位导航授时(PNT)、全球短报文通信(GSNC)和国际搜救(SAR)三种服务;在中国及周边地区提供星基增强(SBAS)、地基增强(GAS)、精密单点定位(PPP)和区域短报文通信(RSMC)四种服务。当前,通过分别定点于东经 80°、110.5°和 140°的三颗 GEO 卫星播发 BDS 和 GPS 的精密轨道和钟差等改正参数,为我国及周边用户提供免费 PPP 服务。在设计中具备播发四大卫星导航系统精密轨道和钟差参数的能力,后续将扩展至提供 Galileo 和 GLONASS 的精密轨道和钟差改正。

北斗系统 PPP 服务是在载波频率 1 207.14 MHz 的 PPP-B2b 信号中播发,主要性能指标是水平定位精度优于 0.3 m(95%),高程定位精度优于 0.6 m(95%),收敛时间小于 30 min。

3.1.2 日本的 QZSS

日本准天顶导航卫星系统(QZSS)于 2018 年 11 月 1 日启动服务,为亚太地区提供 PNT 服务(GPS 补充测距信号)和灾难管理消息服务,在日本地区提供 PPP 增强服务,包括亚米级的 SLAS 服务和厘米级的 CLAS 服务。

3.1.3 欧盟的 Galileo

伽利略(Galileo)导航卫星系统于 2016 年 12 月开始提供初始服务,包括开放服务(OS)、授权服务和搜索救援服务(SAR)。2017 年欧盟决定在 Galileo 系统中增加高精度服务(HAS)、开放服务导航消息身份验证(OSNMA)和商业认证服务(CAS)。Galileo 系统基于 E6B 信号(1 278.75 MHz)提供免费 PPP 服务,播发速率为 500 bps,对 GPS 和 Galileo 两系统进行增强,实现厘米级定位,可在全球范围内实现 20 cm 定位精度。Galileo 系统高精度服务采用三步走的战略。第一步是试验测试,第二步是基于现有设施进行设备采购,第三步是提供全球服务及区域电离层产品以加快收敛速度。

3.1.4 俄罗斯的 GLONASS

格洛纳斯(GLONASS)导航卫星系统现代化加快 MEO 卫星更新换代的同时,计划增加倾斜地球同步轨道(IGSO)和 GEO 卫星,构建 GLONASS 混合星座,全面提升系统性能。在前期仅提供 RNSS 服务的基础上,将差分改正与监测系统(SDCM)、地面增强设施等纳入体系,可为各类用户提供不同精度的四类民用服务,包括水平 5 m 及高程 9 m 的基本开放服务、1 m 的星基增强服务、0.1 m 的 PPP 服务、0.03 m 的相对测量导航(基于载波相位测量和地面参考站)服务。

3.2 商业广域精密定位系统

广域精密单点定位服务起初主要由企业自行主导建设,提供付费商业服务。具有代表性的系统有:美国喷气推进实验室(JPL)研制的用于卫星定轨、科学研究和高端商业服务的全球差分 GPS(GDGPS)服务,美国 NavCom 公司的 StarFire 系统,美国天宝(Trimble)公司的 OmniSTAR 和 RTX 系统,荷兰辉固(Fugro)公司的 Starfix 系统,美国国际海洋工程(Oceaneering International)公司的 C-Nav 系统,瑞典海克斯康(Hexagon)公司的 VERIPOS 系统和 TerraStar 系统,我国合众思壮公司的 Atlas/中国精度,以及我国千寻位置公司的天音计划等。各商业 PPP 系统一般租用国际海事通信卫星(Inmarsat)进行服务区域内的广域改正产品播发,并一般采用自定义数据格式,与企业生产的高精度终端搭配使用。

3.2.1 海外商业广域精密定位系统

广域精密定位系统(GDGPS)基于全球 80 多个跟踪站的数据,从 2000 年开始提供服务,提供 GPS 的精密星历和钟差信息,其服务对象主要是国家关键行业及科学研究,包括空间天气监测与海啸预报等,其用户包括美国国家航空航天局(NASA)和美国国防部。GDGPS 全球双频定位精度优于 10 cm。

StarFire 的数据处理基于由 NASA 喷气推进实验室(JPL)开发的称为 RTG(实时 GIPSY)的技术,可以进行非常精确的轨道计算,通过高度冗余的测量数据和通信链路设置,确保 StarFire 具有很高的准确性和稳健性。新一代 StarFire 系统,支持发播 GPS 和 GLONASS 的卫星改正信息,用户采用 PPP 技术获得水平优于 5 cm(68%)、高程优于 12 cm(68%)的定位精度。

OmniSTAR 系统在全球有 100 多个参考站,2 个网络控制中心,通过 7 颗 GEO 卫星发播差分改正信息,基本实现全球无缝覆盖,全年 365 天,每天 24 h 的高可靠定位服务。可实现水平定位精度优于 10 cm(95%)、高程定位精度优于 15 cm(95%)的定位精度。

Trimble RTX 服务从 2011 年至 2018 年经过了多个发展阶段,算法和技术不断更新优化。到 2018 年,已经形成支持包括 BDS、GPS、GLONASS、Galileo、QZSS 在内的全星座、全频率,并通过 L 波段通信卫星覆盖全球的定位服务网络。Trimble RTX 服务现在提供 CenterPoint® RTX、FieldPoint RTX、RangePoint® RTX 和 ViewPoint RTX 四种服务,定位精度从厘米级到分米级不等。其中 CenterPoint® RTX 分为标准和快速两种服务,达到 2.5 cm(95%)水平定位精度的平均收敛时间分别是 10.1 min 和 0.8 min。在提供 RTX 快速服务区域(北美和欧洲部分地区)部署 20~25 个卫星导航定位连续运行基准站(CORS)作为监测站,提升收敛速度,同时采用广播前和广播后两步法进行超差检测,提供完好性服务。

Starfix 系统最初于 1986 年在北美开始提供差分 GPS(DGPS)服务,专供近海作业的民用船舶使用,定位精度约为 5 m。现在基于全球 100 多个参考站(同 OmniSTAR)和 GEO 卫星在全球范围内提供高精度定位服务。

美国国际海洋工程公司的 C-Nav 系统提供精密单点定位服务,主要是与公司生产的 GNSS 接收机共同使用,应用于其海上工程服务的高精度定位。实时定位精度通常为水平 10 cm、高程 20 cm。

VERIPOS 在全球有约 85 个专有参考站,能够跟踪四个全球 GNSS 星座和 QZSS 信号,所有 GNSS 参考站均配备有双冗余系统和备用电源。VERIPOS 改正服务包括 Apex、Ultra 和 Standard 三类,各类服务的参考站网络、定位精度和稳健性都不相同。

TerraStar 也是海克斯康集团下的高精度定位系统,全球有 80 多个参考站,涵盖所有星座,基于 PPP 技术通过 GEO 卫星 L 波段和互联网为陆地和空中应用提供高可用的厘米级和分米级定位解决方案。TerraStar 改正数据服务与领先的 GNSS 接收机制造商合作提供,包括 NovAtel、septentrio 和 Topcon 公司。TerraStar 改正服务包括 TerraStar-L、TerraStar-C、TerraStar-C PRO 和 TerraStar-X,其中前三项服务是基于 PPP 技术,提供的改正信息包括轨道、钟差和相位偏差信息,用户定位收敛时间在 5~45 min,定位精度从 2.5~50 cm 不等;TerraStar-X 服务基于 PPP-RTK 技术,是一项星基与地基结合的服务,依靠徕卡 GeoSystems 全球 4 500 余个参考站的数据,提供区域的电离层与对流层改正信息,通过 GEO 卫星 L 波段或者互联网播发后,用户 PPP 收敛时间从几十分钟减少到几十秒,水平定位精度优于 2 cm,目前 TerraStar-X 在北美地区提供服务。

上述主要海外商业 PPP 服务模式和性能指标如表 1 所示。

表 1 主要海外商业 PPP 服务模式和性能指标

公司	改正服务	定位精度指标(95%)	收敛时间	支持系统*	定位技术
NavCom	StarFire	水平<5 cm,高程<12 cm(68%)	未提供	GR	PPP
天宝	OmniSTAR-VBS	1 m	<1 min	G	DGNSS
	OmniSTAR-HP	水平<10 cm,高程<15 cm	<45 min	G	LR-RTK
	OmniSTAR-XP		<45 min	G	PPP
	OmniSTAR-G2		<20 min	GR	PPP
天宝	CenterPoint® RTX	水平<4 cm	<5 或<30 min	GRECJ	PPP
	FieldPoint RTX	水平<20 cm	<5 或<15 min	GRECJ	PPP
	RangePoint® RTX	水平<50 cm	<5 min	GRECJ	PPP
	ViewPoint RTX	水平<1 m	<5 min	GRECJ	PPP
辉固	Starfix.L1	水平<1 m	未提供	G	DGNSS
	Starfix.XP2	水平<10 cm,高程<10 cm	未提供	GR	PPP
	Starfix.G4			GREC	PPP
	Starfix.G2			GR	PPP
	Starfix.G2+	水平<3 cm,高程<3 cm		GR	PPP
国际海洋工程	C-NavC1	水平<15 cm,高程<20 cm	未提供	G	PPP
	C-NavC2	水平<10 cm,高程<20 cm	未提供	GR	PPP
海克斯康	VERIPOS Apex	水平<5 cm,高程<12 cm	未提供	G	PPP
	VERIPOS Apex²		未提供	GR	PPP
	VERIPOS Apex⁵		未提供	GRECJ	PPP
	VERIPOS Ultra	水平<10 cm,高程<20 cm	未提供	G	PPP
	VERIPOS Ultra²		未提供	GR	PPP
	VERIPOS Standard	1 m(基线 1 000 km 以内)	未提供	G	DGNSS
	VERIPOS Standard²		未提供	GR	DGNSS
海克斯康	TerraStar-X	水平 2.5 cm,高程 5 cm	<1 min	GR	PPP-RTK
	TerraStar-C PRO	水平 3 cm,高程 5 cm	<18 min	GREC	PPP
	TerraStar-C	水平 5 cm,高程 6.5 cm(RMS)	<45 min	GR	PPP
	TerraStar-L	水平 40 cm,高程 60 cm(RMS)	<5 min	GR	PPP

*G 代表 GPS,R 代表 GLONASS,E 代表 Galileo,C 代表 BDS,J 代表 QZSS。

3.2.2 国内商业广域精密定位系统

Atlas/中国精度是中国合众思壮公司提供的全球高精度星基增强服务,2013 年 11 月提出建设,2015 年 6 月 15 日正式提供服务。借助全球约 200 个参考站,通过 L 波段地球同步轨道通信卫星向全球播发差分数据,提供从米级到厘米级的不同服务。Atlas 改正服务目前支持 BDS、GPS 和 GLONASS。Atlas 改正服务包括 Atlas L1、Atlas、Atlas Local,分别提供亚米级、分米级和厘米级服务。

天音计划是由千寻位置公司提出的星地一体高精度时空服务,基于 2 200 多个专有 CORS 站和全球大约 300 个参考框架站,提供支持 BDS、GPS、GLONASS 和 Galileo 的轨道改正、钟差改正、码和相位偏差、格网电离层天顶方向总电子含量(VTEC)和对流层延迟改正,支持地球同步轨道卫星和互联网的双路 GNSS 的 SSR 改正参数播发,为用户提供高精度、高可靠、实时无缝的高精度时空服务,用于满足智能物联网时代对于无缝、连续、安全可靠的精准定位和复杂时间协同的需求,以发挥 GNSS 定位增强在自动驾驶、无人机等涉及用户人身和生产安全应用场景中的重要价值,赋能全球智能物联网应用产业生态。

千寻位置星基增强服务基于全球参考框架站网数据进行多 GNSS 精密轨道确定、多 GNSS 精密钟差确定、码/载波偏差估计和全球电离层天顶方向总电子含量估计,以 RTCMSSR 信息发播,包括全系统轨道和钟差改正、全系统码/载波偏差估计,分别为 SSR1 产品和 SSR2 产品,用户基于 PPP 技术可以实现厘米级高精度定位,通常收敛时间小于 15 min。全球参考框架站网结合区域参考站网观测数据进行格网大气建模和区域误差建模后,可以获得区域格网的大气改正信息,以电离层天顶方向总电子含量、斜向总电子含量(STEC)和大气天顶对流层延迟(ZTD)改正数形式发播,为 SSR3 产品,用户基于 PPP-RTK 技术实现近实时厘米级高精度定位,水平定位精度优于 2 cm,初始定位时间可以缩短到 50 s 以内,服务可用率为 99.99%,并拥有 $10^{-7}\ h^{-1}$ 的完好性。

4 广域精密定位系统面临的机遇与挑战

4.1 广域精密定位系统数据处理

随着可用导航卫星系统的增多及 PPP 算法的不断发展,广域精密定位系统服务端的数据处理技术也在不断完善,从支持 GPS 单系统到支持 GPS、GLONASS 双系统,再到支持 BDS、GPS、GLONASS、Galileo、QZSS 全系统;从仅提供高精度卫星轨道和钟差改正信息,到新增码/载波偏差信息,再到提高区域高精度大气改正信息,将 PPP 收敛时间从 30 min 缩短到几十秒;从仅提供 PPP 计算所需改正信息到提供完好性信息,再到进一步提升了服务的安全性与可靠性。

当前广域精密定位系统面临的局面是:四大导航卫星系统与 QZSS 并存,印度区域导航系统正在快速建设中,新卫星星座至少提供三个频率的服务,基准站数量越来越多,规模越来越大。广域精密定位系统的数据处理方法还需要解决一些问题,包括:①构建稳定可靠的多系统多频率的统一数据处理模型;②完善数据处理中各类误差模型,包括太阳辐射压模型、地球辐射压模型、新卫星相位中心模型、短周期的地球定向参数潮汐等,进一步提升模型精度;③电离层活跃期的电离层高精度区域建模;④多频、多系统的完好性监测;⑤多系统、多频率、大规模基准站网整体快速解算处理等。

4.2 广域精密定位系统应用

用户使用时不需要基准站和网络支持,就可以实现实时厘米级定位。广域精密定位系统应用前景广阔,当前应用领域包括测量测绘、精准农业、离岸定位、海洋油气勘探、地震勘探、航空摄影测量、交通管控、智能驾驶等。

QZSS 的 CLAS 服务已经覆盖日本本土全境,可用性超过 99%,CORE 公司、麦哲伦日本和三菱电机都生产支持 CLAS 服务的接收机。

油气物探对于定位系统的稳定性和精度要求非常高,基于星基的精密定位服务是海上石油、天然气勘探的主要依赖技术手段。当前海克斯康公司的 VERIPOS 和辉固集团的 OmniSTAR 系统几乎垄断了石油行业的高精度定位市场,其水平定位精度优于 10 cm(95%),高程定位精度优于 15 cm(95%);我国的中石油和中海油均使用的是 VERIPOS 系统服务。

通过使用天宝的精确定位引擎和 Trimble Center Point RTX Fast 改正数,低成本汽车级接收机可以实现自动驾驶,在少于 20 s 的收敛时间内达到水平定位精度为 25~50 cm(95%)。完好性分析表明,90% 的定位结果在 4 m 的告警极限以内。在立交桥时卫星导航定位性能下降,其他 10% 要满足告警极限需要结合其他传感器组合导航实现。

5 结 语

随着导航卫星技术和产业的进一步蓬勃发展、行业和大众用户对导航定位精度等性能要求的不断深化提高,各主要全球导航卫星系统在基本系统中设计和内嵌 PPP 服务,海内外主要商业公司也已提供星基 PPP 改正服务,用户使用时不需要基准站和网络支持,就可以实现实时厘米级定位,当前应用领域包括测量测绘、精准农业、离岸定位、海洋油气勘探、地震勘探、航空摄影测量、交通管控、智能驾驶等。

影响广域精密定位系统应用进一步拓展的三个因素是硬件成本、用户 PPP 定位的收敛时间、安全关键领域应用的完好性。为了提升服务的可靠性和稳定性,广域精密定位系统在各类误差模型优化、电离层活跃期的电离层高精度区域建模、完好性监测等方面还需要进一步研究。

参考文献:(略)

作者简介:吴晓莉,女,1978 年生,博士,高级工程师,主要研究方向为卫星导航技术与应用。

我国 RBN-DGPS 双模改造情况介绍

窦芃

(北海航海保障中心天津航测科技中心,天津 300210)

摘　要:本文介绍了我国 RBN-DGPS 由差分 GPS 单模向差分 GPS/BDS(北斗)双模改造为 RBN-DGNSS 的探索、相关技术方案和测试结果,为相关单位、技术组织及其他行业、领域进行多星兼容导航卫星系统建设和升级改造,提供相关的实践经验和参考。

关键词:差分北斗信息;双模改造;融合播发

1　引　言

RBN-DGPS 即利用海事无线电信标发射机兼作差分数据发射机而组成的一套差分 GPS。它是以信标为主载波,用最小移频键控(MSK)调制差分 GPS 改正信息为副载波组成的信标/差分兼容发射系统,向覆盖区域内播发差分改正信息,以实现高精度的导航和定位。

随着中国北斗导航卫星系统的建设和日益成熟,对现有的 RBN-DGPS 进行技术升级改造实现双模兼容,并对改造台站进行远程完好性监测和集中监控管理,提高系统运行效率和助航效能,促进北斗系统在航海保障领域的深入应用逐渐提上日程。从 2014 年起,我国启动了 RBN-DGPS 双模改造的技术探索和实验,主要目的是通过在现有的 RBN-DGPS 台站上播发差分 GPS(DGPS)信息的同时,同步播发差分北斗(DBDS)信息,以期提升 RBN 差分信号的可利用率及船舶用户的定位精度。实现以上目标的技术方案可归为以下两种:方案一是将 DBDS 信息通过台站副载频进行播发,与原 DGPS 信息播发链路互不影响;方案二是将 DBDS 信息与 DGPS 信息在同一个无线电指向标载频上进行融合编码并播发。由于频率资源的受限,经过进一步技术论证后,在同一无线电指向标载频上融合播发 DGPS 和 DBDS 信息,时间延迟对系统性能的影响在可接受范围内(经测试最长不超过 8 s),方案二可行且更为合理。基于以上研究,2015 年开始进行的中国沿海 22 座 RBN-DGPS 台站双模改造工程均采用该方案。

2　背　景

随着卫星定位导航技术的发展,导航卫星系统单点定位精度已经越来越高,同时星基增强系统由于其广域覆盖的特点也越来越受到终端用户特别是航海用户的青睐。早期建设的 RBN-DGPS 已服役多年,设备设施老化、维护成本增加等因素成为越来越突出的问题,一些国家正在考虑关停 RBN-DGPS,不再提供相关的服务,进而采用 WASS、EGNOS 等星基增强系统作为替代。国际航道标志协会(IALA)对此的态度是相关国家在考虑替代手段时,需要确保其负责水域内的差分导航服务的完好性。导航卫星系统及其星基增强系统处于相同的频带,其信号都容易受到干扰和被伪装,并且现有的星基增强系统接收机自动完好性监测(RAIM)并不如海上应用的基准台完好性监测(RSIM)有效,所以短时期内,基于 RBN 的差分增强系统仍然是一种有效和可靠的为船舶进出港口、相关水上作业等提供高精度定位服务的方式。

3　改造情况介绍和测试结论

由于无人船自动驾驶及大型船舶引航的需要,RBN-DGPS 定位精度与其他手段相比没有明显的优势。因此,对现有 RBN-DGPS 进行升级,实现多导航卫星系统星座的兼容,可提高特定区域的可观测卫星的数量;用户端通过软件选择最优的卫星改正信息进行多卫星系统融合解算,此方法理论上可以提高系的定位精度和信号可利用率。我们在对沿海双模改造后的 RBN-DGNSS 台站信号进行接收定位的测试结果,也验证了这一点。

3.1 改造原则

3.1.1 原 DGPS 用户不受影响

由于目前大部分国内、国际船舶用户使用的终端是 RBN-DGPS 设备,改造后的系统播发信号格式、无线电特性等不应被改变,应可以被现有的 RBN-DGPS 设备正常接收和解算定位,终端设备系统特性应符合国际海事组织 IMO A.1046(27)决议中对于全球无线电导航系统的相关要求,这样原有用户就不需要更换设备或升级相关软件。

3.1.2 采用 BDS/GPS/GLONASS 一体化设备

改造后 RBN-DGNSS 的基准台、完好性监测台应采用 BDS/GPS/GLONASS 一体化设备,支持多卫星系统、多频点、多通道,确保系统性能的同时,还应为进一步升级兼容留下可能。

3.1.3 支持远程监控功能

基准台服务器、完好性监测台服务器及控制台(或监控计算机)等可实现远程联网,改造后的台站实时运行参数和各种报表可在本地和远程实时监测和显示。

3.2 技术方案

台站改造在原有沿海 RBN-DGPS 台站基础上进行,利用原系统的供电和防雷设施,单个台站新增 2 套 DGNSS 基准台、2 套 DGNSS 完好性监测台、路由器等网络设备,并更换控制台、输入输出(I/O)抽屉、发射机、自动天线调谐器等设备,将原 DGPS 基准台、DGPS 完好性监测台设备作为备份系统。改造后台站工作频率、识别号、发射功率等指标均保持不变。基准台、完好性监测台、发射机功率放大单元等关键部件采用双机热备份,可自动和手动实现主备设备切换,以确保系统连续稳定运行。

改造后的 RBN-DGNSS 双模台站组成如图 1 所示。图 1 中虚线框内是原 RBN-DGPS 设备,作为备份系统,虚线框以外,为升级改造新增的 RBN-DGNSS 设备。

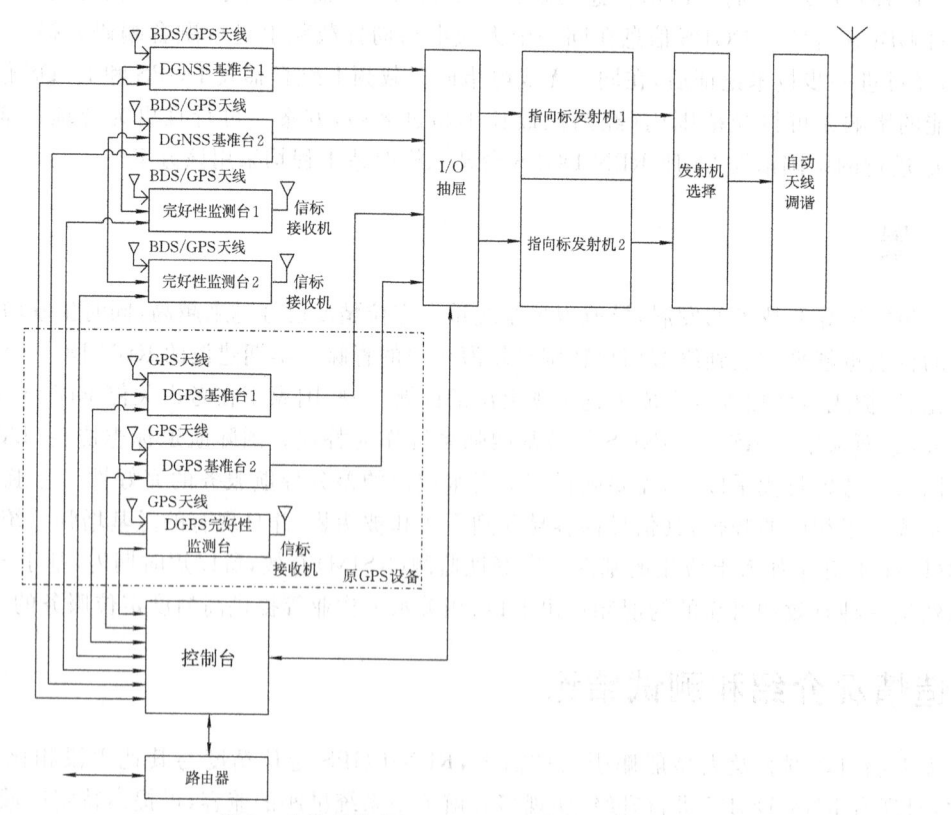

图 1　改造后的 RBN-DGNSS 双模台站组成

播发电文采用 GPS 和 BDS 融合编码，GPS 和 BDS 差分信息均采用三颗卫星组成一组进行 RTCM 格式编码（北斗差分电文数据格式），交替轮流播发，完好性监测采用基准站完好性监测标准（RSIM）V1.2，电文播发说明如表 1 所示。

表 1　电文播发说明

电文类型	广播频次	说明
9（GPS 部分卫星组差分改正数）	持续广播	只用来播发仰角≥7.5°的 GPS 卫星的改正数，依据收到的卫星按三颗一组的规则循环广播
42（BDS 部分卫星组差分改正数）	持续广播	只用来播发仰角≥7.5°的 BDS 卫星的改正数，依据收到的卫星按三颗一组的规则循环广播
16（台站文本信息）	必要时广播	在电文类型 3、5、7、27 之前或之后至少 90 s 内，不应发射电文类型 16
3（GNSS 基准台参数）	整点以后的第 15 分钟和第 45 分钟广播	认为有必要时广播
5（GPS 星座健康状态）	整点以后第 5 分钟广播，以后每 15 分钟广播一次	当一颗不能利用的 GPS 卫星可用于 RBN-DGNSS 系统时广播
7（发射台信息）	整点以后第 7 分钟广播，每隔 10 分钟广播一次	当发射台的状态有变化，则应在下一个整点的第 7 分钟开始，2 分钟内对包含发射台状态的电文类型 7 修改并广播
27（发射台扩充信息）	整点以后第 9 分钟广播，每隔 10 分钟广播一次	当发射台的状态有变化，则应在下一个整点的第 9 分钟开始，2 分钟内对包含发射台状态的电文类型 27 修改并广播
43（BDS 星座健康状态）	整点以后第 6 分钟广播，以后每 15 分钟广播一次	当一颗不能利用的 BDS 卫星可用于 RBN-DGNSS 系统时广播

3.3　测试结果

台站双模改造的技术验证选定在位于天津的北塘台站进行，更换基准台、完好性监测台和发射台设备，并进行相关的软件配置，发射天线等采用台站现有的天线地网，对北塘台站播发的双模信号进行了陆地定点和海上动态接收测试。

3.3.1　陆地定点测试

在覆盖范围选取六个陆地静态测试点。

经连续 2 h 的静态接收观测，按 1 s 采样率连续采集，六个陆地定点测试平面和高程测试结果如表 2、表 3 所示。

综合以上陆地定点测试的平面和高程误差的结果，可得出以下结论：

（1）覆盖范围在 300 km 以内的双模差分系统平面定位精度在 1 m 左右（95%），高程精度在 2 m 左右（95%）；BDS、GPS、BDS+GPS 三种定位模式的定位精度依次变好。

（2）覆盖范围在 300 km 以外（老铁山、烟台山）接收基准站信号强度变弱，平面定位精度在 2 m 左右（95%），高程精度基本在 3 m 左右（95%）；BDS、GPS、BDS+GPS 三种定位模式的定位精度依次变好。

3.3.2　海上动态测试

海上动态测试在北塘台站的覆盖范围内共选择了天津港—旅顺港和大连港—烟台港两个航段。以连续观测模式，按 1 s 采样率连续采集，每条测试路径上都有 GPS、BDS、BDS+GPS 三种差分模式。海上测试路径与基准台基本上均为海上直线传播。

定位精度动态统计结果如表 4、表 5 所示。

表 2　陆地定点静态测试平面误差统计(置信度 95%)

测试地点	与基准台距离/km	BDS/m	GPS/m	BDS+GPS/m
黄骅港	66.2	1.08	0.79	0.69
曹妃甸港	91.3	0.87	1.68	0.92
东营港	154.7	1.40	1.20	0.62
九丈崖	292.3	1.24	1.37	1.03
老铁山	315.7	2.53	1.55	1.68
烟台山	368.7	2.36	2.03	1.78

表 3　陆地定点静态测试高程误差统计(置信度 95%)

测试地点	与基准台距离/km	BDS/m	GPS/m	BDS+GPS/m
黄骅港	66.2	2.94	1.12	1.37
曹妃甸港	91.3	1.38	2.21	1.30
东营港	154.7	2.03	1.29	1.29
九丈崖	292.3	2.64	2.14	1.42
老铁山	315.7	2.99	2.91	1.76
烟台山	368.7	4.21	2.51	3.13

表 4　海上动态测试平面精度统计(置信度为 95%)

航段	与基准台距离/km	BDS/m	GPS/m	BDS+GPS/m
天津港—旅顺港	40~310	1.55	1.31	0.87
大连港—烟台港	360~360	1.77	3.11	2.44

表 5　海上动态测试高程误差统计(置信度为 95%)

航段	与基准台距离/km	BDS/m	GPS/m	BDS+GPS/m
天津港—旅顺港	40~310	2.55	2.01	1.69
大连港—烟台港	360~360	2.85	4.45	4.29

从以上统计结果可以看出,双模差分系统精度较单 DBDS 和 DGPS 都有大幅提高,平面精度改进更多。同时,分析信号可利用率可以发现,伪距差分失败的历元占总历元的百分比都维持在很低的水平,DBDS 和 DGPS 单系统均维持在 2% 左右,而 BDS+GPS 融合差分后低于 1%,说明双模差分系统较为稳健,性能更优。

3.4　整体改造情况

中国沿海提供服务的 RBN 差分台站达 22 座,从 2015 年起,分期实施升级改造。2016 年完成秦皇岛、老铁山、成山角、北塘、蒿枝港、定海、石塘、灵昆、天达山、镇海角、三亚、抱虎角、鹿屿、砀洲岛等 14 座台站双模改造,2017 年完成营口、王家麦、大三山、燕尾港、洋浦、三灶、防城港等 7 座台站双模改造,2018 年完成大戢山台站双模改造,至此所有沿海 22 座台站双模改造工程完成。

此外,2016 年新建完成了北海海区、东海海区、南海海区三个海区级的远程集中监控中心及 9 处远程完好性监测站,2017 年新建成了 4 处完好性监测站,实现了对台站播发信号的远程异地完好性监测和集中统一监控管理。

3.5　改造后技术参数和系统性能

3.5.1　工作频率

改造后台站与原 RBN-DGPS 台站工作频率相同,与国际航道标志协会网站公布的中国 RBN-DGPS 台站列表信息一致,在国际电信联盟划分的海上无线电指向标频率范围(283.5~325.0 kHz)内,采用单频发射制播发差分改正信息。

3.5.2　识别码

各台站识别码与原 RBN-DGPS 台站相同,与国际航道标志协会网站公布的中国 RBN-DGPS 台站列

3.5.3 发射功率
发射功率为 200 W,与国际航道标志协会网站公布的中国 RBN-DGPS 台站列表信息一致。

3.5.4 单站信号作用距离
海上接收场强在 75 μV/m 时,作用距离为 300 km。

3.5.5 调制方式和播发类别
采用最小移频键控(MSK)调制方式;播发类别为调相单信道数据传送(G1D)。

3.5.6 信号格式和电文类型
信号格式采用国际海运事业无线电委员会 RTCM SC-104 信号格式标准 V2.3,GPS 差分电文类型为 9-3,北斗差分电文类型为 41、42(参照相关标准的北斗差分电文数据格式)。

3.5.7 差分数据传输率
差分数据传输率为 200 bit/s,与国际航道标志协会网站公布的中国 RBN-DGPS 台站列表信息一致。

3.5.8 坐标系统
基准站坐标采用 CGCS2000 坐标系。

3.5.9 定位精度
经过陆地定点和海上动态测试,在距离基准台 300 km 海域内,米级接收机的定位精度优于 5 m(95% 置信度),亚米级接收机的定位精度优于 2 m(95% 置信度),优于单一 RBN-DGPS 的定位精度。

4 RBN-DGNSS 差分台站其他相关应用的探索

我国目前开展的基于 RBN-DGNSS 差分台站的应用探索包括:

(1)播发差分罗兰信息。在无线电指向标载频上通过 RTCM 数据格式,播发差分罗兰信息,并进行相关应用测试,罗兰系统定位精度得到了大幅提升,并已将其和罗兰系统一起作为陆基备份系统。

(2)转发星基增强系统差分信息。中国目前正在进行 BDS 星基增强系统建设,并研究利用 RBN-DGNSS 台站转发 BDS 星基增强信息的技术方案,以便在不升级船载终端时,让现有船舶能够享有差分增强服务。

(3)中频 R 模式。除 AIS、VDES 的 R 模式外,我国进行了基于无线电指向标中频信号的 R 模式应用研究,探索其实现的可行性和定位效果,并也将其作为一种可能的陆基备份系统。

参考文献:(略)

作者简介: 窦芃,女,1981 年生,高级工程师,主要从事无线电导航、卫星导航在海事监管和航海保障领域的技术研究和应用工作。

美导航战实践对北斗系统监测站安全防护的启示

郭 强

(61920部队,四川 成都 610505)

摘　要:北斗导航卫星系统作为重要的空间基础设施,在极大促进国防军事和经济社会各领域发展的同时,其天然弱点和缺陷也成为极端恶劣环境下影响国家安全的重要因素。本文梳理了美国历次导航战实践,总结分析了美常用作战路线和技术应用特点,并对北斗系统监测站安全防护的方法策略进行了研究。

关键词:北斗;导航战;监测站;安全防护

1　引　言

随着导航卫星系统的作用越发突出,导航战作为一种新的作战样式,在现代战争中也开始崭露头角。作为头号军事强国,美军自海湾战争以来,对导航战进行了数次理论创新和战争实践。历数美军的导航战实践,并结合导航卫星领域的技术发展趋势,我们可以大致总结美军导航战的常用作战手段和技术应用特点,这对我们加强北斗导航卫星系统,包括地面监测站的安全防护具有一定的启示意义。

2　美军历次导航战实践和常用技术路线

2.1　美军历次导航战实践

美军首次将全球定位系统(GPS)用于军事行动始于海湾战争,之后于1996年正式提出了"导航战"的概念。其主要原则和内容包括以下三点:

(1)保护本国及合作方对GPS的军事应用安全。

(2)阻止非合作方使用GPS对美国及盟友实施打击。

(3)保持GPS在民用领域的正常使用。

由于保护(protection)、阻止(prevention)和保持(preservation)3个英文单词首字母均是字母"P",因此,"导航战"研究计划也被称为"3P"计划。表1为美军历次导航战实践,分析其历次导航战实践的具体过程,可知导航战的核心是夺取定位、导航与授时(PNT)信息在内的制信息权。

表1　美军历次导航战实践

战争或演习	时间	美(含合作方)采用的方式和手段	对方的反制措施	导航战成果
海湾战争	1990—1991年	开始使用GPS精确制导武器(占比约10%),并利用GPS进行单兵定位和呼叫火力等	—	GPS走向现代战争的舞台,美军初次系统性诠释了信息化战争的作战思想、样式;在美军全面的信息优势下,各类重要目标被精确打击
科索沃战争	1999年	广泛使用GPS精确制导炸弹,并使用大量信息对抗飞机	—	精确制导炸弹的精度在10 m以内,有效提高了空袭效率

续表

战争或演习	时间	美(含合作方)采用的方式和手段	对方的反制措施	导航战成果
阿富汗战争	2001年	对特定区域的GPS信号进行干扰	—	阿富汗无法获取民用GPS信号
伊拉克战争	2003年	大量使用GPS精确制导武器,占比约68%	战争前伊在边境部署从俄罗斯购买的干扰机,导致美导弹频频出现误炸伊拉克邻国的事件	英美联军摧毁6台伊拉克的干扰设施,并在战争后期对伊进行干扰,确保牢牢掌握制导航权
伊朗捕获美军无人机	2011年	—	伊朗使用俄罗斯进口的"汽车场"电子对抗系统,采用分布式干扰源布局,运用"先压制失锁,再组合诱骗"的组合导航干扰策略;捕获美军RQ-170"哨兵"无人机	—
施里弗太空作战演习	2015—2016年	演练对导航卫星实施网络对抗的战法训法	—	逐步厘清导航战与太空战、网络战的关系
叙利亚空袭	2018年	P码增强、C码选择可用性(SA)	战争前,叙利亚对GPS信号进行干扰以对抗美无人机侦察,导致部分区域、部分时段的GPS信号减弱、中断	P码增强、C码选择可用性(SA)逐步成为美导航战的固定手段

2.2 美导航战常用技术路线及特点

通过分析美军在历次导航战的实践和应用,可以总结其常用作战路线和技术应用特点如下:

(1)在表现形式上,进攻与防御并重(图1)。既重视导航进攻技术的应用,降低甚至摧毁非合作方对PNT的使用,损毁敌方的作战效能;又重视导航防御技术的应用,确保自身对PNT信息使用的可靠性,实现该领域的"降维"打击,构建不对称战争。

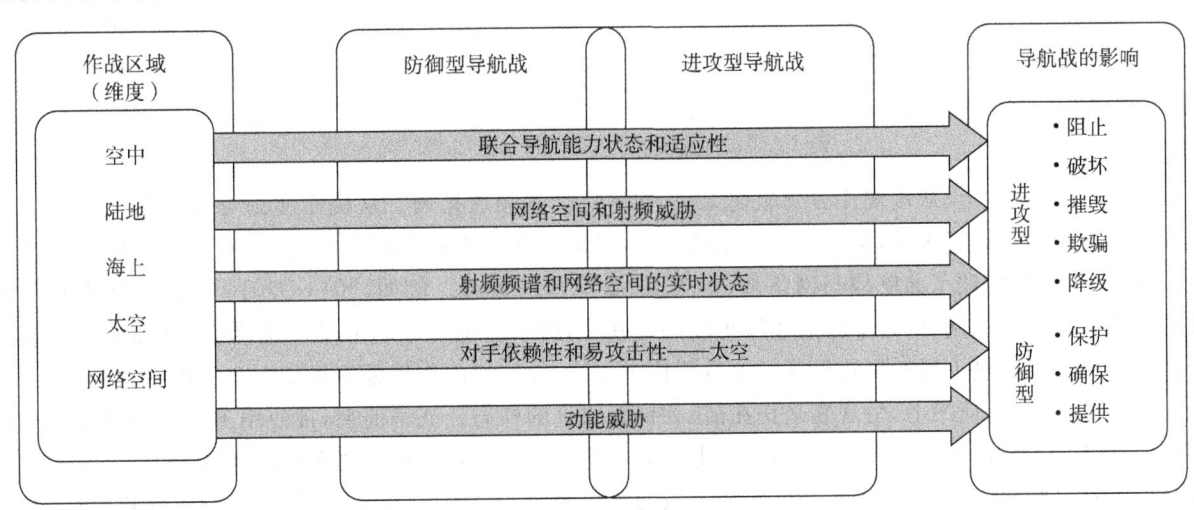

图1 美导航战行动示意

(2)在领域覆盖上,空间段、地面段、用户段全链条、全领域覆盖。为了实现"3P"目标,美军加强顶层设计和规划,在空间段、地面段和用户段都有不同的技术研发或军事应用计划来服务导航战。通过星上点波束增强、卫星在轨可重新编程和信号重构、优化导航信号体制等措施来提高GPS卫星的生存能力。通过推进新一代运行控制系统(OCX)的建设,加强地面段的多层防护,以应对地面段所面临的物理、网络、内部和供应链威胁。利用军用GPS用户装备(MGUE)计划,实现军事用户获得更加可靠、精确的PNT信息。

（3）在作战手段上，形成了一些固定样式。一是特定区域的 P 码信号增强策略和 C 码信号选择可用性（SA）策略贯穿整个战争进程。战争从开始到结束都伴随着特定区域军用导航信号的功率增强和民用信号的功率降低甚至不可用，以实现对敌方使用导航卫星系统的拒止，保持自身在 PNT 领域的高度优势。二是惯用干扰和抗干扰技术，并与 P 码信号增强和 C 码 SA 政策配合，形成 PNT 领域的信息不对称。

（4）在信息支撑上，来源更加开放、多样。为有效解决导航卫星的信号微弱、易受干扰等天然性缺点，美国通过构建以 GPS 为核心的综合 PNT 系统（图 2）来保持极端、恶劣条件下的 PNT 信息优势。由图 2 可知，美国国家 PNT 体系试图利用统一的标准、接口和高效的管理模式，融合使用地磁、天文、雷达、惯导等 PNT 信息，建立综合 PNT 体系，并努力将 PNT 体系与通信、遥感相结合。

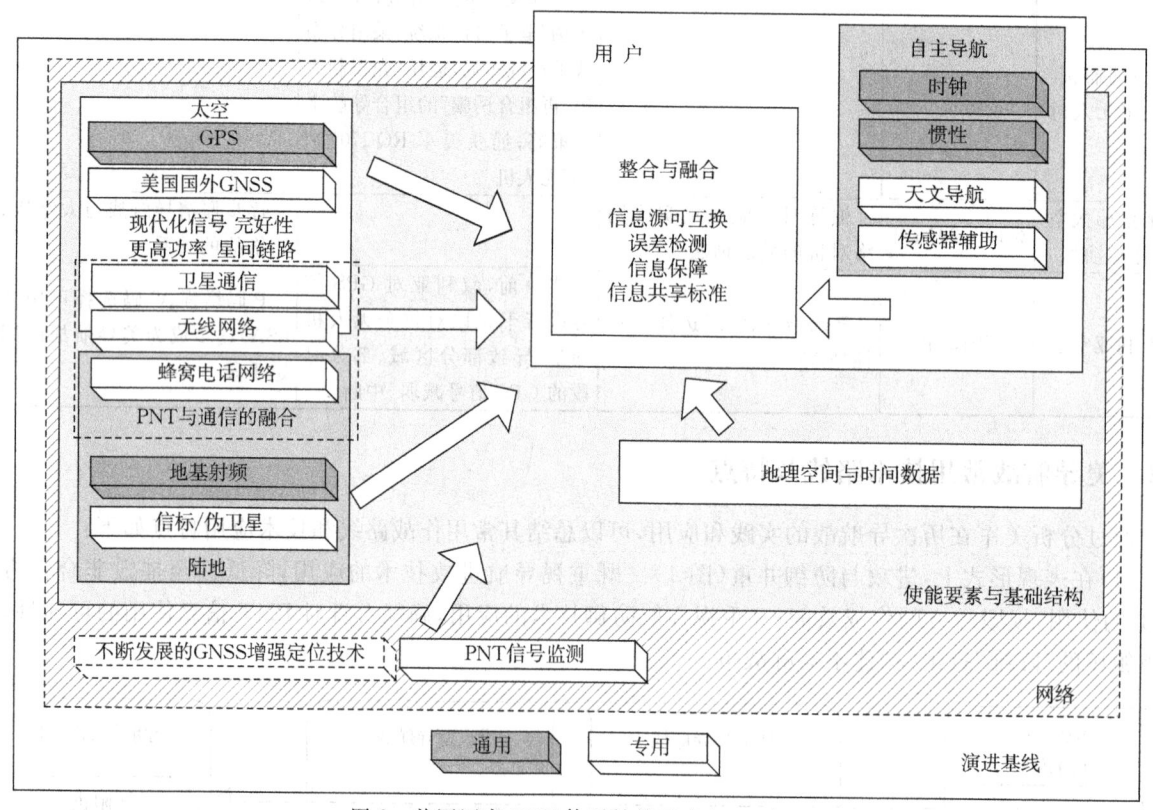

图 2　美国国家 PNT 体系结构示意（2025 年）

（5）在作战维度上，从传统作战领域向太空、网络等新兴领域拓展。从美军实施导航战的历次战争实践和军事演习科目设置来看，美军已经认识到太空、网络等新兴作战领域的重要性，并将导航战的作战思想引入其中，逐步理顺了导航战与网络战、电子战、太空战的关系。例如，2015—2016 年的施里弗太空作战演习中，美军在天、网、电三个作战领域集成的基础上，探索演练对导航卫星实施网络对抗的战法，包括网络攻击、诱骗、控制卫星播发错误导航信号等技术方法，导航战的作战领域逐步向全域扩展。

（6）在武器装备应用上，呈现软杀伤在前、硬摧毁跟进的样态。战争前期，常使用干扰等手段破坏敌方对 GPS 信号的使用，在实现信号压制后，再使用常规武器打击对方导航战设施设备、雷达阵地等目标。从海湾战争到叙利亚空袭行动，美军在导航战领域的每次实践，既是对导航战技术、战法的演练和检验，也是对指挥管理模式的完善和提高。这与美军对导航战研究的高度重视密不可分，包括成立专门的联合导航战中心（JNWC），多次提高该领域的国防预算等，这同样值得我们借鉴。

3　导航战背景下北斗地面监测站所面临的安全形势

作为北斗导航卫星系统地面运控段的重要组成部分，监测站担负着跟踪、监视卫星，采集原始观测数据并将其发送给主控站的重要使命，是北斗导航卫星系统的核心组成部分。在导航战背景下，面对强敌的强电磁干扰，监测站的生存能力面临极大挑战，尤其是沿海、沿边的监测站极易受到敌方的物理摧毁和信号干扰。

3.1 遭受硬摧毁和电磁压制

监测站，尤其是重要节点，极易被常规武器打击，导致物理损毁，功能丧失。还可能遭受强电磁信号压制，导致观测数据等重要信息无法回传，造成监测站"盲眼"，最终导致功能丧失。

3.2 遭受信号欺骗

在敌方利用空基、天基等导航卫星干扰平台对监测站实施欺骗式干扰时，虚假电文、虚假传播时延很有可能被监测站"信以为真"，作为正常导航信号进行位置定位和时间测量，进而误导核心节点对北斗系统的监视和管控，最终影响卫星精密定轨和时间测量。

3.3 受到网络攻击

从导航战向网络、太空等新兴领域拓展的趋势来看，敌方极有可能通过空间链路等渠道对监测站实施网络攻击，导致监测站关键设备受损并影响整个大系统的功能发挥。由于网络攻击的隐蔽程度高、扩散快等特点，其损害很难被及时发现。

4 导航战背景下提高北斗监测站安全防护的方法和策略

在导航战背景下，北斗地面监测站面临极大的生存压力，借鉴美、俄等国的做法经验，并结合北斗系统的建设特点，可以从加大冗余备份和远程操作、加强机动力量和隐蔽工程建设等方面来提高监测站的安全防护水平。

4.1 加大冗余备份，进行远程操作

由于具有目标明显、易受打击的显著特征，在导航战背景下，监测站尤其是沿海沿边区域的监测站极易受到敌机侦查和军事打击，在近距离对峙中也极易成为敌方损毁对象。通过对站点、设备进行冗余备份可以提高系统的抗打击能力，利用远程操作可以提高监测站的管理效率，借以实现对地面运控系统的高效、高质管理。

4.2 加强机动力量和隐蔽工程建设

面对可能的硬摧毁、软杀伤，主要的地面站点可以采取固定与机动相结合、常规与隐蔽相结合的建设思路，做好主要系统、设施的物理防护。一是常规设备与隐蔽设备进行备份，统筹考虑业务特点和重要程度。对重要站点或设备进行备份建设，能隐蔽尽量进行隐蔽建设；不易隐蔽的设施设备可以扩大布局范围，通过远距离分散式布局减少被损毁风险。二是核心站点、设备进行机动布局，预设机动场区，通过机动布置、多点布置的方式降低被打击的风险(图3)。

4.3 构建监测站网络安全防护结构

从导航战实践和GPS的建设经验来看，网络空间是影响导航卫星系统安全运行的重要领域。GPS新一代OCX建设中，安全防护结构也已经被整体提升为核心能力和保证。作为复杂的信息集成系统，OCX、卫星与用户牵一发而动全身，若遭受网络攻击，基本上将会导致全系统瘫痪，而且速度快、隐蔽强、排除困难。在这种背景下，必须要加强地面监测站的网络防护水平，着眼未来发展，提早筹划设计自主可控的导航监测站网安全防护系统，通过病毒查杀、漏洞修复、网络接入鉴权等技术手段及时将网络危险消灭在监测站内部，防止对大系统造成坍塌性损害(图4)。

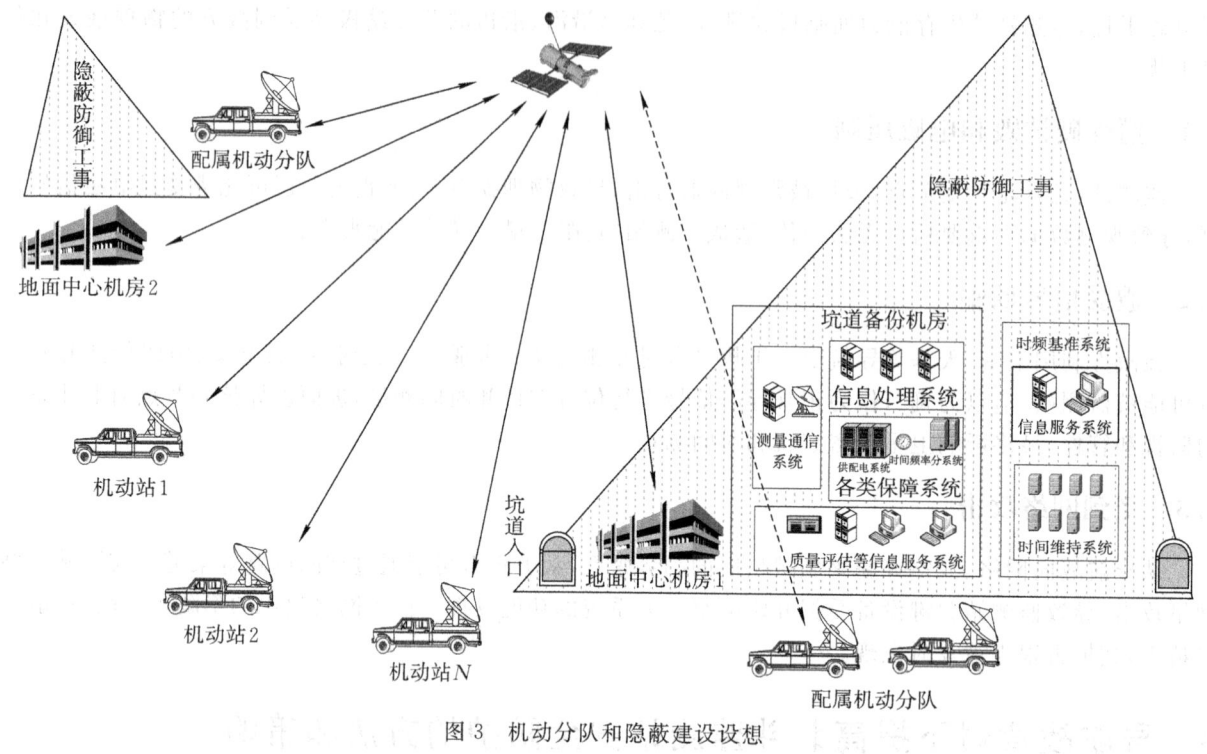

图 3　机动分队和隐蔽建设设想

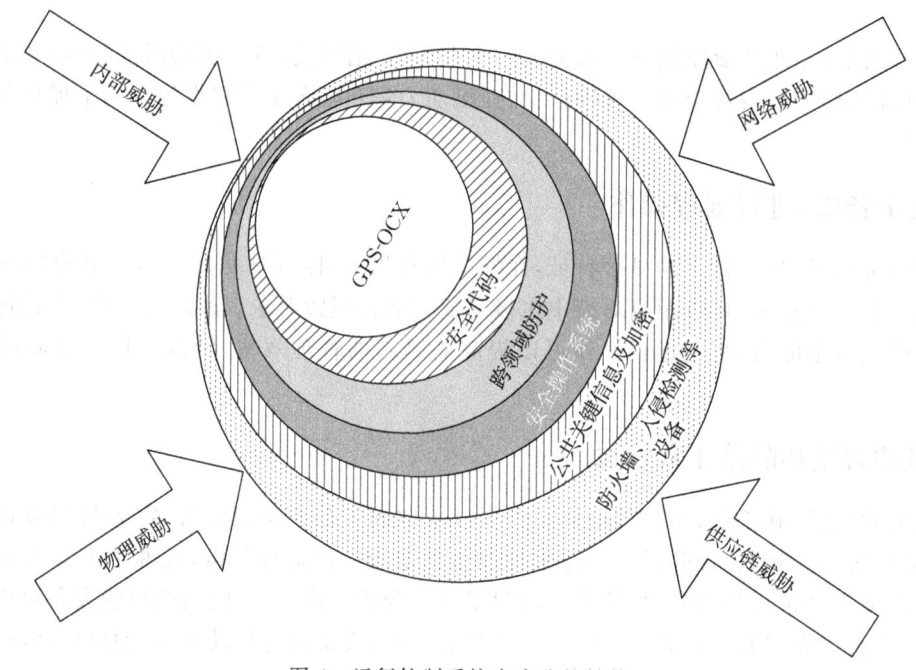

图 4　运行控制系统安全防护结构

4.4　引入错误纠偏和屏蔽机制

针对监测站易受干扰的实际,在新一代系统布局中,可以统筹考虑错误信号的屏蔽机制,通过质量审查和反馈筛选,及时摒弃错误信号。通过多站点伪距、载波相位等指标的比对衡量来屏蔽错误信号并启动测量通信、数据处理等设备的自保护机制,防止因一站或多站受到干扰而降低大系统的精度。

4.5　在干扰监测平台搭建等领域走军民融合道路

导航卫星系统具有典型的军民共用特点,可以利用 PNT 建设契机,通过统筹军地一体发展、相互备份,兼顾平战的原则进行建设,尤其是在干扰监测平台搭建和干扰信号数据库上实现情报共享、平台公用,汇聚更多的资源、力量来助推北斗干扰监测系统的建设,实现干扰快速定位和排查。

4.6 研发快速恢复和最简系统

在战争背景下,监测站能否在遭受打击后快速恢复作用应该是其建设中的重点。快速恢复和最简系统作为托底手段,可以与机动分队、隐蔽建设相结合,提高监测站极端环境下的系统生存能力。另外,还要做好关键设备的备件储备,常态化演练方案、预案,缩短监测站在被打击破坏后的作用恢复时间。

5 结 语

从美军的历次导航战实践来看,导航战技术应用和作战路线已经形成了一定的固定样式,并逐步向网络、太空等领域拓展。本文在总结美军历次导航战常用作战路线、应用特点的基础上,分析了北斗监测站在导航战背景下所面临的危险和挑战,并对监测站安全防护的方法和策略进行了研究,在一定程度上可以提高北斗监测站在导航战背景下的生存能力和防护水平。

参考文献:(略)

作者简介: 郭强,男,1989年生,硕士,助理工程师,主要研究方向为卫星导航与应用。

GNSS 定位技术在河湖划界中的应用综述

吴恒友

(贵州省水利水电勘测设计研究院有限公司,贵州 贵阳 550002)

摘 要:本文简要介绍河湖划界的工作内容、划界标准和要求。全球导航卫星系统(GNSS)定位技术在河湖划界中应用了基本控制测量(含平面和高程)、河道断面测量、图根控制测量、像控点测量、界桩界牌放样测量与验收等。本文以贵州省省级河湖划界为例,总结了控制网的布设、密度、精度梯级、观测方式及数据处理等方面的技术方法。本文以贵州省省级河湖划界为例,提出了影响 GNSS 高程关键问题的解决方法,并在实际运用中得到验证。

关键词:河湖划界;管理范围线;卫星定位测量

1 引 言

依法划定河湖管理、水利工程管理与保护范围,明确管理界线是"水利行业强监管"的重要内容。河湖和水利工程管理范围边界不清,侵占河湖和水利工程管理范围内的乱占、乱堆、乱建、乱采问题依然存在,严重影响河湖和水利工程行洪与生态安全。因此河湖和水利工程划界工作十分重要和紧迫。如何准确划定保护范围的界线呢?主要有以下六个方面工作:①建立平面和高程基本控制网;②测绘河湖大断面;③根据大断面和河湖水文信息计算不同频率的水位,根据不同频率的水位和相关的规程规范确定不同河段的管理范围线及水利工程和其附属设施的管理范围线,各类管理范围线之间按照平滑过渡的处理原则把管理范围线链接起来形成连续的管理范围线;④按照界桩界牌设置密度和管理范围线在实地埋设界桩、界牌、公示牌;⑤测绘河湖管理地形图,并把界桩、界牌、公示牌、管理范围线标注和绘制在图上;⑥编制岸线管理与利用规划报告。因此只有建立满足要求的控制网,才能确保划界河湖大断面测绘、保护范围地形图测绘的准确性,以及界桩界牌放样测量和验桩、牌、公示牌测量的准确性。通过对贵州省省级河湖划界的实施,总结全球导航卫星系统(GNSS)定位技术在河湖划界中实际应用的经验和做法,为其他河湖划界提供参考。

2 河湖划界工作内容

河湖划界工作内容包括:①控制测量——基本平面控制测量、基本高程控制测量、图根控制测量及像控点测量;②河道大断面测绘——测绘水文、规划专业需要的河道纵横断面;③带状地形图测绘——测绘 1∶2 000、1∶5 000 比例尺河湖管理带状地形图;④洪水分析计算——结合收集的相关资料划河道管理范围线;⑤界桩(牌)、公告牌的制作与安装——河道信息化与数据库建设;⑥岸线管理与利用规划报告编制及相应的服务工作。

3 河湖划界标准

3.1 一般规定

河道管理范围划界按照以下类型确定:

(1)河流类,按照有堤防或护岸、无堤防有防洪规划、无堤防也无防洪规划几种情况划定。
(2)水库类,按照水库库区河段、水库大坝、水闸枢纽河段划定。
(3)湖泊类,按照有关防洪标准划定,有护堤护岸的,以护堤外坡脚线、护岸控导工程外沿线确定。
(4)岩溶暗河类,伏流段不划定,入口和出口按照有关防洪标准划定。
(5)人工水道类,按照《贵州省水利工程管理条例》等规定划定。

划界河道与上、下级河流交汇口河段,应统筹协调上、下级河流已划定的管理范围边界;上、下级河流未确定管理范围的,需向汇口外延伸100~200 m距离。

3.2 堤防或护岸河段

有堤防或护岸河段,以堤防外坡脚线、护岸控导工程外沿线划定;地方政府已划定护堤地和护岸地范围的,以护堤地和护岸地边界线划定。单侧有堤防护岸河段的,未建堤防护岸侧河岸河道管理范围线按以下方式确定:

(1)规划有堤防或护岸工程的,根据规划批复拟建堤防外坡脚线、护岸控导工程外沿线确定。
(2)有防洪保护要求但无堤防或护岸工程规划的及无防洪保护要求的,按《防洪标准》(GB 50201—2014)、《堤防工程设计规范》(GB 50286—2013)、《城市防洪工程设计规范》(GB/T 50805—2012)规定的防洪标准设计洪水位确定。

3.3 水库河段

3.3.1 水库库区河段

已征地的,按水库征地退赔线确定;未征地的,可按照坝顶高程线或水库校核洪水位确定。因历史久远无法收集到征地退赔线成果资料的,可按以下方式确定:

(1)库区坝顶高程以下不涉及新增移民征地的,可按坝顶高程确定,否则应以重新计算的水库校核洪水位确定。
(2)拦河建筑物为全坝段溢流或滚水坝的,应以重新计算的水库校核洪水位确定。

水库大坝枢纽河段:已划定水库大坝管理范围的,按其边界线确定;未划定的,按照《贵州省大中型水库库区水域安全生产管理办法》规定划定;与水库坝体分离的溢洪道及其他建筑物参照《水库工程管理设计规范》(SL 106—2017)和《贵州省水利工程管理条例》相关规定确定。

3.3.2 水闸工程建筑物

《水闸设计规范》(SL 265—2016)和《贵州省水利工程管理条例》相关规定确定河道管理范围线。

1. 大坝建筑物

库容在1 000万立方米或者坝高在50 m以上的水库,大坝两端各外延30~50 m划定;坝址下游按照背水坡坡脚向下游外延100~200 m划定;库容在100万~1 000万立方米或者坝高在30~50 m的水库,水坝两端各外延10~30 m划定,坝址下游按照背水坡坡脚向下游外延50~100 m划定;库容10万~100万立方米或者坝高在15~30 m的水库,大坝两端各外延5~15 m划定,坝址下游按照背水坡坡脚向下游外延10~50 m划定。各水库坝址河段管理线按照上述要求划定。

2. 溢洪道、发电厂房及其他建筑物

溢洪道、发电厂房及其他建筑物按照建筑物外轮廓线外延5~80 m划定。

3. 水库库尾河道管理范围线的确定

水库库尾(即水库淹没终点断面)上游河道按照相应防洪标准设计洪水位确定管理范围线,水库淹没终点断面与回水尖灭点之间过渡线主要采用以下两种情况,如图1所示。

上游河道设计洪水位(γ线)高于水库回水水面高程的,为图1中二者交叉点X与回水尖灭点A的连线,如图1(a)所示。

上游河道设计洪水位(β线)低于水库回水水面高程的,为图1中上游河道设计洪水水面线与水库淹没终点断面交叉点Y与回水尖灭点A的连线,如图1(b)所示。

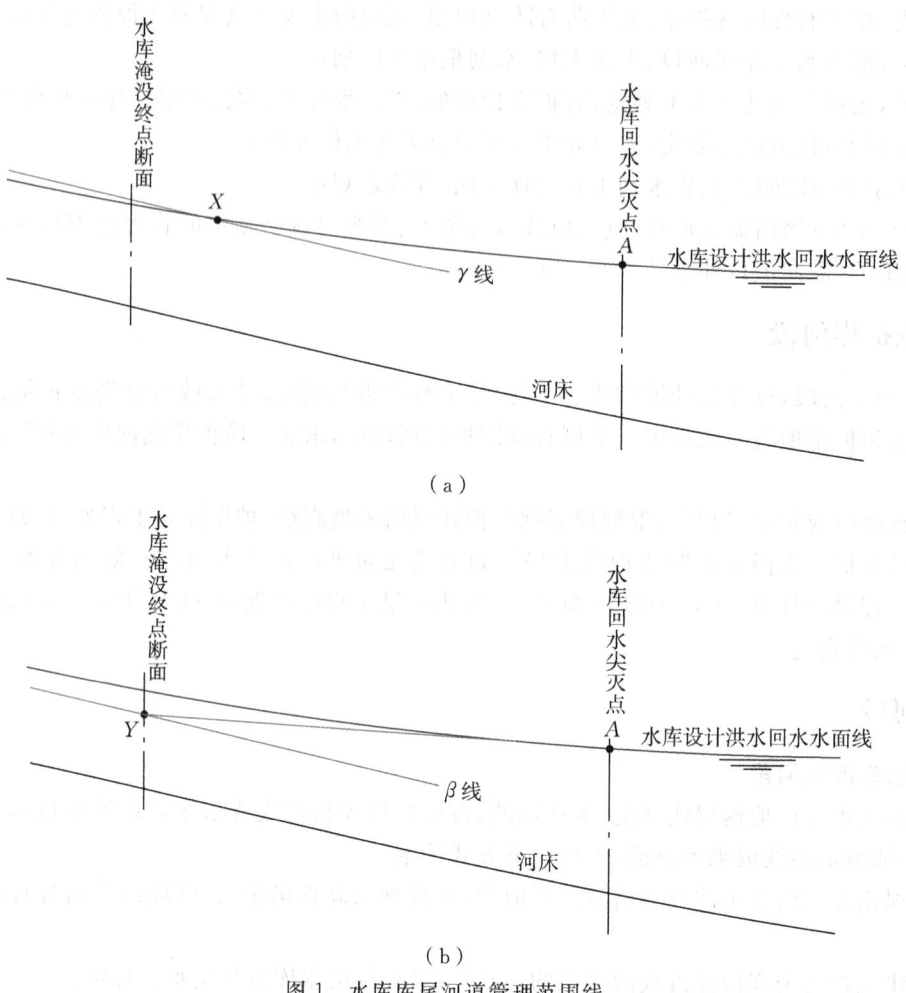

图 1　水库库尾河道管理范围线

3.4　其他河段

河道岸线管理（保护）与利用规划在河道划界工作实施时已批准的，管理范围线可以按照已批准的岸线管理（保护）与利用规划外缘控制线划定。经河道整治、防洪治理已征收的河道，河道管理范围线按照已征收土地的实际外沿线确定；左右岸防洪治理标准不同的，按左右岸防洪保护对象的设计洪水位分别确定河道管理范围线。有防洪规划的，按照经批准的防洪规划设计洪水位确定。无防洪规划的，按照《防洪标准》（GB 50201—2014）设计洪水位确定，即：

（1）有水文记载最高历史洪水位准确高程的，按照最高历史洪水位确定。

（2）无水文记载最高历史洪水位的，可按照不低于五年一遇洪水标准确定。

4　GNSS 定位技术一般规定

河湖划界平高控制采用 GNSS 定位技术一次布设、观测和数据处理。平高控制点同点共用，均采用 GNSS 定位技术一次布设、一次观测、一次处理，同时获取平面和高程控制成果，精度相对均匀。河湖划界控制也是施工控制网的一种类型，但与工程施工控制网又存在区别，主要体现在工程施工控制网大多采用独立系统，控制点间边长较短，点位密度不均匀，局部精度要求高，而河湖划界控制采用国家标准的坐标和高程系统，一般为 3°带现行国家坐标和高程系统，控制点间边长、密度和精度要求均匀。

4.1　系统的确定

平面控制系统：CGC2000（2000 国家大地坐标系统）3°带高斯投影。高程系统：1985 国家高程基准。

4.2 控制网等级和相关参数的确定

4.2.1 平面控制测量

《水利水电工程测量规范》(SL 197—2013)的第 4 章平面控制测量中规定基本平面控制可以采用二等、三等、四等、五等 4 个等级作为测区的首级控制网,二等相邻点平均间距为 8~13 km,三等相邻点平均间距为 4~8 km,四等相邻点平均间距为 2~4 km,五等相邻点平均间距为 0.5~2 km。第 11 章专项工程测量中的第 10 节流域基本控制测量规定平面控制测量可分为 B 级、C 级或二等、三等,应根据流域干流、支流长度来确定:干流长度大于等于 500 km、小于 1 000 km 时应建立 B 级或 C 级控制网;干流长度小于 500 km、大于 100 km 时应建立 C 级控制网;干流长度小于 100 km 时应建立 C 级控制网。第 11 章专项工程测量中的第 12 节工程施工控制网测量规定大型水利水电工程选择二等、三等、四等控制网;中型水利水电工程选择三等、四等控制网。贵州省省管河湖最长的是乌江,其长度为 568 km,最短的是红水河,其长度为 106 km。河湖划界控制网可以界定为测图控制网,兼有施工控制网的功能,考虑流域基本控制要求,具有综合功能。如果建立二等或是 B 级,均应再加密才能满足测图和施工放样。建立三等或四等就可不用再加密了,并且满足卫星定位实时动态测量对控制点密度的要求,覆盖范围不超出 5 km。综合以上信息,可以确定在贵州省省管河湖划界控制网的等级应该建立三等或四等控制网,平面精度控制在 5 cm 以内。

4.2.2 高程控制测量

《水利水电工程测量规范》(SL 197—2013)的第 5 章高程控制测量规定基本高程控制网设一等、二等、三等、四等、五等。第 11 章专项工程测量中的第 10 节流域基本控制测量规定高程控制等级为二等、三等、四等。测区内高程控制采用卫星定位测量拟合高程,在解算软件中加入地球重力场模型 EGM2008 进行拟合解算。

4.2.3 控制网布设、观测与数据处理

河湖划界均为线状工程,其控制网的布设从规范和适用的过程分析,除了遵循规范规定的要求外,主要考虑点的密度问题,综合后期使用,点间距离布设在 5~8 km 为宜。数据观测采用 6~8 台接收机从已知点联测至河湖一端开始,保持最前面的两个点安置的接收机不动,后面的机子往前移动,中途如有已知点必须联测,确保 100 km 有已知点。数据处理采用商用随机软件时,要求使用能够加载 EGM2008 地球重力场模型的软件进行处理。

4.2.4 导航卫星定位实时动态(RTK)测绘技术

RTK 系统由基准站 GPS 接收机、数据链、流动站 GPS 接收机三部分组成。RTK 分为单基站、双基站和网络 RTK。该系统利用贵州省导航卫星定位连续运行参考站网(GZCORS),采用虚拟参考站(VRS)技术,面向贵州全省域范围实时提供网络动态定位技术服务。

EGM2008 全球重力场模型由美国国家地理空间情报局于 2008 年 4 月发布,模型推出十年来在世界范围内相关领域得到广泛应用。该模型的球谐系数的阶扩展至 2190,次为 2159,目前提供的成果包括:全球 $5'×5'$ 网络重力异常;全球 $5'×5'$、$2.5'×2.5'$ 网格大地水准面;全球 $5'×5'$ 网格垂线偏差 (ξ,η) 等。网络上有该模型的 $1'×1'$ 网格数据,经测试其精度与 $2.5'×2.5'$ 相同,是由后者内插加密而成。国内文献研究认为 EMG2008 模型在我国大陆总体精度中东部较高,其中华北地区可达 9 cm,西部地区较低为 24 cm。笔者所在单位迄今多次在工程项目中使用该模型,其成果均达到相关技术要求。规范要求在 RTK 测量中使用布尔莎七参数,其目的是同步解决平面坐标系统转换和大地高转换到正常高系统的问题。利用贵州 CORS 网和 EGM2008 模型可以在不需要布尔莎七参数的情况下完成此项工作。

在图根控制、像控点、河道断面、界桩界牌放样与验收测绘作业时每隔不超过 8 km 检测一个已知点的符合情况:若满足规范要求,往前测绘;不满足时,立即停止测绘,分析原因,采取措施进行处理,如果还不能满足要求,则重新测绘。

5　GNSS 定位技术建立控制网的实施分析

5.1　省管河道(赤水河)管理范围划界工程 GNSS 控制网实施分析

贵州省省管河道(赤水河)岸线划界起点为毕节市七星关区团结乡鸡鸣三省渭河口,终点为赤水市鲢鱼溪贵州省境内干流河段,河长为 300 km。毕节市七星关区团结乡鸡鸣三省渭河口至茅台镇为上游河段,主河道河长为 136 km,落差为 325 m,河宽为 20~100 m,两岸谷深坡陡,少有居民及耕地分布,河道基本为天然河道。赤水河茅台镇至赤水市河段为中游河段,涉及贵州省仁怀、习水、赤水等县(市),属云贵高原与四川盆地接壤的过渡地带,两岸高程为 500~1 000 m,主河道河长为 157 km,落差为 179 m;该河段河宽为 30~200 m,大部分河段河谷深切,两岸居民及耕地分布较少。

5.1.1　基本控制网布设

赤水河河流划界工程控制点布设采用整体布网,整个测区的 GPS 控制网按照三等控制网要求进行布设,分布沿岸线大致 5~8 km 一个点布置一个控制点,编号为从 CS01、CS02 顺序增加至 CS64。为了测量工作的需要及方便使用,控制点布设在交通便利、地质条件优越、利于观测的地方,全部采用刻石标志。水河湖划界控制网布设如图 2 所示。

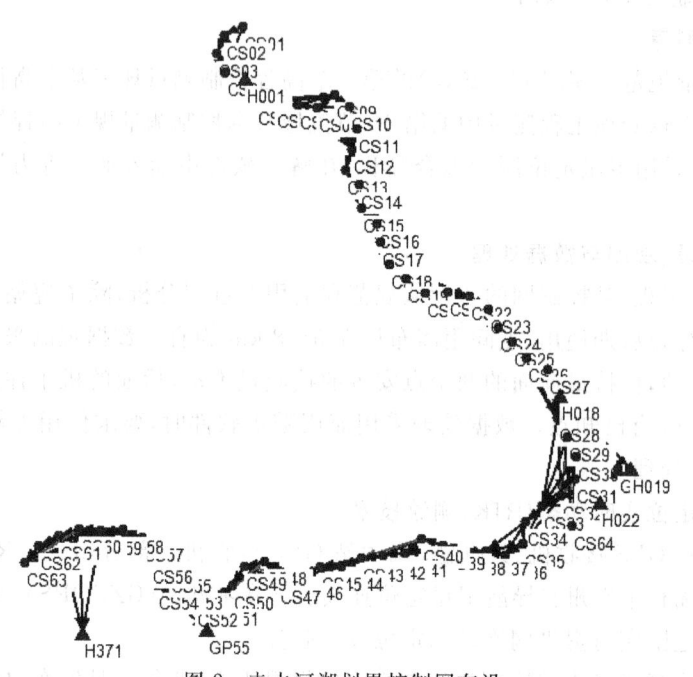

图 2　赤水河湖划界控制网布设

5.1.2　控制网测量内业处理及网平差

GPS 测量外业观测不少于 90 min 为一个时段,GPS 首级控制选用国家 C 级 GPS 网点 H001、H018、H019、H022、H371 作为控制网平面起算点,以 H001、H022、H371 作为高程起算点进行解算,平差解算软件使用天宝 TBC 进行数据处理。GPS 测量相对定位成果精度统计如下:形成总基线 263 条,基线解算全部通过;利用基线 248 条;重复基线 33 条,解算通过;同步环个数为 226,解算全部通过,满足规范《水利水电工程测量规范》(SL 197—2013)对同步环限差的要求,即 1/2 异步环分量限差;异步环个数为 231,解算全部通过。平差后平面最弱点为 CS63,$\Delta X = 16$ mm,$\Delta Y = 16$ mm;高程最弱点为 CS63,$\Delta H = 35$ mm。最弱边 GP21-H019 的相对误差为 1/300 400,满足规范要求。

5.2　省管河道(六冲河)管理范围划界工程 GNSS 控制网实施分析

河流发源于赫章县可乐乡北面,先由东北向西南流经赫章县可乐以后,折而向东南流,经高家院转向东流,又经河边乡、周家洞水文站、赫章县城后流向东北,在洞头上进入伏流,于双河接纳南来的野马川支流,又于龙洞接纳北来的大河(发源于云南省镇雄县塘房镇北面),在汇口转向东南进入地下,经约 3 km 的伏流后在邓家垭口处出露地表,流经七星关水文站、水营、王家寨进入纳雍县境,于王家寨下游 17 km 梯子岩处进入伏流,两进两出之后汇入洪家渡水库,在化屋基汇入乌江干流,六冲河全长为 282 km,天然落差为 1 294 m,全流域面积为 10 665 km^2(含云南省的 677 km^2)。

5.2.1 基本控制网布设

六冲河河道划界工程控制点布设采用整体布网,从六冲河起点可乐乡开始。控制测量分布沿岸线大致 5~7 km 一个点布置一个控制点,全部组成锁型网状,GNSS 控制网编号为 LC01、LC02、顺序增加至 LC67,L、C 取六冲河前两字拼音首字母大写,从上游往下游按顺序编号。六冲河湖划界控制网布设如图 3 所示。

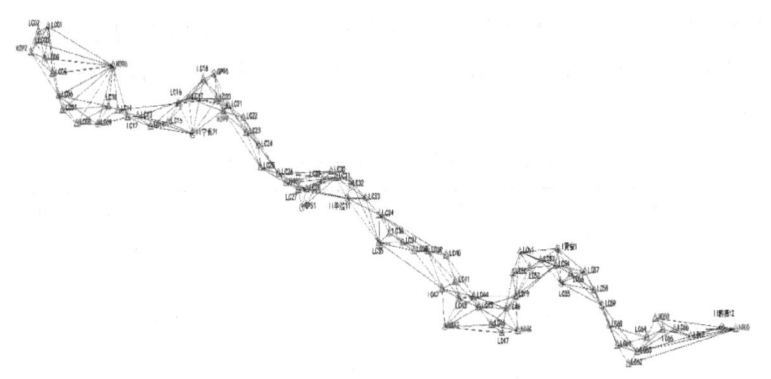

图 3 六冲河湖划界控制网布设

5.2.2 平面控制网内业处理及平差

GPS 测量外业观测不少于 90 min 为一个时段,平面控制采用国家 C 级点 H050、H065、H392、H396、H400、H442 及 H444,利用数据处理软件进行数据处理,GNSS 测量相对定位成果精度统计如下:形成基线 358 条,重复基线数 29 条全部合格;重复基线检查 29 条,最差为 1/74 469(LC30-LC31);同步环检查 555 个,最差(LC59-LC60-LC61)为 20.1 mm,满足规范《水利水电工程测量规范》(SL 197—2013)对同步环限差的要求 1/2 异步环分量限差;异步环检查 290 个,最差(LC48-LC49-LC50)为 108.3 mm,最弱边 LC06—LC07 平面相对中误差为 1/614 635,满足规范要求 1/40 000;(二维约束平差)最弱点 LC60 的点位误差为 $\Delta X = \pm 0.003$ m,$\Delta Y = \pm 0.004$ m,二维约束平差满足规范要求。

5.2.3 高程控制网观测与平差

高程控制网平差计算采用软件加载 EGM2008 高程模型,联测国家水准点 Ⅱ 宁长 21、Ⅱ 毕滥 11、Ⅱ 黔清 12 及夹岩水库四等水准点 GP51、GP95,由于 Ⅱ 毕滥 10、Ⅱ 黄安 7 不具备静态观测条件采用引测至未知点 LC32 与 LC55,固定 Ⅱ 宁长 21、Ⅱ 毕滥 11、Ⅱ 黔清 12 及国家 C 级点 H392、H400、H444 及 LC32 进行平差计算。高程最弱点 H400 高程误差为 $\Delta H = \pm 0.033$ m,未知点最弱点 LC47 的高程误差为 $\Delta H = \pm 0.024$ m,满足规范要求。

5.3 两条河湖划界 GNSS 应用综合分析

5.3.1 六冲河 GNSS 控制点检查分析

控制点外业检查采取分布抽查的方式进行,共抽查 5 个埋设控制点,抽查点精度统计如表 1 所示。

表 1 六冲河控制点外业检查精度统计

序号	点名	δ_X/m	δ_Y/m	δ_H/m	序号	点名	δ_X/m	δ_Y/m	δ_H/m
1	LC11	0.001	−0.002	−0.046	4	LC54	−0.012	−0.005	0.020
		0.008	0.038	0.016			−0.020	−0.004	−0.003
		−0.008	−0.003	−0.018			−0.010	−0.020	0.010

续表

序号	点名	δ_X/m	δ_Y/m	δ_H/m	序号	点名	δ_X/m	δ_Y/m	δ_H/m
2	LC15	0.004	−0.016	−0.020	5	LC55	0.002	0.008	−0.015
		−0.010	−0.001	−0.023			−0.027	0.013	−0.010
		−0.002	0.002	0.022			0.005	−0.010	0.001
3	LC35	0.027	−0.007	0.045	—	—	—	—	—
		0.037	−0.019	0.040	—	—	—	—	—
		0.023	0.032	0.029	—	—	—	—	—

检查值和原值之差最大为 $\delta_X=\pm 0.037$ m，$\delta_Y=\pm 0.038$ m，$\delta_H=\pm 0.046$ m，满足规范限差的精度要求。

5.3.2 六冲河采用RTK对界桩点(牌)、告示牌检查分析

根据作业组现场埋桩情况，界桩检查采取沿河流左右岸均匀分布检查的方式进行，共检查218个界桩点(牌)、告示牌，后期因部分界桩点(牌)、告示牌进行整改重新埋设或移动，界桩(牌)、告示牌检查148个，其精度统计如表2所示。

表2 部分界桩检查精度统计资料

序号	编号	界桩坐标差值/m		差值/m	序号	编号	界桩坐标差值/m		差值/m
		ΔX	ΔY	ΔH			ΔX	ΔY	ΔH
1	y0431	0.08	−0.10	−0.08	7	y0449	0.08	−0.08	0.06
2	y0433	−0.09	−0.09	0.07	8	y0450	−0.03	−0.07	−0.07
3	y0435	0.08	0.03	0.08	9	y0451	0.09	−0.04	0.09
4	y0436	−0.04	−0.08	−0.07	10	y0453	−0.09	−0.09	0.09
5	y0437	−0.08	0.08	0.02	11	y0459	−0.01	−0.01	−0.07
6	y0442	0.07	0.10	0.04	12	y0460	−0.10	−0.10	−0.03

界桩坐标差值为 $\Delta x_{最大}=\pm 0.10$ m，$\Delta y_{最大}=\pm 0.10$ m，$\Delta h_{最大}=\pm 0.09$ m；点位中误差为 $\delta_{平}=\pm 0.056$ m，满足平面位置中误差优于 ± 0.1 m 的要求；$\delta_{高}=\pm 0.067$ m，满足高程误差优于 ± 0.1 m 的要求。

5.3.3 六冲河基于EGM2008拟合GNSS控制点高程与已知点高程比较分析

GNSS测量得到的是大地高，需要转换为1956黄海高程系下的正常高。对于大地高、正常高及高程异常之间的关系和转换模型，众多学者进行了研究和分析，得出了较为一致的结论。大地高与正常高之间的转换公式为

$$h = H - \xi \tag{1}$$

式中，h 为正常高，H 为大地高，ξ 为高程异常值。

在利用EGM2008重力场模型计算高程异常时，考虑到该模型所采用的全球大地水准面与我国采用的1985黄海高程系之间存在系统偏差，因此式(1)可改写为

$$h = H - (\xi_M + \Delta h) \tag{2}$$

式中，ξ_M 为EGM2008重力场模型高程异常值，Δh 为EGM2008模型高程异常与实际高程异常的偏差。ξ_M 的计算公式为

$$\xi_M = \frac{GM}{r\gamma}\sum_{n=2}^{\infty}\left[\frac{a}{r}\right]^n\sum_{m=0}^{n}(\overline{C}_{nm}\cos m\lambda + \overline{S}_{nm}\sin m\lambda)\overline{P}_{nm}(\cos\theta) \tag{3}$$

六冲河河湖划界控制网由全网80个点组成，其中有14个点为平面和高程已知点。14个已知高程点中，1个一等水准高程、3个等二水准高程、10个三等水准高程。平面高程为统一一个网布设、观测和数据处理。

水准线路中最弱点相对于高等级水准点高差的中误差 m_h 的计算公式为 $m_h = M_W\sqrt{L}/2$。

《水利水电工程施工测量规范》(SL 52—2015)中规定，对于四等水准最弱中误差为45 mm，五等水准最弱中误差为50.3 mm。取 $2\sqrt{2}$ 倍中误差为极限误差，得四等限差为127.26 mm，五等限差为142.25 mm。

首先，在WGS-84坐标系统下做无约束数据处理获得各项信息的统计，如表3所示。

表3　WGS-84坐标系统下数据处理误差及高程异常分析统计

点名	X方向误差/m	Y方向误差/m	正常高误差/m	大地高误差/m	高程异常/m
GP51	0.004	0.003	0.026	0.026	31.888
GP95	0.004	0.004	0.028	0.028	32.669
H050	0.006	0.006	0.039	0.039	31.04
H065	0.007	0.006	0.046	0.046	30.807
H392	0.006	0.005	0.039	0.039	32.896
H396	0.005	0.004	0.034	0.034	32.696
H399	0.004	0.004	0.026	0.026	32.443
H400	0.004	0.003	0.024	0.024	32.01
H442	0.004	0.004	0.031	0.031	31.403
H444	0.004	0.004	0.027	0.027	31.325
Ⅰ-1	0.004	0.004	0.029	0.029	31.528
Ⅱ11	0.003	0.003	0.025	0.025	31.852
Ⅱ12	0.008	0.008	0.056	0.056	30.873
Ⅱ21	0.004	0.004	0.028	0.028	32.402

由表3中可以看出高程各项误差均小于6 cm，但高程异常变化达2.089 m，300 km的线状范围内其变化较大。如不加处理，影响也是很大的。高程误差均满足四等水准的要求。

其次，在CGC2000坐标系统下做最小约束（约束H392）数据处理获得各项信息的统计，如表4所示。

表4　CGC2000坐标系统下数据处理误差及高程差比较分析统计

点名	X方向误差/m	Y方向误差/m	正常高误差/m	高程差/m	X差/m	Y差/m
H050	0.01	0.009	0.036	0.334	0.038	−0.02
h065	0.011	0.01	0.07	0.61	0.048	−0.029
H392	0.004	0.003	0.023	−0.027	0	−0.014
H396	0	0	0	0	0	0
H399	0.004	0.004	0.029	0.021	0.009	−0.007
H400	0.006	0.005	0.037	0.088	0.036	−0.031
H442	0.008	0.008	0.047	0.034	0.01	−0.04
H444	0.008	0.007	0.045	0.064	0.015	−0.043
Ⅰ-1	0.009	0.008	0.048	0.155	0.02	−0.051
Ⅱ11	0.007	0.006	0.047	0.198	0.021	−0.023
Ⅱ12	0.012	0.011	0.047	0.42	0.038	−0.038
Ⅱ21	0.004	0.004	0.027	0.015	0.001	−0.005
GP51	0.006	0.006	0.042	0.237	0.02	−0.028
GP95	0.004	0.004	0.029	0.1	0.01	−0.009

由表4可知，高程误差不满足四等水准要求，满足五等水准的要求。高程差的限差均超出规范的要求。

最后，在CGC2000坐标系统下约束H392和H065两个点，数据处理获得各项信息的统计，如表5所示。

表5　CGC2000坐标系统下数据处理误差及高程差比较分析统计

点名	X方向误差/m	Y方向误差/m	正常高误差/m	高程差/m	X差/m	Y差/m
H050	0.005	0.005	0.032	−0.112	−0.006	0.004
H065	0	0	0	0	0	0
H392	0.005	0.004	0.027	−0.035	0.006	−0.017
H396	0	0	0	0	0	0

续表

点名	X方向误差/m	Y方向误差/m	正常高误差/m	高程差/m	X差/m	Y差/m
H399	0.004	0.004	0.03	−0.079	0.001	−0.004
H400	0.006	0.005	0.037	−0.073	0.023	−0.026
H442	0.007	0.006	0.044	−0.119	−0.022	−0.031
H444	0.007	0.006	0.042	−0.121	−0.021	−0.03
Ⅰ-1	0.006	0.005	0.039	−0.123	−0.016	−0.031
Ⅱ11	0.007	0.006	0.044	−0.022	0.003	−0.016
Ⅱ12	0.006	0.006	0.043	−0.125	−0.01	−0.01
Ⅱ21	0.004	0.004	0.03	−0.067	−0.005	−0.004
GP51	0.006	0.006	0.042	0.048	0.005	−0.023
GP95	0.004	0.004	0.032	0.006	0.004	−0.004

由表5可知，高程误差满足四等水准要求。高程差的限差也满足规范四等水准的要求。

综合以上统计分，对GNSS拟合高程成果应进行检测，检测点数不应少于10%且不少于3点。本例中80个点的网，检测12个点，2个已知点不做检测点，已经多于10%，并且其还在规范规定的精度以内，所以认为可以满足四等水准的精度要求。

6 结 语

高程在河湖划界中极其重要，直接影响范围划定的准确性。在河湖划界中通过合理布设GNSS控制网的密度、等级梯度、点位，联测已知点，从而提高观测质量，优化数据处理方案，最终可以获得满足四等水准高程精度的成果。可以确定在省管河湖划界控制网的等级应该建立三等或四等控制网，高程精度至少达到五等高程精度的要求。控制网点间距离最好在5~8 km，即控制网的等级为平面三等、高程五等。由于河湖划界都是线性工程，在测绘过程中应加强校核，避免大面积返工。

参考文献：（略）

作者简介： 吴恒友，男，1968年生，工程应用研究员，主要从事GPS工程应用研究、工程测绘及技术管理。

基于北斗三号短报文信道的图像传输方案及实验研究

吉 静[1]，陈 伟[1]，刘雨婷[1]，郑洪江[2]，卢红洋[3]，李昌振[1]，杜路遥[1]

(1. 武汉理工大学，武汉 430070；2. 上海博泰悦臻电子设备制造有限公司，上海 200030；
3. 中国交通通信信息中心，北京 100011)

摘 要：作为国家空间信息资源的重要一环，北斗导航卫星系统(BDS)有别于全球定位系统(GPS)、格洛纳斯导航卫星系统(GLONASS)等的自有功能是具备短报文通信能力，而在北斗三号白皮书中，区域短报文的能力更是达到了1 000汉字/次或1.4万比特/次，系统容量提升至1 000万次/时。本文研究利用北斗三号区域短报文信道，提出一种基于"云—边—端"的图像传输通信的工程化方案，通过模拟验证发现，对于1 024×768分辨率的高清图像，通过H.265和VP8压缩编码对平均数据量、压缩比、标准差、主观评价和时间等指标的比较，最终验证，北斗三号区域短报文可以在VP8压缩编码条件下实现高清图像传输，北斗短报文的"云—边—端"图像传输的工程化方案可行。研究结果表明，北斗三号区域短报文将具备跳脱文字和非实时语言媒体范畴的能力，同时其覆盖范围和系统容量的提升也将增进北斗短报文图像传输的价值，进一步提升在交通、航运、应急等各领域的应用。

关键词：北斗三号；短报文；信道；图像传输；应急

1 引 言

北斗导航卫星系统(BDS)的短报文通信功能是北斗卫星无线电定位服务(RDSS)中位置报告、短报文通信、高精度授时的三大功能之一，也是北斗导航卫星系统区别于全球定位系统(GPS)、格洛纳斯导航卫星系统(GLONASS)等的独有功能。通过这一功能，用户不仅能知晓自己目前的位置，还能独立将自己的位置、速度、时间等参数报告给地面中心。正因为这一特点，目前它已在抢险救灾、交通运输、海洋救生等领域发挥着重要作用。

2020年7月北斗三号系统发射完毕并实现全球组网，实现定位导航授时、全球短报文通信、国际搜救、星基增强、地基增强、精密单点定位和区域短报文通信共七大类服务，北斗三号卫星具体服务类型及参数如表1所示。

表1 北斗三号卫星具体服务类型及参数

服务区域	服务类型	信号频段	播发手段	上行速率	系统容量
全球范围	定位导航授时	B1I/B3I B1C、B2a、B2b	3GEO+3IGSO+24MEO 3IGSO+24MEO		
	全球短报文通信	上行：L 下行：GSMC-B2b	上行：14MEO 下行：3IGSO+24MEO	单次最大560 bit， 单次40汉字	30万次/时
	国际搜救	上行：UHF 下行：SAR-B2b	上行：6MEO 下行：3IGSO+24MEO		
中国及周边地区	星基增强	BDSBARS-B1C， BDSBARS-B2a	3GEO		
	地基增强	2G、3G、4G、5G	移动通信网络 互联网络		
	精密单点定位	PPP-B2b	3GEO		
	区域短报文通信	上行：L 下行：S	3GEO	单次最大1.4万比特， 单次1 000汉字	1 000万次/时

2 北斗导航卫星系统短报文概述

北斗三号所提供的服务中,原有北斗覆盖亚太地区的短报文单一服务功能演进成为北斗三号的全球短报文和亚太区域短报文两种通信服务。

2.1 北斗三号短报文通信系统架构

全球短报文通信系统架构如图1所示,北斗三号的境外用户通过L波段上行信号实现40个汉字(或560 bit)的短报文传输,而境外卫星完成短报文的接收、解扩解调和信息处理,生成用户回执信息,并通过B2b频点反馈给用户。同时,通过星间链路转发,将用户上传信息及回执信息下发到地面中心站。通过注入站可见星,地面中心站向用户播发的信息由星间链路转发至用户可见星,并通过B2b信号下行实现对用户播发。

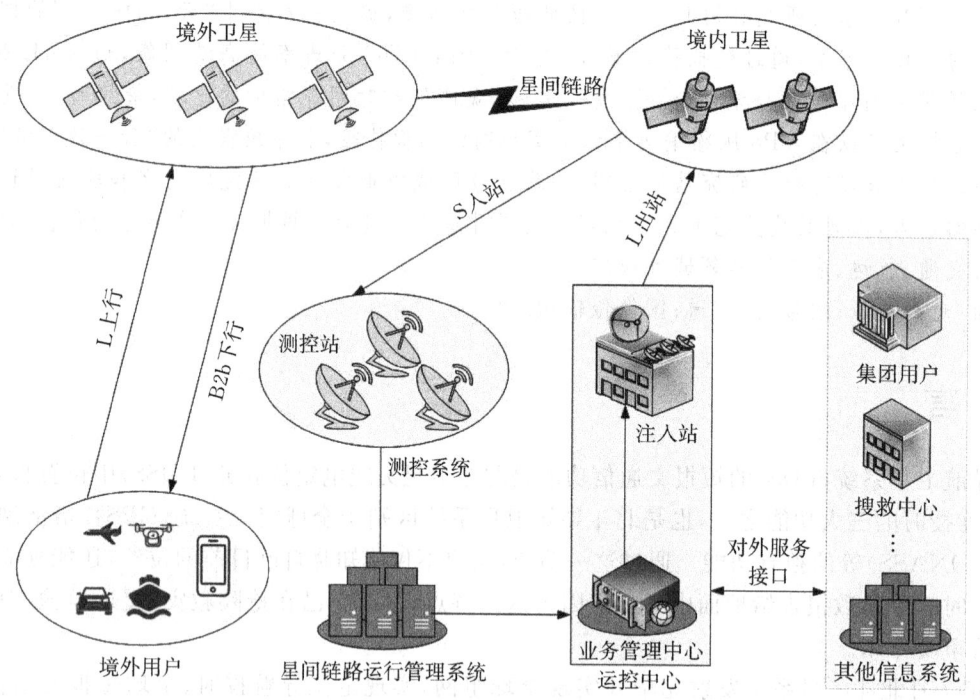

图1 全球短报文通信系统架构

区域短报文通信系统构架如图2所示,北斗三号的卫星无线电定位系统(RDSS)通过3颗地球静止轨道(GEO)卫星,满足我国及周边地区定位和报文通信的服务要求。与北斗二号一样,用户利用终端通过L频段发送信号至用户可见的GEO卫星,可见星对上传信号进行滤波、放大、变频后经星间链路或直接通过C频段下发至地面中心站,而地面中心站通过C频段信号,将向用户播发的信息上行至中心站可见的GEO卫星,通过星间链路或直接下发,用户可见的GEO卫星通过S频段向用户转发位置和播发信息。

仅就短报文通信而言,区域短报文在系统容量、最大单次传输数据量(汉字数)、发射频度、响应时延等方面优于全球短报文服务,具体参数如表2所示。

表2 系统服务具体参数

服务类型	信号/频段	播发手段	最大	发射频度	系统容量
区域短报文	上行:L 下行:S	3GEO	单次最大1.4万比特,单次1 000汉字	最高1秒/次,三级北斗卡1分钟/次	1 000万次/时

2.2 短报文数据帧格式

目前,北斗三号短报文接口协议及数据帧格式尚未公开,假设北斗三号短报文的数据帧格式定义仍然延续北斗二号短报文的协议。

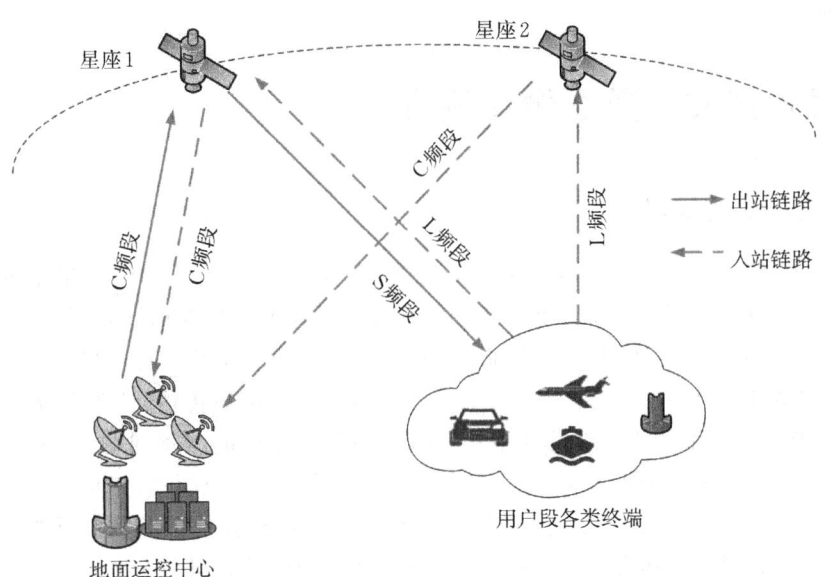

图 2　区域短报文通信系统构架

北斗三号短报文通信申请 TXA 的数据帧结构定义如图 3 所示,其中:指令头字段仍然延续北斗二号格式 \$—TXA,由于终端卡号字段为申请通信的用户终端标识,而终端卡可配合不同级别调整发射频度,通信类别字段标识出 2 种通信的优先级,传输方式字段包括"汉字""代码"和"混编"三种类型,所对应的是不同类型的通信内容的内码转换方式。

| 指令头 | 终端卡号 | 通信类别 | 传输方式 | 通信内容 |

图 3　北斗三号短报文通信申请 TXA 的数据帧结构定义

北斗三号短报文通信申请后获得的通信信息 TXR 的数据帧结构定义如图 4 所示,其中:指令头字段为 \$—TXR,此处通信类别字段标识出 5 种通信的优先级,发送号码为授权的用户终端标识,传输方式字段同样包括"汉字""代码"和"混编"三种类型,类型选择与通信内容的转换相关,而时间戳是报文信息在中心站被注记发生的时间。

| 指令头 | 通信类别 | 发送号码 | 传输方式 | 时间戳 | 通信内容 |

图 4　北斗三号短报文通信申请后获得的通信信息 TXR 的数据帧结构定义

需要特别说明的是,北斗三号区域短报文单次最大可达 1.4 万比特,系统容量可达每小时 1 000 万次,三级北斗卡发射间隔达到 1 分钟,部分用户甚至可低至秒级,并且信息发送正确率高达 99% 以上,这为救援搜救等优先级较高的用户实施窄带非实时的话音、数据传输带来理论可行性。

2.3　图像传输基本参数

数据应用中,图像、视频等直观信息占据越来越重要的地位,按照视频质量可按照清晰度划分为普通、标清、高清和全高清四类,具体参数如表 3 所示。

表 3　具体参数

清晰度	单幅图像分辨率	帧速率	码率
普通	640×480 以下	15～20 帧/秒	200～800 Kbit/s
标清	720×480	25 帧/秒	1～3 Mbit/s
高清	1 024×720	30 帧/秒以上	10 Mbit/s 以上
全高清	1 920×1 080	30 帧/秒以上	10 Mbit/s 以上

很明显,即使北斗三号短报文信息的发射间隔能达到 1 秒一次,也远远无法满足上述普通级别的视频

正常传输。因此,就现阶段而言,短报文难以实现视频传输,但数据量更小的单幅图像传输在理论及实际过程中存在可能性。

3 北斗三号短报文信道图像传输方案

3.1 北斗短报文图像传输研究

学术界对北斗短报文进行基础研究,国家气象信息中心谷军霞等人针对民用北斗短报文通信信道性能进行了测试和统计分析,并提出了统计北斗短报文传输成功率和传输延时所需最小样本量的计算方法,这为北斗短报文图像传输提供了大量数据基础。北京航空航天大学于龙洋等人提出了一种分布传输的方法,在不增加冗余的基础上,增加了北斗短报文定位数据的压缩和可靠传输,这为北斗短报文的图像传输提供了重要的理论基础。周菲等人围绕北斗卫星短报文图像传输中的瓶颈问题,提出采用小波变换实现压缩,并验证图像在北斗短报文中可传输,为北斗短报文图像传输的工程化应用奠定了基础。

业界也针对短报文图像传输提出了自己的方案,北京天海达科技有限公司提出"分包处理+多卡传输+循环发送"的短报文图像传输方案,即:用户终端发送图片时,首先进行分包,通过北斗短报文多卡终端将图像的分包数据循环发送到服务器端。服务器端根据接收情况,反馈丢包的帧号,北斗短报文多卡终端再重新发送丢失的分包数据,直到服务器端收齐图片数据。服务器端组包还原。天津英田视讯科技有限公司提出的短报文图传方案,前端主动减小采集数据量,并在编码阶段采用高压缩比的方式解决RDSS图像传输的带宽问题。

而在北斗三号的接口控制文件(ICD)中,北斗传输可靠率可达99%,基于上述研究,对于北斗三号区域短报文,主要瓶颈集中如何在北斗短报文非实时、窄带条件下图像的传输。

3.2 北斗三号短报文图像传输方案

本文提出的北斗三号短报文图像传输框架基于"云—边—端",如图5所示,即"端"由摄像头阵列构成,负责感知、采集图像,而"边"根据传输信道的特点就地处理压缩编码,之后根据模式选择,采用单一或多个串口通道进行传输,经由北斗三号通信模块上传,"云"负责实现星—地、地—星和星—星之间的链路转发,并负责维护此部分电文数据的完好性。

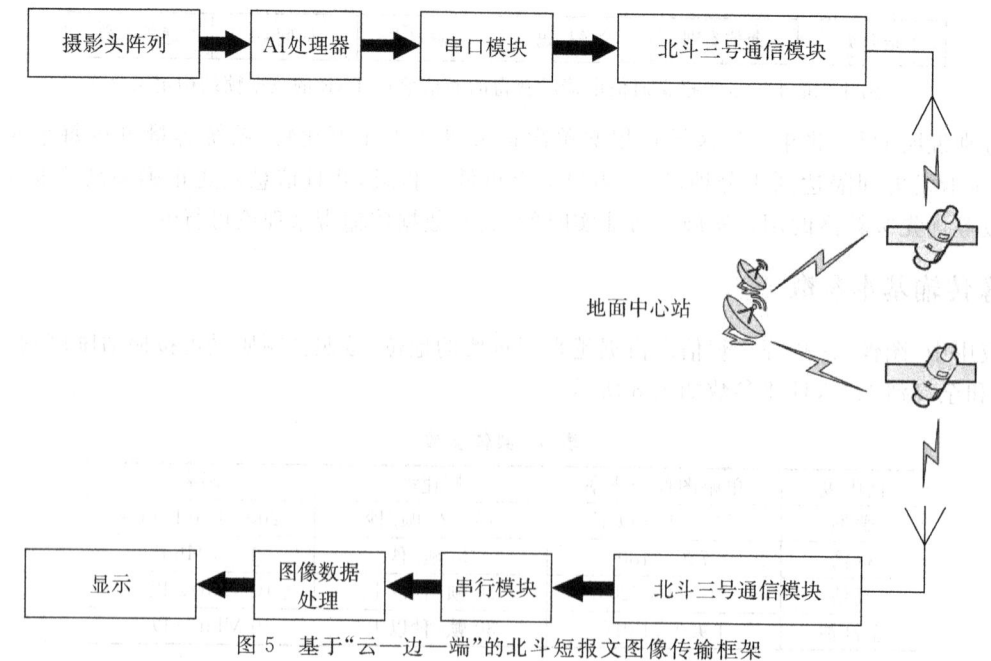

图5 基于"云—边—端"的北斗短报文图像传输框架

图 5 中，多个摄像头分别采集图像数据，通过处理器执行分层，对采集的图像中关注区域(ROI)或目标区域(TOI)独立压缩编码，利用串口模块将分块编码注入多张 RDSS 卡的报文字段中，通过的北斗三号通信模块北斗卫星数据上行，并经由地面中心站控制进行转发北斗卫星，数据下行至北斗三号模块，经由串行模块在图像数据处理中进行重组，最终在终端上进行显示。

通过终端上的手动模式对任务模式选择，根据不同场景任务，处理器能采取不同处理方式，如图 6 所示。当图像不满足关注区域条件时，直接采用基于信道平均码率实现对整幅图像感兴趣进行有损压缩；当图像满足关注区域条件时，先对关注区域或目标区域进行区域检测，然后利用关注区域掩模对关注区域进行基于质量的编码，对非关注区域部分则采用近似替代的方法，保证此部分进行最大限度的压缩。编码完毕并传输完后，再接收终端的图像数据处理部分，当图像为整幅有损压缩编码时，进行整体解码，并直接呈现；而当图像为分层压缩编码时，则需首先快速建立整幅图像中非关注区域部分的近似替代，再还原出关注区域的边界，并叠加关注区域部分的内容，予以显示。

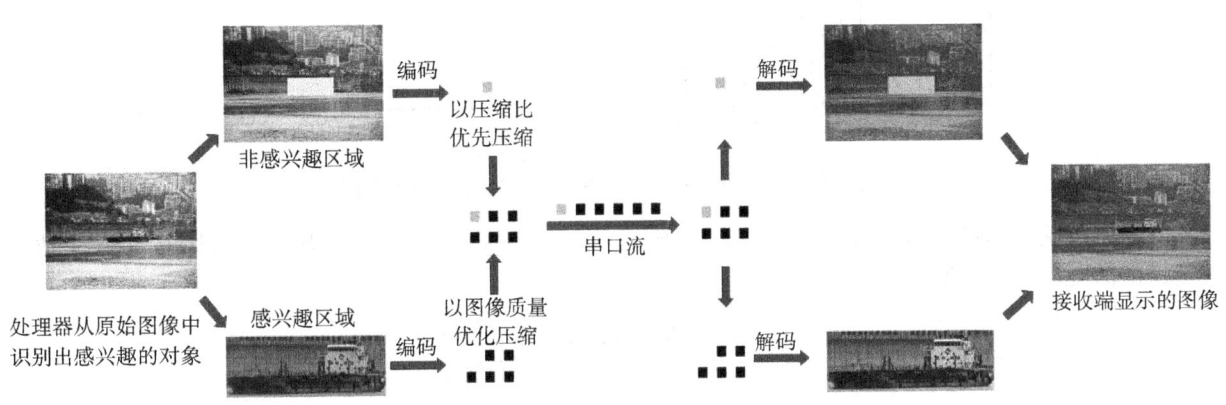

图 6 北斗三号短报文图像传输方案中图像处理过程

4 模拟测试及结果分析

通过武汉兴图新科电子有限公司研发中心进行方案模拟验证，为保证相互之间具备统计学上的独立意义，验证测试使用的原始图像是从图库中按照 1∶1 000 的比例随机选取的 1 000 张样本。模拟测试验证采用 H.265 和 VP8 两种压缩模式对原始图像为 1 024×720 的图像进行压缩，要求压缩中保持图像尺寸不变。

模拟仿真测试平台为 Windows 10@64 bit/Intel i7-10750H 2.6 GHz/RAM 16.0 G/GeForce RTX2070，图像压缩部分测试采用 XnConvert，北斗三号短报文通信部分测试采用北斗三号 RDSS 终端模拟器、串口工具和北斗三号测试工具。

从仿真测试结果上来看，1 024×720 图像的压缩的平均数据量对比如图 7 所示，从单幅图像的平均数据量上直观来看，采用 VP8 压缩处理的同等尺寸的图像显著小于原始图像和 H.265 压缩后的图像。同时列举出 1 024×720 图像样本及压缩后数据量分布直方图，如图 8 所示，就样本数据量统计来看，H.265 压缩后的图像和原始图像具有类似的数据量分布，而 VP8 压缩后的图像数据量则具备范围更窄、更为集中的特点，这一点对于针对不同场景而传输信道中单次固定传输数据量的北斗三号短报文而言，具有非常重要的意义。同时，压缩编码的处理时间也是重要的一个环节，而测试中

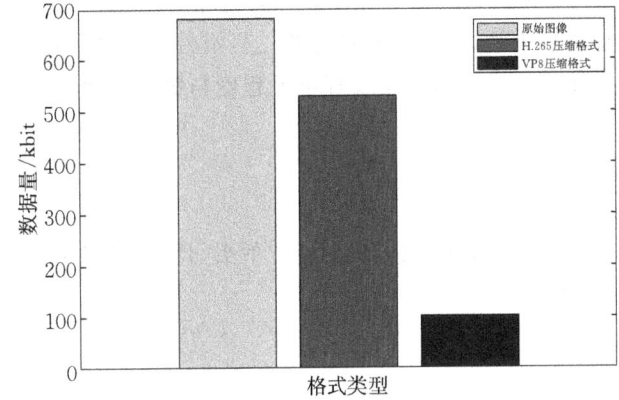

图 7 1 024×720 图像的压缩的平均数据量对比

发现,就目前的软件平台,单幅图像的压缩时间都在亚秒级,而换成硬件平台,更是可以达到毫秒级,对于单次传输的数据量的间隔秒级而言,几乎可以忽略不计。

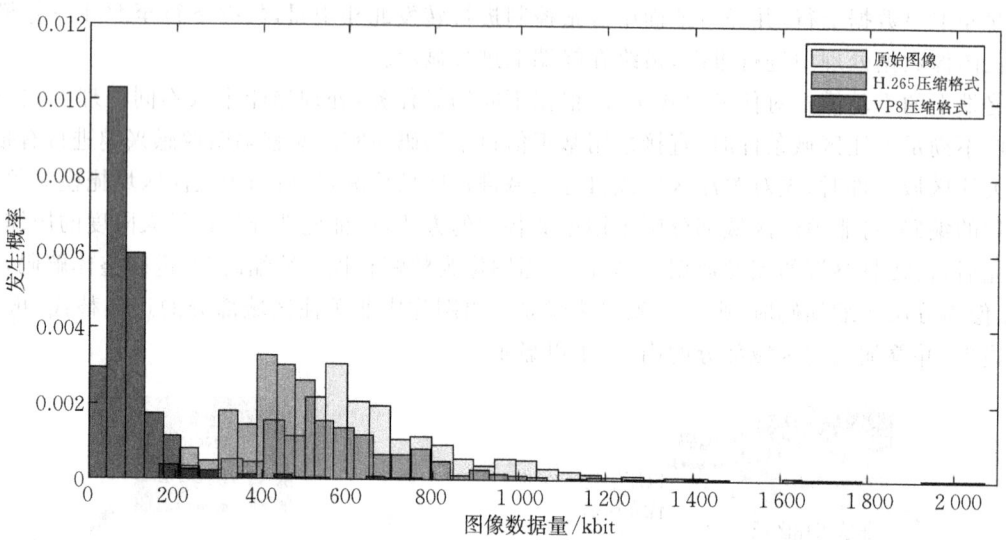

图 8　1 024×720 图像样本及压缩后数据量分布直方图

方案模拟验证的结果,具体性能参数如表 4 所示,从中不难看出,具有更高压缩编码比的 VP8 更适合本文提出的"云—边—端"方案。

表 4　方案模拟验证结果的具体性能参数

	原始图片	H.265 压缩编码后	VP8 压缩编码后
分辨率		高清:1 024×720	
图像平均数据量	681.72 Kbit	529.54 Kbit	101.13 Kbit
压缩前后比	1	0.776 8	0.148 3
数据量的标准差	36.52 Kbit	29.78 Kbit	11.47 Kbit
图像质量主观评价	高	中,部分边缘块模糊	中,部分边缘块模糊
时间		软件:亚秒级;硬件:毫秒级	
本方案可行度	×	×	√

5　结　语

综上所述,本文针对北斗三号短报文的图像传输需求提出的"云—边—端"方案,它具备两个特点:一是处理器用算力资源换取传输带宽资源;二是分层编码,根据不同场景的具体任务,可选择关注区域(ROI)模式,即"信号频率步进式传输"模式和"高压缩比"模式。因此,所提北斗三号短报文的图像传输方案一旦采纳,将大幅促进北斗三号窄带通信对各行业的赋能;同时作为应急处理的重要手段,北斗三号短报文将在抢险救援中发挥更大程度与更深层次的作用。

参考文献:(略)

作者简介:吉静,男,1982 年生,博士,主要研究方向为 GNSS 信号体制设计、接收机技术及导通一体化。

北斗播发海上安全信息系统研究和实践

于树海,夏启兵,李 巍,李建英,吴 凡

(交通运输部北海航海保障中心,天津 300452)

摘 要:海运在国民经济建设和社会发展中占有举足轻重的地位,海上安全信息服务对于海运具有重要支撑作用。传统海上安全信息播发应用体系的各类通信手段均有不同方面的局限,北斗系统具有的全球化服务、定位和短报文一体化功能,使得其在海上安全信息服务中具有独特的优势。本文主要研究北斗播发海上安全信息系统的整体设计、通信协议、数据传输格式,并采用现代软件信息技术进行了测试验证,达到了预期的效果。通过船岸北斗安全信息的播发和接收,可有效弥补现有安全信息播发手段的不足,更好地支撑海上交通的安全保障。

关键词:北斗;海上安全信息;播发

1 研究背景

21世纪以来,随着经济全球化和世界经济一体化趋势不断加强,海上航运业得到了飞速发展。我国是海洋大国,也是航运大国和造船大国,水上运输、船舶建造、渔业产量、船员数量等指标稳居世界前列,海运航线和服务网络遍布全球。我国约95%的国际贸易货物量是通过海运完成的。2020年,尽管受到新冠肺炎疫情的巨大冲击,我国海运占全球贸易量的比重仍从85%提高到了86%。从中国海运进出口量来看,2020年增长了6.7%,达34.6亿吨,占全球海运贸易量的比重从27.1%提高至30%,为中国进出口实现1.5%的正增长作出了巨大的贡献。

以海上测绘、航标助航、海上通信和海上安全信息服务为主要内容的航海保障是海上交通的前提,不仅是维护海上交通安全的重要环节,也是提升水运效率的基础。为航海活动提供安全信息保障,是对外履行国际公约的要求,是对内维护水上交通安全、促进经济发展的需要。为切实履行沿岸国义务,保障海上生命和财产安全,我国建立了完整的航行警告等海上安全信息发布管理体系,该体系目前为包含1个总台(交通运输部海事局)、3个区台(天津、上海、广东三个直属海事局)、12个发布台(辽宁、河北、天津、山东、江苏、上海、浙江、福建、广东、广西、海南、深圳12个直属海事局)的三级发布管理系统。按照国际公约要求,建立了6个英文NAVTEX 518(大连、天津、上海、福州、广州、三亚)播发台、7个中文NAVTEX 486(大连、天津、上海、福州、广州、湛江、三亚)播发台、3个HF NBDP FEC(天津、上海、广州)播发系统和北京国际移动卫星地面站的EGC安全网系统。现有海上安全信息播发体系在我国航运业发展中起到了关键的基础、支撑和保障作用。

然而,现有水上安全信息播发系统技术本身的局限和不足,对进一步发挥作用构成很大的制约。由于NAVTEX中频信号传输固有特性的限制,可靠接收距离仅为100~200海里,并且在海上恶劣天气环境下误码率较高;VHF安全通信系统可定时或非定时向A1海区船舶播发气象预警和气象预报,但通信距离仅为25海里,覆盖范围有限;国际移动通信卫星系统非我国自主可控的卫星系统,管理控制权均由其他国家掌握。更为重要的是,目前的海上安全信息以纸质传真方式为主,还处于模拟化时代,不能适应"e航海"发展和未来智能航运的数字化应用需求。

北斗导航卫星系统(BDS)是我国着眼于国家安全和经济社会发展需要,自主建设、独立运行的导航卫

---

* 课题项目:国家重点研发计划(2018YFB1601504)

星系统,是为全球用户提供全天候、全天时、高精度的定位、导航和授时服务(PNT)的国家重要空间基础设施。2020年7月北斗三号全球卫星导航系统正式开通,这标志着北斗事业进入全球服务新时代。交通运输部始终秉持和践行国家"军民融合"及"北斗走出去"等战略,在海事领域积极推进北斗系统国际合作,在国际海事组织(IMO)、国际电信联盟(ITU)、国际电工委员会(IEC)、国际搜救卫星组织(COSPAS-SARSAT)和国际航标组织(IALA)等一系列国际组织持续协调推进北斗系统国际标准化工作,加速北斗海上应用的国际化进程。

相对于传统海上安全信息播发和服务方式,基于北斗短报文的海上安全信息播发服务可以实现基于位置的精准播发,兼容通播和点对点播发的通信方式,具有覆盖范围广、信息时效性强、传输稳定性高、通信可靠性高等优点,同时通过信息化技术手段,可以实现北斗与传统通信方式的互联互通,能够有效解决当前海上安全信息播发所面临的诸多问题。

2 北斗播发海上安全信息系统整体设计和通信协议

2.1 系统设计和工作模式

海上安全信息播发系统由北斗MSI播发设备、BDS船载终端组成。北斗MSI播发设备由北斗指挥型用户终端、天线系统、播发软件组成。播发台按照设定的时间重复播发海上安全信息,时间间隔通常不低于4小时。由于北斗一代卫星通信带宽的限制,北斗短报文通信目前民用主要是分钟卡(军用是秒卡),即每隔一分钟发送一条短报文,但是对于接收短报文没有限制。只要北斗短报文设备成功捕捉到卫星信号,就可以随时接收,没有频度限制。播发台根据船舶位置采用点对点通信的方式向一条或一组船舶播发海上安全信息。对于在有效期内的海上安全信息,在船舶进入作用区域时,播发台将信息自动推送给船舶。播发台和船载计算机采用北斗接收机数据接口要求与北斗终端进行通信。

北斗船载终端在成功接收所有数据包后向播发台发送接收成功的通信回执。对于单包信息,播发台在播发后十分钟内未收到通信回执,播发台自动重发。对于多包信息,北斗船载终端在收到第一包安全信息数据后2个小时内未全部接收成功,应向播发台发送一条重发请求。

2.2 安全信息传输数据格式

海上安全信息采用北斗二进制代码方式传输,为高效传输安全信息,安全信息数据字段根据实际需求按二进制数据位进行设计。在北斗短报文基础上设计海上安全信息数据包,并通过数据包字段设计具备长点文分包组合的能力。海上安全信息播发数据包格式如图1所示。

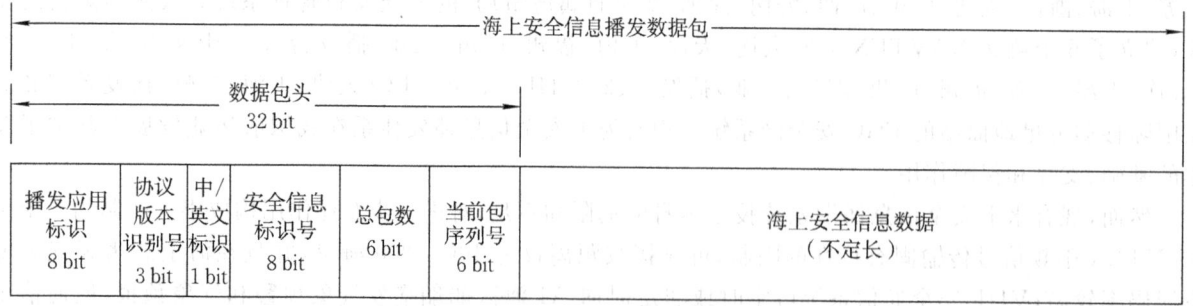

图1 海上安全信息播发数据包格式

其中,播发应用标识占8 bit,使用0xE1进行标记。协议版本识别号占3 bit,用于标识海上安全信息播发协议的版本号,以便播发协议升级后的前向兼容。中/英文标识占1 bit,表示该消息采用中文还是英文短报文,"0"表示中文,"1"表示英文。中文海上安全信息相关的所有时间基准应采用"北京时间",电文中不再做标注。英文海上安全信息相关的所有时间基准应采用"世界协调时",电文中不再做标注。安全信息标识号占8 bit,表示该条报文信息按播发台内部工作顺序的设定不间断编排号,用于对安全信息进行唯一识别。总包数占 6 bit,表示该条安全信息报文的总分包数量,支持的最大分包数为 63,对于超过此分包数的海上安全信息应在播发台拆分为多条报文进行播发。当前包序列号占 6 bit,表示播发台发送的数据包顺序号,对于分包播发的海上安全信息报文,各数据包的当前包序列号按照报文拆包的先后顺序依次进行赋值。对于单包发送的安全信息报文,当前包序列号赋值为 1。

数据包头加上经编码后的海上安全信息长度大于允许传输的最大长度时,采用多包传输,如图 2 所示。

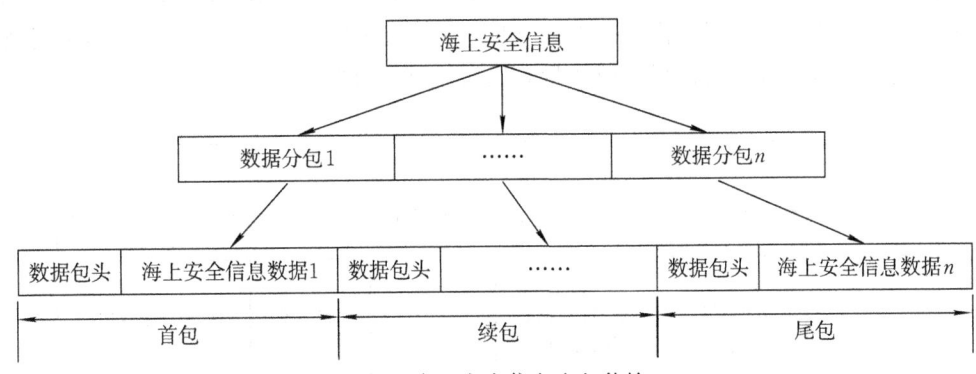

图 2 海上安全信息多包传输

海上安全信息可通过播发台播发撤销电文进行撤销,撤销数据包包含撤销应用标识、协议版本识别号、中/英文标识、安全信息标识号、总包数、当前包序列号、撤销说明等字段信息。重发请求格式数据格式如表 1 所示。

表 1 重发请求格式数据格式

应用标识	安全信息标识号	丢包总数	丢失包 1 序列号	……	丢失包 n 序列号	数据包末字节补位
8 bit	8 bit	6 bit	6 bit	6 bit	6 bit	0~7 bit
0xF1	0~255	0~63	1~63	1~63	1~63	不定

北斗海上安全信息数据由信息源编码、播发台编码、信息编号、信息类型、信息子类型、有效期、作用区域和信息内容组成。电文结构如图 3 所示。

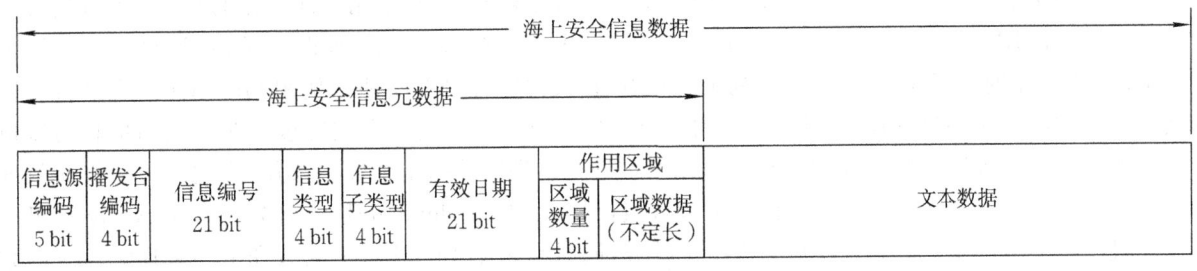

图 3 电文结构

其中,信息源编码占位 5 bit(0~31),目前使用 21 个,预留 10 个,根据《中华人民共和国航行警告标准格式》(GB 17577—2020)对中国北部、东部、南部海区航行警告发布台,辽宁、河北、天津、山东、上海、浙江、福建、广东、海南等海事局,以及天津、上海、广州海洋中心气象台等机构进行编码,以便唯一识别安全信息来源。播发台编码占位 4 bit(0~15),目前使用 3 个(分别是天津、上海、广州播发台),预留 13 个。信息编号按照发布类型顺次排序,编码占位 21 bit,编码形式为"序列号+两位年份数字"。序列号由四位数字组成,序列号根据发布机构不同,每年从 0001 依次排列;"两位年份数字"为当前年份的后两位数字。信息类型编码占位 4 bit(0~15),目前使用 8 个(包含搜救信息、气象警告、海况警告、航行警告、气象预报、海况预报、冰况预报、其他),预留 8 个。信息子类型编码占位 4 bit,对信息类型进行细分类别说明,搜救信息、航行警告、气象预报和气象警告等信息包含子类型字段,其余类型的信息不包含该字段。

海上安全信息有效期可在电文中叙述。海上安全信息电文未叙述撤销时间的,其撤销时间通常为主体消失或完成后 1 小时；电文仅注明日期的，其撤销时间通常为日期当日的 24:00。有效日期表示为"年月日时分"，编码占位 21 bit，如表 2 所示。

表 2　有效日期数据格式

年(1 bit)	月(4 bit)	日(5 bit)	时(5 bit)	分(6 bit)
0:本年度 1:下一年度	1～12	1～31	0～23	0～59

作用区域是指安全信息主体事件作用范围，一般为一个或一组经纬度坐标，表示一个或多个点、折线、圆形或多边形区域。作用区域字段包括区域数量和区域数据，如图 4 所示。

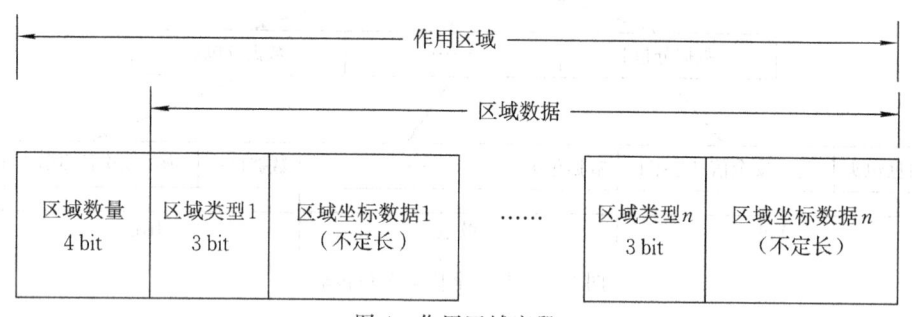

图 4　作用区域字段

其中，区域数量编码占位 4 bit，标识作用区域的总数。区域数量不为 0 时，区域数据依次标识不同区域的具体坐标数据。区域数据包括区域类型和区域坐标数据，区域类型（海域、点、折线、圆形区域、多边形区域）编码占位 3 bit，不同类型的区域坐标数据编码占位不定长。

安全信息文本内容中的汉字采用《信息交换用汉字编码字符集 基本集》(GB 2312—1980)编码，基本汉字字库为其一级字库，采用 2 字节计算机内码表示；英文和数字字符采用 ASCII 码编码，采用 1 字节计算机内码表示。

3　北斗播发海上安全信息的系统实践

系统通过跨平台集成开发环境(IDE)Qt Creator 进行编译和集成，采用面向对象的 C++语言进行开发。使用 QSerialPort 类进行计算机串口的操作，控制串口的打开、关闭、数据发送、数据接收等。使用 QTimer 类进行定时器操作，实现播发队列定时检查、播发时隙控制等功能。使用 QBitArray 类进行二进制流数据位数组操作，实现访问二进制位序列中单独位的方法。以代码方式通过北斗发送和接收的短报文原始数据都是二进制字节流，使用 QByteArray 类进行二进制数据字节数组操作，实现北斗短报文数据封装。为将安全信息报文二进制位转化为字节数组，封装了 Complement8Bits 函数对 QBitArray 数组按照计算机一个字节 8 个二进制位进行二进制位补齐，同时封装了 Bits2Bytes 函数和 Bytes2Bits 两个函数实现 QBitArray 和 QByteArray 之间的相互转换。

软件运行于 Windows 7、Windows 8、Windows 2000 等桌面 Windows 系列操作系统，具有计算机外设串口自动搜索、北斗终端串口连接、交互式安全信息编辑录入、安全信息自动分包播发、安全信息接收缓存和自动拼装、安全信息显示输出等功能。

系统采用前述二进制传输通信协议进行播发，软件根据北斗终端单次通信传输字节数上限自动判断是否需要分包传输，如需进行多包传输则建立传输动态队列，按照北斗终端通信频次建立定时器进行循环分包播发。软件内部建立定时器，每到一个时间段会自动判断是否到了北斗通信终端的下一次通信时间窗口，如可通信则在队列中取第一个待发安全信息数据包进行播发。当软件接收到安全信息数据包后，首先判断安全信息是否仅有一个数据包，若是则直接进行显示。对于多包传输的安全信息，只有当所有数据包收齐后，才会进行显示。数据包是否收齐，收齐后依次拼包处理均由软件在内部进行自动化操作处理，不需要用户干预。

系统界面如图 5 所示。

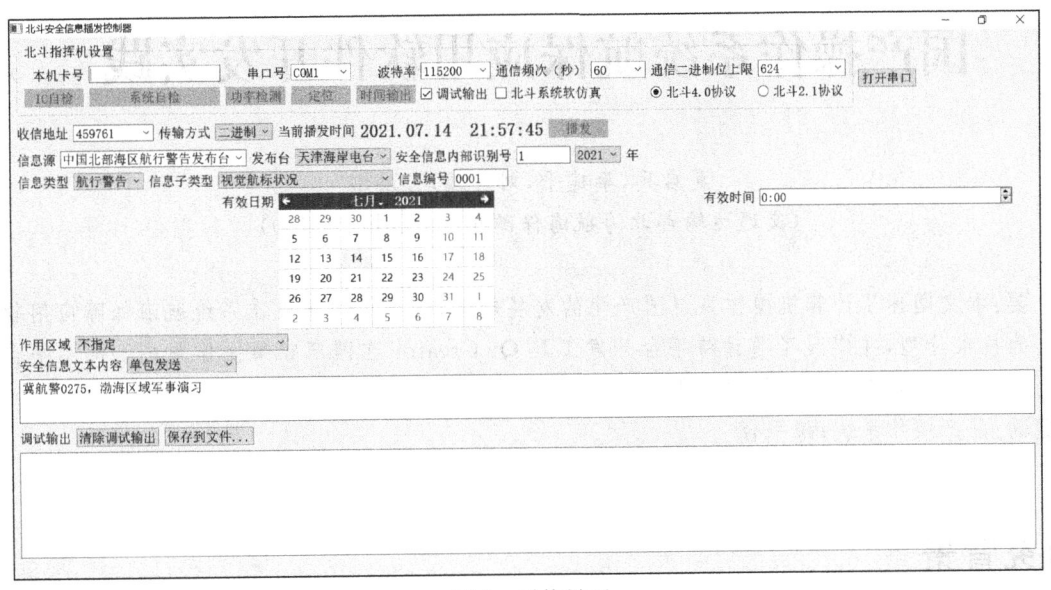

图 5　系统界面

系统在天津海岸电台北斗指挥型用户机上进行了测试验证，结果表明本文提出的北斗安全信息数据通信协议可行，播发软件可对安全信息长电文进行自动分包传输，接收端接收还原的安全信息和播发端完全一致。

4　结论和展望

海运在国民经济建设和社会发展中占有举足轻重的地位。为航海活动提供安全信息保障，是对外履行国际公约的要求，是对内维护水上交通安全、促进经济社会发展的需要。传统海上安全信息播发应用体系的各类通信手段均有不同方面的局限。北斗系统具有全球化服务、定位和短报文一体化功能，这使得其在海上安全信息服务中具有独特的优势。通过船岸北斗安全信息的播发和接收，可有效弥补现有安全信息播发手段的不足，更好地促进海上的交通安全。

本文基于北斗短报文技术的传输频次、通信容量等技术特性，结合海上安全信息实际需求和现有运行模式，研究并提出了北斗传输海上安全信息的通信协议，设计了数据包格式、数据标识和分包控制，可满足海上安全信息长电文的传输需求。同时，相对现有纯文本安全信息的播发方式，协议设计了具有图形化表达的影响范围、信息类型、有效期等元数据字段，有利于船载软件信息系统的自动化处理和图形化标注。系统在天津海岸电台北斗指挥机测试验证通过，检验了安全信息传输协议的有效性。下一步，还将结合测试验证和局部应用的实际情况，不断完善、丰富北斗安全信息传输协议，并启动在交通运输系统行业标准的立项工作，争取尽早完成行业标准建设，推动船岸北斗安全信息播发的业务化运行。

参考文献：（略）

作者简介： 于树海，男，1964 年生，副高级专业技术职称，交通运输部北海航海保障中心通信信息处处长，主要从事海上通信技术、海上通信管理、海上无线电导航等方面研究。

国产操作系统航保应用软件开发实践*

夏启兵,李建平,刘 鹏,孙洪刚

(交通运输部北海航海保障中心,天津 300450)

摘 要:本文阐述了计算机操作系统国产化的发展趋势,分析了国产操作系统航海保障应用软件开发的技术选型,并实践了通过跨平台开发工具 Qt Creator 在国产麒麟操作系统上海图平台的研制,可为其他航海保障软件国产化研制提供借鉴。

关键词:国产操作系统;跨平台

1 研究背景

计算机系统逻辑上从底层往上可以大体划分为四个部分:硬件、操作系统、应用程序和用户。操作系统(operation system,OS)是管理计算机硬件与软件资源的计算机程序。操作系统需要处理如管理与配置内存、决定系统资源供需的优先次序、控制输入设备与输出设备、操作网络与管理文件系统等基本事务。操作系统也为其他应用软件提供支持等,使计算机系统所有资源最大限度地发挥作用,为用户提供方便的、有效的、友善的服务界面。

随着计算机技术和网络技术的发展,人类社会已经全面进入了信息化时代,各类应用软件(APP)已经成为人们生产、生活的必需品,深刻影响和改变着人类的发展进程。作为衔接计算机软硬件的核心,操作系统一度是跨国企业垄断最严重的领域。多年来,微软、苹果、谷歌三家公司占据国内操作系统市场超过95%的份额,长期占据主导地位。在我国由于历史的原因,计算机操作系统对外依赖度极高,不仅损失了海量的经济利益,而且对军事安全、网络安全、经济运行安全等各方面国家安全带来严重隐患。如何摆脱上游操作系统核心技术受制于人的现状,消除"卡脖子"困境,成为信息化时代的重大课题。近年来,通过"核高基"等国家科技重大专项的支持与引导,我国操作系统不断增强自主创新能力,充分参与市场竞争,国产操作系统市场占有率大幅提升,中国信息技术产业从基础硬件、基础软件到行业应用软件迎来国产化升级的浪潮。

2 国产操作系统航海保障应用软件开发的技术选型

航海保障(以下简称"航保")因行业特点、历史发展等原因,与世界先进技术接轨密切,进而也导致船舶自动识别系统(AIS)、电子海图等相关行业应用软件对外依赖度高,自主可控程度低,对航保数据安全带来潜在风险,而且导致软件系统升级受制于人、代价高昂。当前,信息化国产化浪潮的迅猛发展,不仅给航保信息系统自主可控带来机遇,而且是航保转型升级、实现高质量发展的难得机遇。

目前主要的国产操作系统基本上都是基于开源的 Linux,主要包括深度 Linux(Deepin)、startOS(起点操作系统)、优麒麟(UbuntuKylin)、中标麒麟(NeoKylin)、中兴新支点操作系统、威科乐恩 Linux(WiOS)、凝思磐石安全操作系统、思普操作系统、中科方德桌面操作系统、RT-Thread RTOS、一铭操作系统。

不同于 Windows 操作系统,具有众多的开发工具和开发语言,国产 Linux 操作系统下的开发工具和

---

* 课题项目:国家重点研发计划(2018YFB1601504)

语言相对单一。Qt 的强大跨平台功能，无疑成为国产操作系统支持可视化软件开发的主要解决方案。

Qt 是一个跨平台的 C++ 开发库，主要用来开发图形用户界面（GUI）程序，当然也可以开发不带界面的命令行程序。Qt 是纯 C++ 开发的，还存在 Python、Ruby、Perl 等脚本语言的绑定，也就是说可以使用脚本语言开发基于 Qt 的程序。Qt 支持的操作系统有很多，例如，通用操作系统 Windows、Linux、Unix，智能手机系统 Android、iOS、WinPhone，嵌入式系统 QNX、VxWorks 等。Adobe Photoshop Album、Autodesk Maya、Bitcoin、Google Earth、Mathematica、Opera、Quantum GIS、Skype、YY、VirtualBox、WPS Office 等知名软件均采用 Qt 开发。

Qt 的最大优势就在于跨平台，通过一套主要的代码就可基本适配主流的几种操作系统，因此特别适合航保等小众行业应用软件的开发，能够为中小型科技企业节省大量开发时间，节约人力资源和研发经费。

3 航保应用软件开发实践

3.1 开发环境构建

采用的国产计算机硬件配置为 FT1500-4 主板、8 GB 内存、1 TB 硬盘，安装银河麒麟 4.0.2 桌面版操作系统。

安装 Qt Creator 集成开发环境。QT 的集成开发环境 Qt Creator，在国产操作系统的安装与 Windows 上的安装几乎没什么区别，并且已经做到相当的人性化了，用户只需根据向导所示的步骤安装即可。在功能方面，Qt Creator 包括项目生成向导、高级的 C++ 代码编辑器、浏览文件及类的工具、集成的 Qt Designer、图形化的 GDB 调试前端、集成的 qmake 构建工具等。

3.2 国产操作系统海图平台构建

随着国产操作系统应用的推进，如何为国产操作系统研制相应的业务应用系统就成为当前较为迫切的问题之一。地理空间信息是各类信息的基础，在海事航保的业务应用系统中对提供海上基础地理空间信息的电子海图普遍具有较强的应用需求，基础海图应用平台也就成为海事航保应用的基础性、支撑性技术平台。

本文通过代码改造和复用的方法，对原有运行于 Windows 平台的海图平台进行了整体重构，使之具备在 Windows 和国产 Linux 平台同时支持的条件。系统通过跨平台集成开发环境（IDE）Qt Creator 进行编译和集成，采用面向对象的 C++ 语言进行开发。工程中使用 Q_OS_LINUX、Q_OS_Win32 宏定义分别判断软件是运行于 Linux 平台还是运行于 32 位 Windows 平台，从而对一些平台独特性功能和函数进行独特处理。平台采用 QApplication 作为软件应用程序对象，负责管理 GUI 程序的控制流和主要设置，处理应用程序的初始化和收尾工作，并提供对话管理。采用自主研发的 S-57 电子海图显示应用引擎，实现全国沿海"一张图"应用。引擎采用 GDAL 地理数据格式操作库读取 IHO S-57 标准电子海图文件，并进行优化设计存储为二进制系统电子海图，采用网格化地理空间索引对图幅单元海图要素进行索引，以加快海图要素的显示绘制和交互查询。采用 QFile 进行系统电子海图读写，基于 IHO S-52 表示库对海图进行可视化。采用 QTcpSocket 连接海事网 AIS 数据服务，实现面向连接的、可靠的、基于字节流的 AIS 数据传输通信。获取的 AIS 数据通过 libAIS 开放应用包解析，提取的 AIS 信息存储在 AISTargetData 类中，系统全部 AIS 目标采用 QHash 哈希列表进行存储和检索，其中以船舶 MMSI 为主键，可实现基于 MMSI 的快速查找，提供基于鼠标和键盘录入的 AIS 目标查询。

平台主要功能和性能指标如下：支持符合国际海道测量组织（IHO）S-57 标准格式的电子海图数据格式；支持符合 IHO 电子海图数据更新模式；海图显示符合 IHO S-52 显示标准要求；可以对海图目标、要素进行图上查询、检索、定位，对海图进行缩放、平移、用户图层标绘；支持 AIS 数据接入，提供基于 AIS 数据的船舶显示、查询、报警等功能，目标跟踪数量不小于 10 万，海图刷新率不大于 1 秒；实现多图幅的同时显示,支持海图图幅容量 1 000 幅以上,可实现全国沿海"一张图"的无缝显示和数据智能调度;可在各类 Linux 操作系统下运行,包括国产和国外各类 Linux 操作系统(图1)。

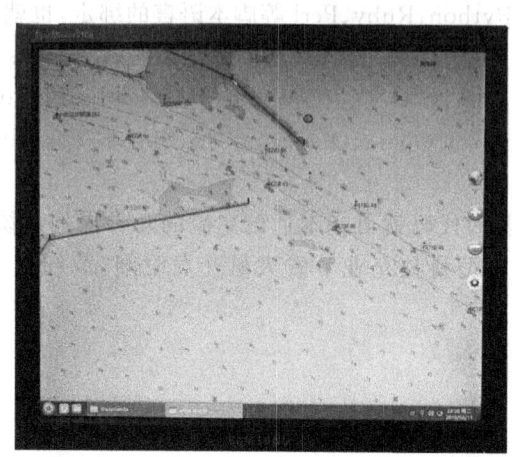

图1　平台在国产麒麟(Linux)操作系统下运行效果

4　结论和展望

操作系统国产化是我国信息安全自主可控的必由之路,随着国产操作系统的不断普及应用,为国产操作系统开发航保应用软件成为航保高质量发展必须解决的问题之一。采用 Qt 跨平台开发工具进行航保应用软件的开发,能够带来跨平台的便利。本文通过在国产麒麟操作系统下研制海图应用平台,成功实践了国产操作系统环境下的航保应用软件研制,对其他航保应用软件开发具有示范作用。

下一步要不断优化完善海图平台内核,提高稳定性、兼容性、运行效率。以平台为基础,不断拓展航标遥测遥控、航标作业、船舶 AIS 动态显示、水文气象服务等专题应用,不断丰富航保国产操作系统应用生态圈,助力航保信息化自主可控和高质量发展。

参考文献:(略)

作者简介:夏启兵,男,1977 年生,正高级专业技术职称,交通运输部北海航海保障中心通信信息处副处长,主要从事航海保障相关国际跟踪研究和信息系统研发。

船舶自动识别系统问题船舶自动筛查系统软件研究

邓祝森,夏启兵,李 巍,哈洪强

(交通运输部北海航海保障中心,天津 300452)

摘 要:船舶自动识别系统(AIS)在现代航海中已经得到普遍应用并发挥了不可替代的作用,然而由于人为和技术的原因AIS使用还存在很多的不规范,直接影响了AIS数据质量和海上交通安全。本文在研究分析AIS数据校验方法的基础上,采用数据库、网络等先进现代信息技术研发了专用的船舶自动识别系统问题船舶自动筛查系统软件,实现了以电子海图数据、AIS数据、劳氏船舶数据等为基础的自动化疑似问题船舶筛查功能,可为AIS现场执法提供技术支撑保障。

关键词:船舶自动识别系统;水上移动通信业务标识码;国际电信联盟

1 研究背景

甚高频(VHF)、船舶自动识别系统(AIS)等现代通信和数字助航手段对海上安全航行具有不可替代的作用。为进一步维护水上无线电通信秩序,提升我国水上无线电监管和服务保障能力,根据交通运输部海事局的统一部署,2020年6月1日起全国开展水上无线电秩序管理专项整治工作,重点之一就是要打击故意关闭AIS信号、篡改或冒用无线电台识别码等AIS使用方面的违法行为。

在国际海事组织推动下,AIS已经成为300总吨以上国际航行船舶和500总吨以上非国际航行船舶必须强制安装的标准配置,各国海事管理部门还配套建设了AIS岸基网络系统,船岸协同的船舶自动识别系统在保障船舶航行安全、保护海上环境、管理海上船舶交通等方面发挥了重要作用。对于海事管理而言,2017年船舶进出港签证取消之后,船舶自动识别系统更加成为海事管理机构获取辖区船舶动静态信息的主要手段,成为海事管理机构跟踪掌握辖区船舶动态的"千里眼"和"顺风耳",因此船舶自动识别系统信息质量在海事监管中也同样具有关键作用。

然而,由于种种原因,目前船舶自动识别系统还存在着非法关闭、船舶识别码MMSI使用不规范、冒用它船MMSI码、IMO号使用不规范、呼号使用不规范等问题,不仅直接影响到船舶安全航行,也对海事监管、海上搜救等方面造成一定困扰。作为本次专项整治工作的技术支持保障力量,结合AIS数据、电子海图数据、船舶登记数据等信息资源,通过大数据筛查、规则判断等计算分析,可为海事管理机构发现违法线索提供支持,提升执法的精准度和高效性。

2 AIS基本原理和问题分析

船舶自动识别系统由基站设施和船载设备共同组成,是一种广播式的船-船、船-岸信息自动交互工具,是重要的船舶助航导航设备。船载AIS船台在船舶正常航行状态下通常每隔6~30秒发送一次AIS报文,通过岸基AIS基站接收可实现对船舶航行动态的实时跟踪与监控。AIS船台发送的报文通常包括MMSI编号、船舶类型、在航状态、尺寸等静态信息和速度、航向、位置等动态信息。AIS报文由于包含信息种类多、更新较为及时,成为分析水上交通行为与风险的重要数据来源。船舶安装AIS设备的目的,一

---

* 课题项目:国家重点研发计划(2018YFB1601504)

是为了船舶间的相互识别,从而了解彼此的航行动态、操作意图等,达到避免碰撞的目的;二是为了让区域海事监管部门能及时准确地监控安装 AIS 设备的船舶,正确评估区域内水上交通态势,达到促进船舶交通安全、提高交通运行效率和环境保护的目的。

如果安装 AIS 设备的船舶随意地、错误地输入相关信息,尤其是船舶 MMSI 和船名等身份识别信息,那么 AIS 设备就不能起到应有的作用,甚至会造成难以想象的混乱局面。这些错误的信息会干扰海事监管,导致对水面交通态势的误判,同时也会对以 AIS 数据为基础的船舶交通行为分析产生困扰。因此需要深入研究 AIS 数据正确性识别方法,保障水上交通安全。然而,面对数量不断增多且不断实时动态更新的海量 AIS 数据,完全依靠人力是无法胜任这项工作的。因此,只有借助现代信息技术研制专用化软件,才能有效满足快速、精准识别问题船舶的需求。

3 AIS 数据合规性校验方法

3.1 船舶 IMO 号

IMO 号于 1987 年 11 月 IMO 大会上决定采用,目的是为有效预防海事欺诈、加强船舶安全和防污监管,各国根据自愿原则进行采纳,目前我国遵循该规则。IMO 号由字母 IMO 加 7 位阿拉伯数字组成,前 6 位为顺序号码,第 7 位为校验位,校验算法是前 6 位数字分别乘以 7、6、5、4、3、2,然后将所有乘积相加之和的个位数字作为校验位。例如,IMO 号 9074729 的校验码计算为 $9\times7+0\times6+7\times5+4\times4+7\times3+2\times2=139$,取 139 的个位数 9 作为校验位进行检验,与该 IMO 号末位数字 9 进行比较,相等说明是合法 IMO 号。

3.2 MMSI

MMSI 是最重要的船舶身份信息,等同于人的身份证号码,具有强制性、唯一性和排他性。为加强对船舶使用海上移动通信业务标识的管理和监督,海事管理部门印发了《海上移动通信业务标识管理办法实施细则》《国内航行船舶船载电子海图系统和自动识别系统设备管理规定》等多份管理规定,规定 MMSI 实现一船一证,并要求船舶应按规定申请 MMSI 并应将静态和动态信息准确地输入船舶自动识别系统。当同一水域有两艘或更多的船舶用同一个编码时,那么本船、船舶交通服务系统或其他基岸船舶自动识别系统显示数据会在这两艘船或几艘船之间不停地跳换,很难对其进行跟踪和识别。

ITU-R M.585-8 建议书规定了 MMSI 号的编码规则:MMSI 号是基于 9 位数字结构的,其格式为 $M_1 I_2 D_3 X_4 X_5 X_6 X_7 X_8 X_9$,其中前三位数字表示水上标识位(MID),X 为从 0 至 9 之中的任何数字。MID 表示管辖所标识船舶电台的主管部门,如中国交通运输部管的 412、413。MMSI 合规性检验是指 MMSI 码是否符合标准规范,MMSI 码由 9 位数字组成,长度不为 9 的 MMSI 一定是非法 MMSI。随后,取前三位与标准 MID 匹配,匹配上的则为合格,否则为不合格。

3.3 经纬度

判断依据如下:若经度值大于 180°且不等于 181°或小于 -180°则为不合格,若经度值始终为 181°则视为默认值;若纬度值大于 90°且不等于 91°则为不合格,若纬度值始终为 91°则视为默认值。

3.4 天线位置和船舶尺寸

船舶自动识别系统中用于报告位置的参考点和船舶总尺寸参数来自 AIS 电文中解析的 A、B、C、D 四个参数(图 1),这些参数对于船舶在 ECDIS 中的真实位置绘制至关重要,如果值不准确将误导船舶驾驶人员判断。极端情况下,两艘 200 米船舶,即使在船舶长宽正确设置的前提下,如果参考点偏移误设置,最大可能导致船位绘制误差达 400 米。2020 年 5 月中旬,美国就发生了一起因船舶自动识别系统未正确设置船舶长度而造成严重碰撞伤亡事故,造成一艘拖轮和多艘驳船沉没、数名船员不幸死亡。

根据 AIS 标准规定,关于天线位置的校验分析方法如下:①$A=C=0$ 且 $B\neq0$ 且 $D\neq0$ 和 $A=B=C=D=0$ 为默认值;②$A=B=0$ 且 $C\neq0$ 且 $D\neq0$ 不合格;③$C=D=0$ 且 $A\neq0$ 且 $B\neq0$ 不合格;④$A=C=0$ 且 $D\neq0$ 不合格;⑤$A=B=D=0$ 且 $C\neq0$ 不合格;⑥$A=C=D=0$ 且 $B\neq0$ 不合格;⑦$C=B=D=0$ 且 $A\neq0$ 不合格。

此外,还可结合地理信息空间运算技术,对天线位置设置错误的船舶进行筛查。其方法为:计算机自动提取港区大比例尺陆地界限,形成陆地多边形区域,采用 GEOS 拓扑关系运算库进行多边形几何关系计算。由于系统采用的卫星定位平面位置精度在 10 米以内,对船舶外沿均向外拓展 10 米,若船舶外围多边形与陆地多边形相交或包含于陆地多边形,则说明该船舶 AIS 位置参数设置有误或者船舶船位经纬度错误。

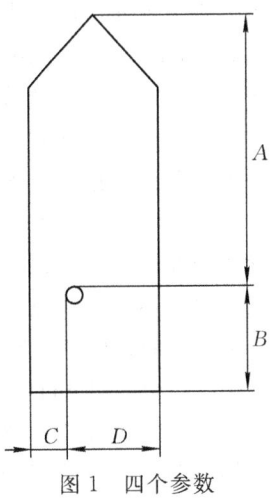

图 1　四个参数

3.5　船名和呼号

船名输入不正确和不规范,包括船名前后任意加独特标记(如 ^_^ BAI AN 2 ^_^ 、* DE QIN 9 * 、=DA TANG 16=、M/V FENG TAI、MT XINGCHI 等)。

船舶呼号是在国家的基础上分配的,所以呼号可以表示船舶的国籍,如中国船为 B 字母开头、法国船为 F 字母开头等。

3.6　非法关机

AIS 设备正常开机时,除非船长认为 AIS 设备的工作影响船舶安全时才可以关闭设备,关闭原因和时间应记录在航海日志中。大型船舶上 AIS 设备的使用是相对规范的,但是在渔船、拖船、内河船舶等小型船舶上 AIS 设备使用则较为混乱和随意。为了逃避监管和惩罚,船舶非法作业时可能会对静态信息进行篡改或关闭设备(如在禁渔期进行非法捕捞的渔船等)。

根据 AIS 标准要求,为兼顾无线电信道负载和实际需求,AIS 设备自主模式的信息更新间隔为:静态信息每 6 分钟更新,动态信息更新取决于速度和航向。A 类 AIS 设备锚泊或速度低于 3 节报告周期为 3 分钟,速度 3~14 节报告周期为 10 秒,速度 14~23 节报告周期 6 秒,速度 23 节以上报告周期为 3 秒。在 AIS 数据链路的监听过程中,采用软件系统连续不间断记录船舶 AIS 信号的方法保持对海上交通动态的持续监控,为每艘船舶记录最近一次数据接收时间,如果时间大于 6 分钟(由于 AIS 数据存在丢包,可以设置阈值为较大值,如 30 分钟),则代表该船舶可能进行了 AIS 设备非法关闭操作(当然也可能是 AIS 设备故障,需要海事人员上船核查关闭原因)。

3.7　MMSI 冒用

关于重复 MMSI 的判断,连续记录指定 MMSI 船舶的位置,定义船舶平均速度合理的上限阈值 V1,两次位置计算平均速度 V2,判断 V1、V2 的关系,若 V2>V1,则认为船舶 MMSI 可能被冒用。

4　船舶登记数据匹配校验方法

劳氏(LR)是国际海事组织唯一授权颁发 IMO 编号的机构,而任何航行国际航线的船舶必须申请 IMO 编号,也就必须向劳氏提交全面准确的船舶信息,这也就确定了劳氏海事档案的全面性和权威性。该库目前收录全球 300 总吨以上国际航行船舶的近 14 万条记录,数据内容包括船舶 IMO 号、MMSI、呼号、船名、船舶技术参数、建造情况等 200 余项权威档案资料,并且每周新增 80 至 100 条船舶、更新 1.5 万至 2 万条船舶信息。

通过将接收的 AIS 数据和劳氏数据库进行比对,可以发现船名、MMSI、呼号、船舶尺寸等静态信息与劳氏数据库不一致的船舶,将这些船舶视为 AIS 设备静态信息录入不正确的可疑问题船舶交由后续海事现场核查。

劳氏数据库中的船旗国代码采用劳氏自定义的三位字母编码,如中国为 CHR。而 AIS 信息中水上识别码(MID)区分不同国家和地区,由 ITU 进行分配。按照国际电信联盟(ITU)分配的 MID 代码表建立 MID 和劳氏数据库船旗国代码表映射关系,当发现船舶 AIS MMSI 信息中 MID 码代表的船旗国代码与劳氏数据库不匹配时,将该船舶列为疑似问题船舶。

由于劳氏数据库包含船舶的长宽尺寸信息,将 AIS 数据中的船舶尺寸数据与劳氏数据库进行比对可以发现 AIS 设备相关信息是否设置错误。需要注意的是,由于船舶的尺寸量测有一定误差,而且由于人为操作的原因,不同人员、不同时间量测的结果有一定的出入,因此比对时需要设置 1~2 m 的合理误差,否则会出现不匹配情况较多的问题。

劳氏船舶数据库包含船舶类型字段,该字段为字符串类型,而非很多系统中采用的有限枚举类型或数值类型来对船舶类型进行编码分类。目前该库船舶类型多达 250 余种,建立这些类型和 AIS 船舶类型的映射关系,可以对 AIS 数据中船舶类型是否和劳氏数据库相匹配进行自动判断,不匹配的列入疑似问题船舶。

如果船舶 AIS 设备长时间不回传 IMO 号或者回传的 IMO 号为默认空值,根据船舶类型判断船舶是否为客船或货船,如果是则提取船舶吨位数据,并按照 SOLAS 公约关于"所有 100 总吨以上客船和 300 总吨以上货船必须具备 IMO 号"的要求进行分别比对,可以找出是否违反此项规定的疑似问题船舶。

船舶呼号范围由国际电信联盟(ITU)分配,国际电信联盟分配的国家呼号序列分配表可从其网站获取。提取自动识别系统信息中呼号前三位字母,与国际电信联盟分配号段数据进行比对,如果不落在国际电信联盟分配的国家范围内,则认为该呼号有问题,将该船列为疑似问题船舶。

5 软件系统实现

系统通过跨平台集成开发环境(IDE)Qt Creator 进行编译和集成,采用面向对象的 C++语言进行开发。系统图形显示框架采用 QGIS 开放地理信息平台作为底层基础支撑系统,集成自主研发的 S-57 电子海图显示应用引擎,实现海陆图一体化融合应用和全国海陆"一张图"(图2)。采用 QTcpSocket 连接海事网 AIS 数据服务,实现面向连接的、可靠的、基于字节流的 AIS 数据传输通信。获取的 AIS 数据通过 libAIS 开放应用包解析,提取的 AIS 信息存储在 AISTargetData 类中,系统全部 AIS 目标采用 QHash 哈希列表进行存储和检索,其中以船舶 MMSI 为主键,可实现基于 MMSI 的快速查找。基于海陆图一体化平台叠加 AIS 船舶目标层的实时动态绘制,提供基于鼠标和键盘录入的 AIS 目标查询。船舶数据库操作采用 QSqlDatabase 建立连接和检索,采用 QHash 实现基于关键字的快速哈希表检索。基于前文分析的算法对 AIS 数据进行筛查,异常数据保存并可输出到 Excel 表格或 PDF 文件。

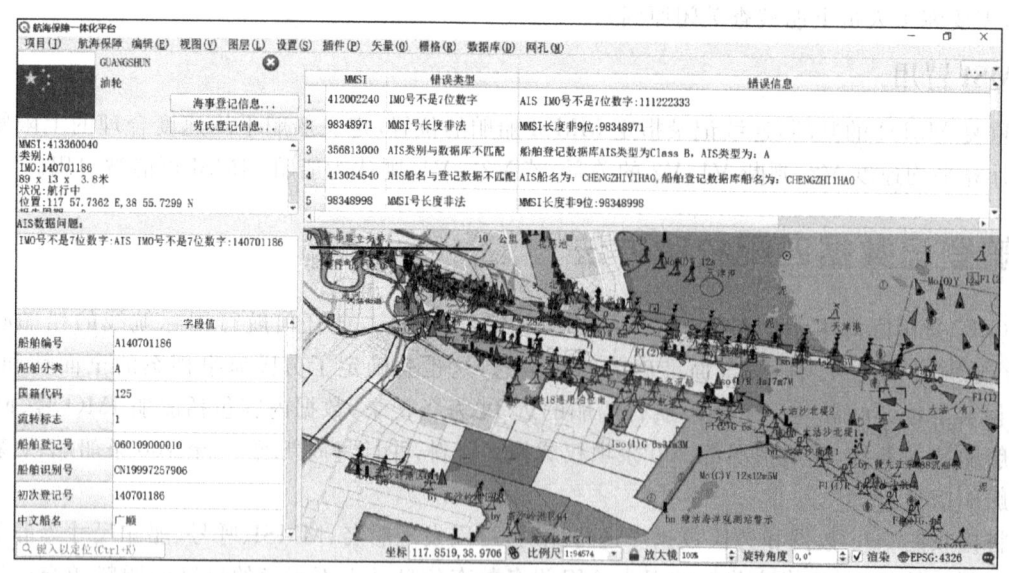

图2 系统实现界面

系统对 2020 年 7 月 6 日北方海区某区域内的 AIS 船舶数据进行了自动检测分析：区域内船舶总数为 5 481 条，其中检测发现疑似问题船舶有 883 条，检出问题船舶总数占比 16.1%，检出问题总数为 1 353 条。其中，占比较大的是：AIS 船名与登记数据不匹配、AIS 类别与数据库不匹配、AIS 呼号与登记数据不匹配、MMSI 长度非法等几类问题。

6 结论和展望

自动识别系统（AIS）在现代航海中具有极其重要的地位和作用，然而随着 AIS 应用的不断深入，其设置不正确、使用不规范等问题已成为困扰海上交通监管和航行安全的潜在风险隐患。2020 年，交通运输部海事局在全国组织为期半年的水上无线电秩序整治专项行动中，将 AIS 的使用作为其中的关键内容。航海保障部门作为此次活动的专业技术力量，充分借助现代软件信息技术，为海事监管提供精准化、定制化的技术支撑保障。

本文分析了 AIS 的原理和常见错误类型，研究了 AIS 数据中 IMO 号、MMSI、经纬度、呼号、船舶尺寸等关键信息的校验方法，并利用劳氏海事档案进行综合比对分析，排查问题船线索。采用跨平台集成开发环境 Qt Creator 设计开发了专用辅助检测软件，实现了海陆图一体化融合应用和全国海陆"一张图"显示，接入海事网 AIS 数据服务，实现实时 AIS 数据接收、解析、显示、查询和疑似问题船舶的自动筛查及报表输出。

采用现代信息技术手段研发专用化的船舶自动识别系统问题船舶自动筛查系统软件，可有效提高对 AIS 问题船舶的智能识别、精准定位、快速锁定和证据保留，结合海事现场登船校验和执法，可有效提高水上无线电秩序整治效率和效果，促进辖区水上无线电秩序的持续改善。

参考文献：（略）

作者简介：邓祝森，男，1970 年生，正高级专业技术职称，交通运输部北海航海保障中心副主任，主要从事航海保障管理、海上信息化建设、海上定位导航等方面研究工作。

基于北斗的位置服务应用前景探析

张政治

(61920部队,四川 成都 610505)

摘　要:随着北斗三号全球组网加快建设,导航卫星与位置服务产业蓬勃发展,服务领域不断延伸,服务种类不断丰富,并且市场规模巨大。本文重点研究基于北斗的位置服务应用现状、存在问题、发展趋势,并提出了几点思考和建议,为基于北斗的位置服务提供参考。

关键词:北斗;产业化;位置服务;应用

1　引　言

北斗系统已成为中国实施改革开放40年来取得的重要成就之一,2020年服务范围覆盖全球,2035年前还将建设完成更加泛在、更加融合、更加智能的综合时空体系。北斗现已广泛应用于交通运输、公共安全、农林渔业、水文监测、气象预报、通信时统、电力调度、救灾减灾等领域,融入国家核心基础设施,已产生显著的经济效益和社会效益。

2　基于位置服务介绍

2.1　基于位置服务概述

基于位置服务(location based service,LBS),是指移动通信网络在导航卫星定位系统的支持下,融合卫星导航定位、移动通信、数据库和地理信息系统(GIS)等多种技术,获得移动终端位置信息并为之提供基于位置的相关服务。LBS的定义里包含了两层意思:首先是基于位置,用户必须确定自己所处的地理位置,即要为用户提供定位信息;其次是位置服务,即为用户提供基于位置的交通、物流、紧急呼叫、特殊人群看护等信息服务,这种与位置相关的服务是在GIS平台的支持下,以更直观、更形象的方式提供给用户的。

LBS系统一般由四部分组成,即移动通信系统、地理信息系统、定位系统、移动终端。移动终端可以为无线电话、掌上计算机和智能手持设备等。要使移动终端实现个人位置移动服务应用,其关键技术是动态定位,以便为用户提供位置信息,因此移动终端需包含一个全功能的北斗接收器,具有终端辅助定位方式中的所有功能,再加上卫星位置和终端位置计算功能,最终位置信息由终端本身计算得到。通过北斗导航卫星系统获得的移动终端用户的位置信息载入地理信息系统,可获得与位置有关的各种内容信息,如酒店、邮局、电信黄页等情况。将位置信息内容与位置技术相结合才能在平台提供各种与位置有关的应用和服务,用移动终端持续长时间对北斗导航卫星系统进行跟踪获取信号就能实现精准的位置导航。

2.2　国内外发展现状

据相关统计数据显示,仅2010年,全球LBS行业总收入达到了70亿美元,同比增长了100%,到2016年基于位置服务的市场已达到100亿美元,接下来的几年将是全球LBS行业的蓬勃发展期。LBS在国外的发展被多家重量级企业看好。2009年成立的Foursuqare可以看作是LBS成功发展的代表,其打破了传统LBS单纯的物联网、车联网和监管等应用,将传统LBS服务与手机软件平台结合起来,通过手机终端,确定手机用户的实际位置信息,以多种方式提供给用户,形成集群的、融合的位置信息服务和社交网络。

LBS目前在国内也是众多企业争相发展的热点之一。典型应用如在交通安全管理与应急联动领域逐渐引入的导航定位与移动通信相结合的LBS服务,这其中包括车辆位置跟踪、车速管理、车辆调度等,同时随着民用市场私家车发展,车辆导航市场也得到爆发性增长,在LBS基础上提供的车辆监控服务也得到长足发展。经过近几年的蓬勃发展,国内的LBS的发展方向也从传统的车辆监控、城市交通等方面扩展到了比较大众的、基于个人定位服务的社会信息服务方面,涌现出大批提供位置服务的创新企业,也出现如中国卫星等一些较大的LBS服务提供商。

3 基于北斗的位置服务应用情况

《关于经济建设和国防建设融合发展的意见》明确:军民融合上升为国家战略。北斗导航卫星系统在优先军用的同时,已广泛地应用在交通、电信、电力、自然资源、测绘地理信息、气象预报、海洋渔业、公共安全、抢险救灾和位置服务等领域,市场规模巨大。

随着北斗三号全球组网,卫星系统日趋完善,支持北斗信号的终端产品也在逐步实现从军用领域到民用领域的覆盖,北斗空间建设及终端研发的日趋成熟,也将使其在LBS服务领域应用中具有无可替代的优势。

《中国卫星导航与位置服务产业发展白皮书(2019)》显示:2018年我国卫星导航与位置服务产业总体产值达3 016亿元,较2017年增长18.3%。其中,包括芯片、器件、算法、软件、导航数据、终端设备、基础设施等在内的产业核心产值达1 069亿元,"北斗"对产业的核心产值贡献率达80%,为我国经济高质量发展注入创新动能。目前,已形成由北斗基础产品、应用终端、应用系统和运营服务构成的完整产业链。北斗在国家关键行业和重点领域标配化使用,在大众消费领域规模化应用。各类国产北斗终端产品应用规模已累计超过8 000万台/套;采用北斗兼容芯片的终端产品社会总保有量接近7亿台/套(含智能手机),服务范围覆盖200余个国家和地区,每日服务次数约2亿次,每日活跃用户约2 000万;国内超过620万辆营运车辆、3万辆邮政和快递车辆、36个城市的约8万辆公交车、3 200余座内河导航设施、2 900余座海上导航设施已应用北斗系统;全国7万余艘渔船和执法船安装北斗终端,累计救助1万余人。

4 基于北斗的位置服务发展面临的问题

卫星导航产业具有广阔的市场空间,目前LBS大多是基于GPS技术和复合技术,要使北斗在LBS产业进程中得到更好的发展、更多大众的认可、更多的市场占有率,还有许多问题需要面对和解决。另外国家安全和经济建设也急需北斗发挥更大的作用,这也是大势所趋。而实践中,系统建设滞后于产业发展需求,与系统建设大投入、大步伐相比,北斗产业及规模应用尚显薄弱,产业规划不够合理、发展起点低、市场体系散、用户群体不多、规模不够大、效益不明显等已成整个行业实际发展的短板。

(1)时间惯性和市场成熟度问题。目前最为成熟的全球定位系统(GPS),不管是系统建设还是市场应用都遥遥领先于其他三个系统,其大众认知接受程度和市场占有率也远远超过其他三个系统,北斗系统要挑战和取代GPS还需要一段时间的积淀,必须抓住国内市场这个全球独一无二的大市场,厚积薄发,全面深入国家安全、国民经济、社会民生、大众服务的方方面面。

(2)系统性能竞争问题。精度高、速度快、效能稳定是评价导航卫星定位系统的基本指标之一,也是用户选择导航定位服务的参考要素。位置信息是LBS的基础,只有快速、稳定地给出准确的定位信息之后,才能衍生出许多其他服务。同时LBS需要非常精准的定位来对周围的环境因素进行描述,因此,北斗系统还要不断地完善,同时自主创新,尤其是北斗三号新技术新体制的应用,在提高自身系统性能的同时,提升系统在以后产业化进程中所面临的激烈竞争。

(3)终端设备支持的问题。美国博通公司GPS业务组市场总监David Murray在分析中国市场后指出，中国 LBS 市场发展仍然滞后的主要原因是欠缺真正的 LBS 定位终端。据中信建投的报告分析认为，在北斗产业成长发展的初期阶段，包括导航芯片和模块设计生产在内的终端设备提供商占据绝对主动地位。而随着导航应用推广、用户数大幅增长和市场规模的扩大，行业主动权将逐渐转移到下游的服务提供商。但为了更快捷，目前导航定位服务大部分都与手机等集成在一起，同时目前市场上具有导航定位功能的手机都是基于 GPS 技术。因此如何将北斗导航与终端设备及服务提供商紧密结合起来，也是基于北斗的 LBS 发展所面临的又一严峻问题。

（4）与国内移动通信网络的融合问题。LBS 是通过导航卫星定位系统获得位置信息，系统的覆盖区域和完好性能也在一定程度上影响着服务质量。覆盖区域不仅要求覆盖范围足够大，还要求覆盖范围包括室内，因此在覆盖范围之外或不能进行定位的室内时，如何在导航卫星定位系统与移动通信基站中间进行数据互补和无缝切换也是一个重要问题。

5 基于北斗的位置服务发展前景展望

随着 2020 年北斗系统服务范围覆盖全球，2035 年建设完善更加泛在、融合、智能的综合时空体系，我国导航卫星与位置服务产业将迎来由技术融合创新和产业融合发展共同带来的升级变革。北斗与移动通信、移动互联网、物联网、大数据等技术将加速实现融合创新，以北斗提供的时空信息为核心的导航定位授时服务产品，必将被越来越多地应用到电子商务、移动智能终端、智能网联汽车、互联网位置服务中，大规模进入行业应用、大众消费、共享经济和民生服务等领域，深刻且深远地影响和改变着人们的生产生活方式。北斗"融技术、融网络、融终端、融数据"的全面发展，正形成一个个"北斗＋"创新和"＋北斗"应用的新生业态，成为北斗创新和应用发展的核心源动力。

（1）随着北斗全球导航卫星初始系统的建设完成，我国自主导航卫星系统建设进入新的发展阶段，中国正加速建设全球导航卫星系统，定位精度和系统完好性都得到提高和加强，其产业也将从个别行业的应用延伸到社会生活的方方面面，正如一句话所说：导航卫星定位的应用只受想象力的限制。中国卫星导航系统管理办公室遵循"边建边用、以建带用、以用促建"的基本思路，按照最大共性需求原则，加强基础类芯片模块的研发，持续推进行业和区域示范项目，加速推进北斗地基增强系统的建设。

（2）北斗系统已经在海洋渔业、抗灾救险以及国防等领域做出了比较突出的贡献，已经显示出了其优越的体制性能和较为稳定的系统功能，再加上国家政策的引导和大力支持，极大地促进了智能交通、物流跟踪、智慧市政等领域空间信息感知采集，因此大众对北斗区域和全球系统建设都有较高的期待，抱有较强的信心，打破 GPS 保持的较为长久的技术统治和绝对市场占有只是时间问题，基于北斗的 LBS 发展也将随着北斗的完善而逐步强大。近两年，随着 5G 时代的到来，"北斗＋5G"有望在机场调度、机器人巡检、无人机、建筑监测、车辆监控、物流管理等领域广泛应用，将进一步促进北斗增值服务的应用普及和多样化发展。

（3）从市场发展前景上来看，由于 GPS 发展已经非常成熟，不论是终端集成还是软件服务都相对便宜，但是从长远来看，北斗系统的建设成本低于 GPS，以后用户的成本也将越来越低廉，选择北斗系统的设备厂商和服务提供商也会越来越多，基于北斗的 LBS 的发展也会因此具有更大规模。中国科学院院士杨元喜就指出："现在中国是世界上手机第一大拥有国，很快中国也将是世界上第一大汽车拥有国，如果让我们中国的老百姓都用上自己的导航芯片，你可以想象这是多大的市场。"

（4）北斗系统定位精度不断提升及芯片性能价格进一步稳定的背景下，随着新一代信息技术、大数据、云计算、物联网、车联网和低碳经济等新技术和新经济模式的进一步发展，智慧城市、公共安全、工农机械、无人系统等应用领域的细分市场也已经显现出新一轮快速增长态势。当前高精度已经实现很多应用，特别是无人驾驶方面，随着北斗三号新技术应用，如精密单点定位服务能提供动态分米级、静态厘米级高精度服务，加之终端设备的创新，高精度的大众化应用将在各领域全面推广。

（5）由于北斗具有其他导航卫星定位系统所不具有的短报文通信功能，在一些特殊情况下会发挥意想不到的作用，因此这个功能可以作为 LBS 的一个亮点，在室内、地下和危险场所等发挥独特的作用。

（6）北斗导航将呈现新的时空服务体系，根据孙家栋院士为《中国新时空服务体系概论》一书所做的"序"的有关内容表明：从国家安全战略与经济社会发展全局出发，创建前瞻性的时空服务理论，并以北斗系统所提供的时间空间信息为核心基础，聚合多种卫星应用，融合多项系统技术，整合多样数据资源，构建天地一体、无缝覆盖、功能强大的时空信息服务网络。北斗将更多融入国家安全和经济社会的方方面面，提供更加精准的坐标支撑。

6 结 语

"十三五"是北斗产业发展的重大机遇期，卫星导航定位产业向应用服务转移的大趋势明显，北斗系统的全球化进程加快，北斗产业已经具备体系化推进和市场化运作的基本条件。"十四五"期间北斗导航必将实现升级跨越，打造北斗新时空服务体系势在必行，产业规划将更加科学合理，政策扶持将更加完善有力，中国的卫星导航定位产业正在迎来新的历史阶段。基于北斗的位置服务也将从根本上改变社会个体之间关系、信息获取方式和消费习惯。总之，基于北斗的位置服务将会让人们的生活更便利！

参考文献：（略）

作者简介： 张政治，男，1982年生，高级工程师，主要研究卫星导航与定位服务。

空间数字化需求分析与功能规划研究*

蔺陆洲[1]，贾 蔡[1,2]，邓平科[1]，李 俊[1]，杨 军[1,3]

(1. 全图通位置网络有限公司，北京 100176；2. 安徽师范大学，安徽 芜湖 241002；
3. 中国矿业大学(北京)，北京 100083)

摘 要：空间数字化是新理念和新技术在工程实践中产生的综合应用，是未来导航定位、测绘和地理信息技术发展与应用的新趋势。作为导航定位领域的新事物，空间数字化与数字孪生、城市信息模型等概念既存在联系又具有区别，业界目前对空间数字化的基本认识尚未统一，更缺乏对空间数字化需求和功能的深入研究。本文针对空间数字化的内涵、外延、特征等基本理论问题，以智慧地铁的应用为典型案例，构建空间数字化的概念，并根据空间数字化的概念特征研究其演变规律和发展方向，在此基础上梳理和总结空间数字化的需求和功能，为推动空间数字化的建设和发展提供支撑。

关键词：空间数字化；非暴露空间；需求与功能；智慧地铁

1 引 言

近年来，随着北斗导航卫星、第五代移动通信(5G)、即时定位与地图构建(SLAM)、建筑信息模型(BIM)、物联网(IOT)领域的快速发展，计算机视觉、机器学习和人工智能(AI)、虚拟现实(VR)与增强现实(AR)、云计算等技术的融合应用，有力地推动了复杂室内环境下高精度三维空间实时建模技术的发展和立体测绘科学的进步，对地理信息的应用也提出了新的要求。从发展方向上来看，导航定位和地图测绘正在向信息采集、数据处理和成果应用的三维数字化、网络化、实时化和可视化方向发展，出现了以三维实景建模为基础的空间数字化应用需求。空间数字化，即数字化的地理信息空间数据框架(digital geospatial data framework，DSDF)，其本质是增加时间维度，通过授时、定位、导航的应用为三维高精度场景赋能，实现以应用为核心的多元信息融合与多维信息融合，使存在于三维高精度场景中的人、物、事等要素具有附加多类动态属性的时空信息。

2 空间数字化基本概念

空间数字化作为时序基础上对复杂空间环境及相关信息的高精度四维数字化重现和认识，其核心思想是用数字化的手段来处理整个复杂空间的数据获取、处理与应用问题。空间数字化以计算机、多媒体技术和大规模储存技术为基础，以高带宽低时延为纽带，运营大数据对空间信息进行高分辨率、多尺度、多时空和多种类的三维描述，并以它作为工具来支持人类活动和改善人类的生活质量。所谓空间信息是指与空间和时间分布有关的信息。据统计，信息系统中80%的信息与空间分布有关，在处理、发布和查询信息时，大量的信息都与空间位置和时间有关。因此，空间数字化就是用数字的方法将复杂空间的信息及活动在时空基准下的信息采集进入数据库，最大限度地高效利用资源，实现在网络上的在线共享，并使之最大限度地提供服务，其特点是嵌入海量地理数据，实现高分辨率的、三维复杂空间的描述。空间数字化出现了向非暴露空间重点发展、信息采集效率和精度不断提高且内容日益丰富、空间数据和信息的应用范围

---

* 基金项目：科技部国家重点研发计划(2020YFB1600703)

扩大且使用方式持续创新的特征。

第一，在工作范围和周期上，以非暴露空间为重点领域缩短了更新周期。传统测绘以暴露空间为主且速度较慢、效率较低，在城市中一般三个月进行一次测绘。传统导航定位将空间区分为室内与室外，但是在实际的复杂应用环境中，我们将能够与导航卫星进行通视的区域视为暴露空间，其他均视为非暴露空间。据统计，人们日常工作和生活中80%以上的时间主要在建筑物、移动载具等非暴露空间中度过，因此，空间数字化的重点领域是以地铁为代表的非暴露空间。在新应用场景中数据更新周期提升至每周或每天，视频拼接分析、自动驾驶等应用的更新要求会到秒级以下，因此采集与更新的周期更高、数据获取便捷性更强。

第二，在数据采集和处理方面，信息采集和处理的效率和精度不断提高。传统测绘以可见光数据源为主并以刀片机工厂化计算为主。空间数字化转变为以传感网、激光、合成孔径雷达（SAR）、高光谱、调频连续波（FMCW）、视频等多类数据源为主，同时需要采集图像、激光点云、地磁信号、Wi-Fi 信号等多源异构的各类数据，获取和展示的地理信息内容不断丰富，对于这些信息通过高性能芯片、图形处理器（GPU）、高速存储的云计算进行处理，在信息源增加的情况下处理时间大幅降低。

第三，在数据应用和服务方面，空间信息和数据的应用持续创新。传统测绘中系统以浏览器-服务器（B/S）和客户机-服务器（C/S）架构的服务方式主要面向政府及事业单位提供服务。新时空体系下的空间数字化对大容量低时延的需求日益提升，逐步发展成实时计算、实时服务、实时动态监测的多样性服务，传统测绘以面向图幅成图的 4D（DOM、DLG、DEM、DRG）产品已经不能满足空间数字化的信息服务需求。空间数字化直接面向实体而不是图幅，以结构化的数据和形式提供时效性更强的服务。在服务的对象和用户上，不仅是输出定制化的图件供人观看，更多的是面向机器进行使用，为多类型的用户提供多种基于时序和分级的实景三维影像和数据信息。

3 空间数字化需求分析

在非暴露空间的新应用场景下，用户对于空间数字化在空间信息和属性信息两个方面提出了需求。以智慧地铁的建设为例，城市轨道交通的运行涉及众多厂家的大量基础设备，包括综合监控系统、乘客信息系统、自动售检票系统、环境与设备监控系统、信号系统、通信系统、供电系统、机电系统、火灾自动报警系统、站台门系统等大小二十多个系统。在提高列车运行密度的同时保证列车的安全准点运行，必须采用有效的技术手段使轨道交通各类设备系统安全、高效、协调、稳定、可靠地运转起来，这就需要基于统一时空基准的信息网络与框架。在空间信息需求方面，需要基于时序的三维全景影像、激光点云、建筑信息模型数据、倾斜摄影建模等多类型的匹配数据；在属性信息需求方面，需要融合导航定位、物联网传感器、监控摄像头、手机信令数据、社交网络与搜索等数据，支持决策与业务运行。

3.1 空间信息需求

空间信息需求是空间数字化应用的基础，空间信息不仅提供空间环境的几何位置、形态特征和相关关系，而且为导航定位、嵌入或配准各类图形、图像、文本、视频、音频的属性信息提供了三维空间载体，使用户能够按照空间位置或坐标集成、检索、展示所关心的自然、社会、经济、管理等信息，进而围绕空间分布特征开展运行状态和变化态势的分析。空间数字化的空间信息需求有两大重点，一是统一时空基准，二是提供结构化的三维数据。

在统一时空基准方面，空间数字化的时空基准由平面坐标系统、高程基准、重力基准、参考椭球模型、地图投影系统、时间基准、时间同步系统等组成，统一时空基准的建立是空间数字化实施的基础。例如，在地铁非暴露空间的复杂环境中受到建筑物、地下设施、移动载具的形变与位移运动等的影响，需要通过空间数字化保证所有信息系统的数据在统一的时间与空间基准框架下进行采集、储存和应用，保障数据的一致性、兼容性或可转换性，促进地铁复杂信息系统间的多源数据无缝连接与整合。

在提供结构化的三维数据方面，空间数字化通过"几何＋语义"的方式提供基于时序的结构化三维数据,依靠机器学习进行大数据的分析和知识产出,对空间信息数据实现分类化、对象化、矢量化、属性化的管理,向用户提供真实三维、多时态、高精度、实时性的空间数据。传统测绘将多维、动态的显示空间抽象为二维、静态的目标,这种方式已经不能满足智慧地铁的运行需要。例如,在地铁安全的视频拼接与分析、列车控制的自动驾驶等场景下,需要将以年为周期的地理信息更新频率提高到每月、每天甚至每小时一次。

3.2 属性信息需求

属性信息需求是空间数字化应用的拓展,属性信息需要增加分类,反映几何属性、人文属性、专业属性等多类型的信息,将各种自然、社会、经济、人文、环境等要素进行数字化。智慧地铁的空间数字化平台作为基础设施,在统一时空基准下,将地铁多类型、多时相、多分辨率的图形、图像、文本、视频、音频等信息进行集成和展示,促进多种信息系统的构建与融合,支撑运行、客服、维护和管理的功能业务,使得用户根据不同权限充分利用和共享空间信息和数据,最终实现自主决策。

空间数字化的属性信息需求有两大重点,一是实现与建筑信息模型的结合,二是建立属性信息的规范标准。

建筑信息模型技术的核心是一个由计算机三维模型构成的数据库,包含建筑设计信息和从设计、建成到使用的全生命周期信息,一个建筑信息模型就是一个单一的、完整一致的、有逻辑性的建筑信息库。空间数字化与建筑信息模型结合的关键,是将建筑信息模型作为一类关键的属性信息与空间信息进行融合,将非暴露空间的相对时空信息与暴露空间的绝对时空信息联系起来,拓展应用范围。

在规范和标准方面,根据行业用户的应用需求建立空间数字化的分类标准。通过一系列的技术规范、政策法律等规定,规范空间数字化属性信息在行业内的采集、处理、分析、描述、查询、表示、转换等工作,明确信息的共享机制、定位参考系、数据质量与模型等要求,在分布式环境下实现多源、异质、异构数据的流通、共享与系统间的兼容和操作。

4 空间数字化功能规划

空间数字化不仅需要采集和处理空间信息,还需要集成空间内各类信息系统的设备部署信息和监测监控数据的属性信息,考虑到实现系统集成的复杂度、难度和成本等因素,空间数字化的建设不可能是一蹴而就的,而是一个逐步完善、逐步发展的过程。空间数字化作为一个复杂的大型系统工程,是由数据获取与更新系统、数据处理与储存系统、信息提取与分析系统、数据与信息传播系统、数据库、网络、应用模型、咨询服务系统、教育培训系统、标准与互操作系统构成的复杂体系。因此,空间数字化体系由集成设施层、数据层、服务平台层和应用服务层组成,依靠安全保障体系和标准规范体系进行维持,其构成如图1所示。

4.1 数据采集

数据采集是空间数字化的基础。在复杂空间环境内,空间信息和属性信息的要素不断变化,信息具有很强的时空特征。信息的时效性直接决定了空间数字化的使用价值和使用范围,时效性越高的数据使用价值越大。因此,空间数字化需要建立数据采集的更新维护机制,利用机器视觉技术结合倾斜摄影、即时定位与地图构建技术实现激光点云和全景影像的采集,快速地确定目标的空间位置,融合多种信息采集的技术手段,要求对生产和服务技术装备系统给予更大的投入,实现空间信息和属性信息的快速采集,进而实现动态数据的获取,即数据的接收与调取,建立空间数字化的适时维护和更新体系。同时根据业务需求定义属性信息,实现属性信息在空间信息基础上的加载。

4.2 数据处理

数据处理的核心是提高数据的处理速度。数据处理的时间和成本是制约空间数字化行业应用的重要瓶颈,必须在满足应用单位业务需求的基础上,实现低成本大规模数据的快速高精度处理,快速批量进行属性化、单体化,在较短时间内得到海量的高质量数据。利用人工智能和深度学习自动提取高分辨率空间信息数据,实现图像与点云数据的自动化三维矢量提取,特别是典型矢量要素的三维边界,以快速建立三维模型,从而解决和取代立体测图和三维建模人工编辑工作量过大的问题,进一步摆脱传统测绘中过于依赖人力的弊病。人工智能技术在空间数字化中的应用能够实时地或准实时地获取目标及其环境的语义或非语义信息,分析其变化,从而为进行多源时空数据的整合、集成与应用奠定基础。通过建设功能强大的信息处理平台,实现对三维信息的直接编辑、添加、删除和修改,保障数据的自动整理、单体化、属性管理,提高空间数字化的可用性,基于视觉语义特征分析功能使得平台具备真实纹理渲染、白模展示、分类渲染查询等多种特性。空间物体错综复杂,经过分类、分级进行抽象,用特定的符号在信息系统中进行展示,不仅能直观地表达物体,而且能反映物体的本质规律。

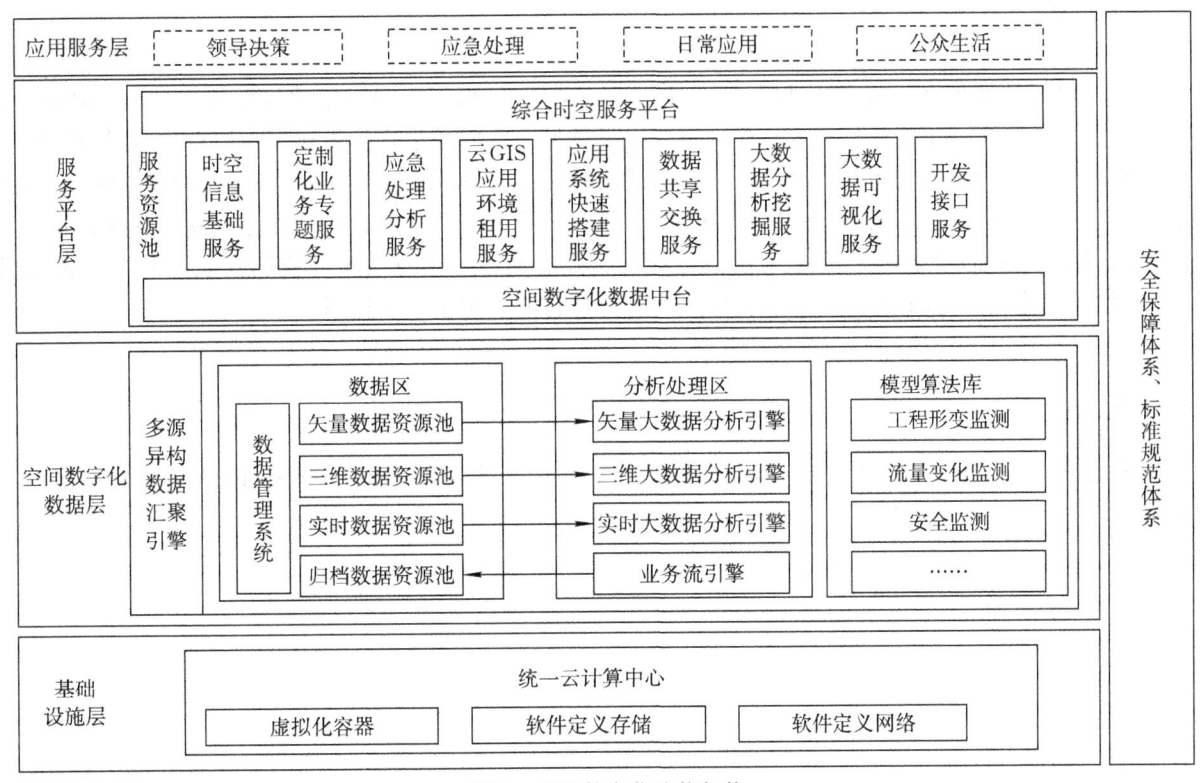

图 1 空间数字化功能架构

4.3 数据服务

应用服务是空间数字化的出发点和落脚点,对空间信息的获取不是目的,利用数据开展服务,把空间信息和属性信息有效应用到业务中才是空间数字化的最终目标,数据服务的核心是利用数据构建商业模式。首先,需要利用大数据技术构建数据库,提供多比例尺的空间数据及元数据,编制提供各类多光谱、多时相、高分辨率的图像和专题图,以便能进行空间量测和常用分析;提供基础分析、空间分布、多因子关联分析、时空分析、主题分析的大数据挖掘服务,同时提供相应的文本、视频、音频等不同类别的属性信息数据;提供时空过程模拟与决策预案的动态推演服务。其次,利用5G技术实现空间数字化的信息发布和信息共享,支持网络化数据分发和数据传输,快速、经济地传递包括图形、大型图像和海量视频在内的空间数据;同时利用虚拟现实技术进行仿真和三维动态的信息展示,使用户能够在低时延的条件下掌握海量高精度的空间信息。最后,在数据管理上具备输入输出、数据编辑及处理、查询统计、数据可视化、动态更新、历史数据管理、元数据管理、安全管理等能力,也具备存储检索、数据流转、智能监管等大数据管理能力。

4.4 时空赋能

空间数字化在提供空间信息和属性信息的同时,可以利用室内外连续定位技术为用户提供导航与定位服务,通过导航、定位、授时的基础服务真正实现万物互联。随着中国独立自主建设的北斗导航卫星系统完成全球组网并提供服务,北斗使得用户可以使用中国自主可控的时间与空间基准,同时北斗系统的星基精密单点定位(PPP)服务、星基增强服务等拓宽了暴露空间高精度导航定位服务的应用领域。通过建设非暴露空间的定位系统,为各类信息系统提供室内外连续的空间信息,其关键是突破非暴露空间相对定位与暴露空间绝对定位的统一,真正实现空间数字化的时空赋能,成为各类智慧城市、智慧交通的应用基础。

5 结 语

本文构建了空间数字化的概念,以智慧地铁为场景案例,分析了空间数字化应用需求和其功能规划,将非暴露空间的复杂环境作为空间数字化的重要突破领域。空间数字化作为建立在信息化、虚拟化、智能化、集成化基础上,由硬件设备与软件算法共同组成的应用服务体系,综合考虑了融合多类先进技术的测绘、导航定位和地理信息服务在新业务场景下的应用需求,未来将在生产、经营、管理、环境、资源和效益等多个方面,提高用户的整体效益、竞争力和适应能力。随着新一代信息技术与应用场景的相互渗透与融合,空间数字化将具有广阔的发展前景,其巨大潜力有待行业应用进一步挖掘。

参考文献:(略)

作者简介: 蔺陆洲,男,1989年生,全图通位置网络有限公司首席运营官,研究员,主要研究方向为北斗导航、卫星应用和商业航天。

浅谈北斗短报文通信在危化品运输中的应用

吴宏立,郭晓飞,杨建辉

(北京华油信通科技有限公司,北京 100190)

摘　要:北斗短报文通信服务作为北斗导航卫星系统区别于其他导航卫星系统的标志,是国外其他任何一个全球导航卫星系统都不具备的。本文主要对北斗短报文在危化品运输中的应用进行研究,重点围绕运输过程报文通信、应急救援两个业务环节进行北斗短报文应用场景分析,并通过北斗短报文通信试点应用进一步丰富了北斗短报文通信应用场景体系,全面支撑危化品运输业务综合通信技术水平,保障危化品运输人员及车辆安全。

关键词:北斗短报文;危化品运输;自组网;星间链路;即时通信

1　引　言

随着北斗全球导航卫星系统的组网建立,北斗短报文将广泛应用于危化品运输领域,可应对复杂运输环境进行通信。考虑到业务的特殊性,在运输环境通信网络设施薄弱的情况下,对于危化品运输全流程中的即时通信、遇到突发环境事件进行应急救援实时通信等具体业务场景,可在用户端持有搭载北斗短报文通信模块的通信终端与信息接收主控中心进行短报文通信。这样在北斗短报文覆盖范围内,危化品运输途经各个地域往往处在多星覆盖下,通过使用合理的北斗短报文接入策略,实现北斗短报文危化品运输中的通信传输,以此来保障整个危化品运输的安全。

2　北斗短报文通信工作基础

2.1　北斗短报文通信工作原理分析

北斗短报文通信功能是指北斗用户机和地面中心站之间通过卫星信号进行双向的信息传递,其通信技术作用非常显著,可在普通移动通信信号不能覆盖的情况下,通过装有北斗短报文通信技术的北斗终端,实现北斗短报文即时通信。

北斗短报文通信系统可为全球范围内任意位置、任意时刻的用户提供短报文服务。北斗短报文采用处理转发机制,可发送带有接收方 ID 号和通信申请信号,通过加密,经卫星转发进入地面中心控制系统;地面中心控制系统在接收到信号后,经脱密和再加密,加入持续出站广播报文中,通过卫星广播给用户端。最后,接收方用户终端接收出站信号,并对出站报文进行解调解密。具体的北斗短报文通信工作原理如图 1 所示。

2.2　北斗短报文通信工作特性分析

(1)快速响应能力,短消息通信时延约为 0.5 s,点对点通信时延为 1~5 s。
(2)通信抗干扰强,可穿透平流层,保证极端天气条件下的通信。
(3)设备价格低、性价比高。
(4)组网方便,快速组成一对多的通信网络。

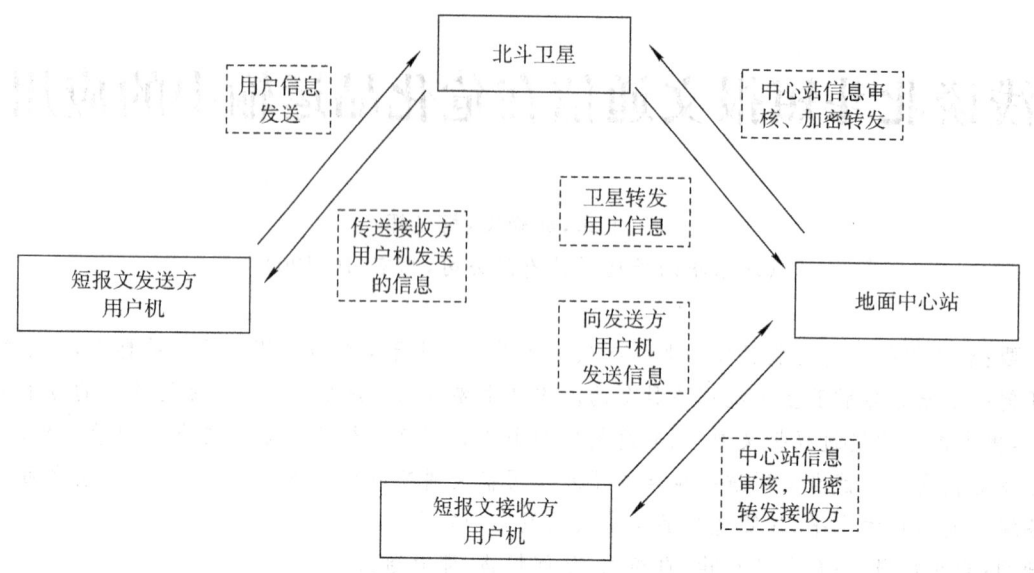

图 1　北斗短报文通信工作原理

3　北斗短报文通信试点应用业务

北斗短报文通信危化品运输监控应用业务包含危化品运输车辆位置报告、危化品运输过程报文通信、危化品运输安全应急救援这三项基本业务，而其他所有基于北斗短报文通信的危化品运输通信业务都可以由这三项业务进行延伸扩展。

北斗短报文通信在危化品运输中的应用优势有：

(1) 针对危化品运输网络及基础网络设施弱的区域，抗干扰能力强，不受区域限制，可进行实时通信。

(2) 北斗短报文通过加密算法对传输数据进行加密，进一步保障危化品运输通信数据安全。

3.1　危化品运输车辆位置报告业务

危化品运输车辆位置报告业务是北斗短报文系统为用户终端提供的单向位置报告服务，主要用于危化品运输车辆的位置报告，在危化品有运输过程中遇到突发环境事件的时候进行北斗短报文通信和迅速定位。具体北斗短报文危化品运输车辆位置报告业务信息流如图 2 所示。

图 2　危化品运输车辆位置报告业务信息流

危化品运输司乘人员用户终端使用卫星无线电导航业务（RNSS）获取自身位置后，将其传输至北斗卫星短报文服务卫星端，北斗卫星自身根据其所在位置，判断是否对地面接收主站可见。最后，运输车辆位置信息经主控站处理后，对危化品运输过程信息进行相应分发至危化品运输车辆监控中心。

3.2　危化品运输过程报文通信业务

危化品运输过程报文通信业务是北斗短报文通信系统为危化品运输用户终端提供的双向通信服务。用户终端通过北斗星间链路和星地链路将报文信息发送到主控站，主控站完成对报文信息的处理后再通过星间和星地链路发送至收信用户。发信用户的报文数据在成功接入报文服务星后，该星会返回一个接入成功的确认信号。危化品收信用户在成功接收报文后会向主站发送一个回执信息，具体危化品运输过程报文通信业务信息流如图 3 所示。

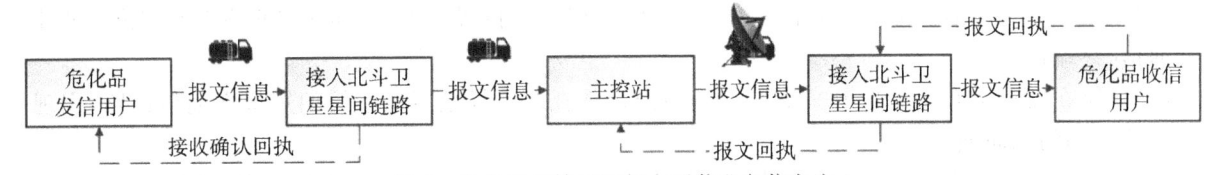

图 3　危化品运输过程报文通信业务信息流

3.3　危化品运输安全应急救援业务

危化品运输安全应急救援业务是北斗短报文通信系统为用户终端提供的具有用户回执的搜救服务。用户终端发出搜救申请时,终端通过 RNSS 获取自身位置,并将包含自身位置的搜救申请发送至可见的短报文服务卫星。服务卫星接收成功后,会向用户返回一个接入成功的导航卫星确认信号,代表该搜救申请已成功接入北斗短报文卫星网络。主控站收到搜救业务申请后,将通过对外接口将此申请送至应急救援指挥中心,从而提高对指定用户的搜救能力,具体的北斗短报文危化品运输安全应急救援业务信息流如图 4 所示。

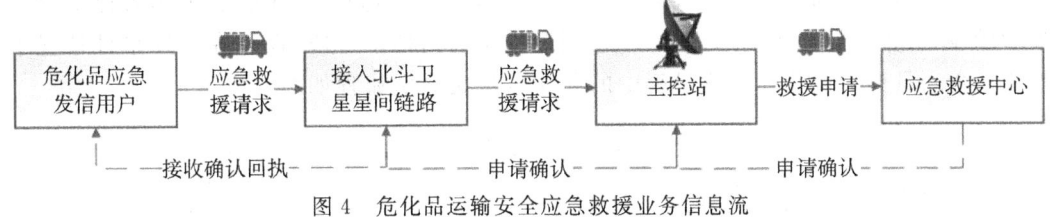

图 4　危化品运输安全应急救援业务信息流

4　北斗短报文通信应用系统构建

车辆管理系统是通过北斗智能终端采集人、车、货等信息,利用北斗短报文通信网络完成数据的回传,实现物流运输过程中事前、事中、事后和应急过程的跟踪服务。由于运输车辆在特殊环境、特殊地域、特殊业务运输过程中,一般网络信号无法满足车辆定位及数据传输功能,因此使用北斗短报文通信技术在危化品运输特殊应用场景中传输定位数据,可以为车辆及人员在特殊场景中实现必要的通信,提升道路运输车辆运行安全的监控能力。

北斗短报文通信应用模式用于现有的危化品运输业务,在现有车辆管理系统的基础上,结合相关试点单位的实际应用需求及场景,通过增加北斗短报文设备模块或车载终端设备及地面接收站等设备,进一步实现特殊区域的运输车辆位置数据回传功能。主要应用研究技术路线(图 5)包括三部分,具体如下:

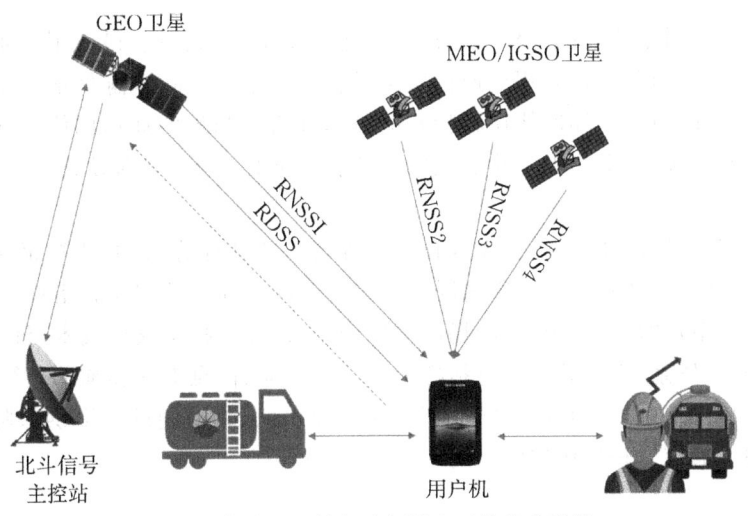

图 5　危化品运输北斗短报文通信技术路线

（1）一是在危化品运输车辆上加装具有定位、短报文通信、位置上报等功能的"北斗无源定位＋北斗短报文通信"终端设备。

（2）二是在监控中心安装北斗短报文通信指挥机，依托北斗导航卫星系统的短报文通信链路，实现与北斗车载终端的双向通信。

（3）三是将从卫星定位总站传出的北斗车载终端的位置和短报文数据推送到指定监控系统，作为补充数据传输手段，提高北斗通信成功率。

确定好北斗短报文应用技术路线，着重在危化品运输过程报文通信、危化品运输安全应急救援两个方面进行北斗短报文通信应用研究。

4.1 危化品运输过程报文通信

主要针对危化品运输事前、事中、事后全过程提供报文通信，北斗短报文通信模块接入可视化危化品运输管理系统，全方位保障运输车辆和司乘人员的运输安全。例如，考虑到新疆塔里木盆地的特殊运输环境，油罐车从塔克拉玛干沙漠腹地的试采井取油后将石油运往处理站的运输过程中，自然环境相对恶劣，地形复杂，移动通信等基础设施不够完善，普通"移动通信＋GPS"的车辆监控手段无法实现有效管理，为保障工作人员和车辆的安全性，采用短报文通信技术手段，保障在突发事件情况下的运输人员和车辆安全。具体的危化品运输过程中的北斗短报文通信流程如图 6 所示。

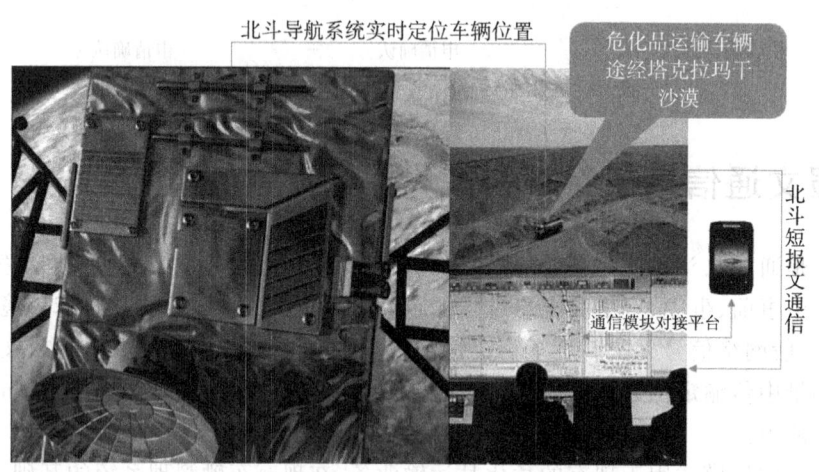

图 6　危化品运输过程中的北斗短报文通信

4.2　危化品运输安全应急救援

危化品运输风险发生时最主要的工作就是危化品运输安全应急救援，最大限度地减少运输风险带来的损失，而在运输风险救援过程中需要用到通信联络设备。基于危化品运输业务的特殊性，危化品运输风险发生的位置大多集中在气候、运输路线比较特殊的偏远地带。当地的通信网络系统中的设备及光缆等设施覆盖区域相对比较稀疏，轻则影响危化品运输应急救援通信质量，重则导致无法及时通信，使整个系统陷入瘫痪状态。

因此，结合北斗短报文同时兼备通信、无线自组网等技术特征优势，将北斗短报文通信应用功能接入总部应急指挥大厅，实现与集团总部在特殊情况下的信息互联互通。总部应急指挥大厅作为快速响应、协同处置、信息共享、协调衔接"最后一公里"的场所支撑，基于北斗短报文通信技术，科学性构建"天、空、陆、海"危化品运输应急救援体系，提升总部应急指挥大厅互联互通、信息汇聚和辅助决策能力，在保障危化品运输应急救援正常通信的基础上，为危化品运输紧急抢险救援工作顺利进行提供保障。具体的危化品运输安全应急救援短报文通信过程架构如图 7 所示。

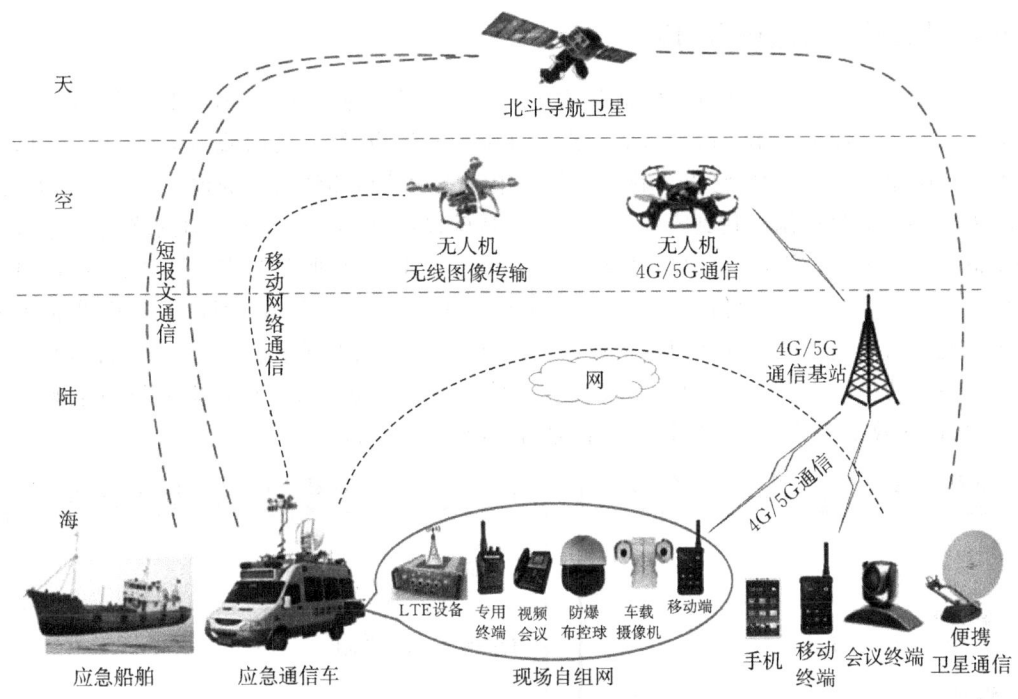

图 7 危化品运输安全应急救援短报文通信过程架构

5 北斗短报文通信试点应用

5.1 北斗短报文通信试点应用概述

该方案的总体解决方式针对偏远地区复杂的地理环境和通信现状,在危化品运输车辆上加装具有"北斗无源定位＋北斗短报文通信"终端设备,在监控中心搭建具有北斗短报文通信功能的指挥监控平台,通过北斗短报文通信链路,进行双向的信息交互。不但能实现车辆位置、行驶速度、行驶方向、行驶时间长度实时获取与存储,而且能实现无盲区的指挥通信调度,提高车辆安全管理水平,达到提升偏远地区危化品运输工作效率和工作安全性的目的。具体的基于北斗短报文通信应用的车辆监控系统架构如图 8 所示。

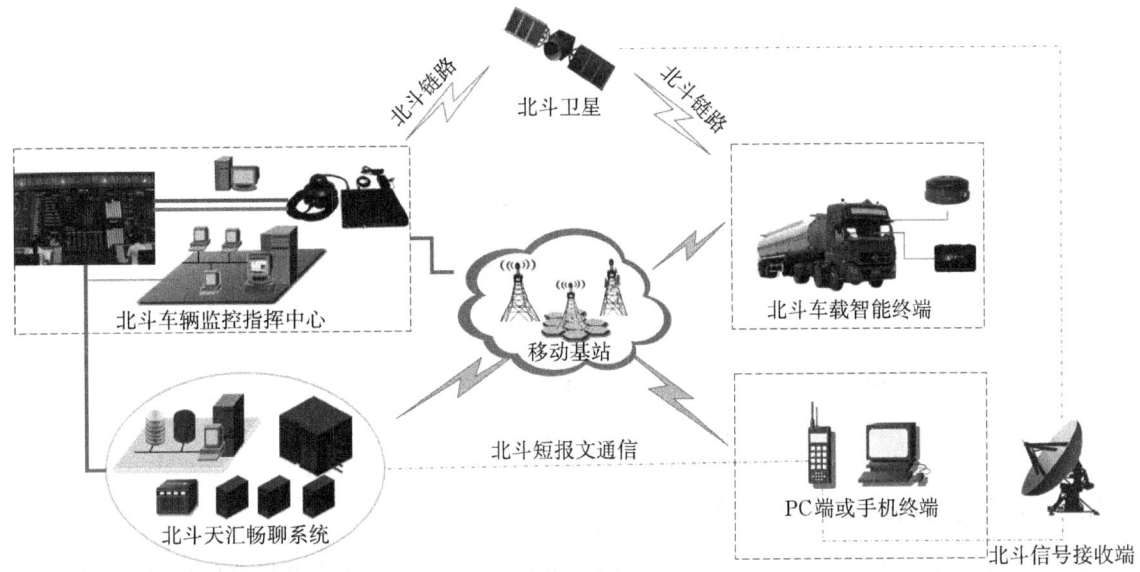

图 8 基于北斗短报文通信应用的车辆监控系统架构

5.2 北斗短报文通信试点应用测试

本次试点应用测试主要是由运输车辆搭载北斗短报文通信终端在无移动网络信号区域运行,对北斗短报文通信稳定性进行测试。第一次测试的起点为新疆库尔勒市,终点为西藏阿里地区噶尔县;第二次测试的起点为西藏阿里地区噶尔县,终点为新疆库尔勒市。本次测试路线所处的地理环境比较恶劣,所处位置海拔高度为 4 300 m,最低温度达到零下 19℃,网络基础设施薄弱,不具备移动网络信号通信条件。本次测试的设备为指挥型用户机,其接收信号频率为 2 491.75 MHz,接收信号误码率不高于 1×10^{-5},接收卫星通道数不小于 6 个通道,发射信号频率为 1 615.68 MHz。测试过程中,测试人员借助北斗短报文通信终端设备实现了与车辆管理系统之间位置数据上传,以及点对点方式下达命令。经测试,北斗短报文通信单数据包传输成功率约为 95.5%,在不具备移动通信网络的环境下可实现司乘人员与车辆管理系统的双向通信,符合预期效果。具体北斗短报文点名通信页面如图 9 所示。

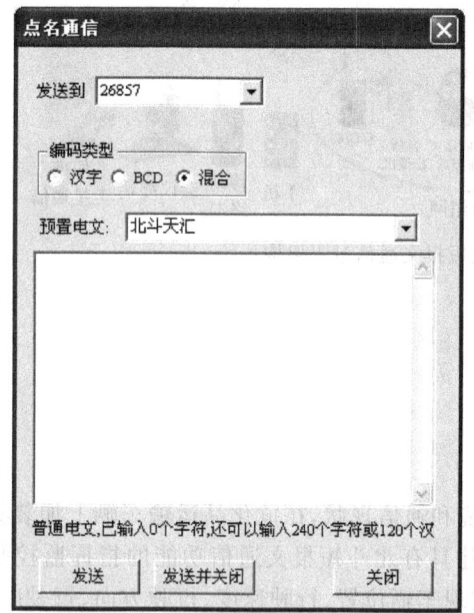 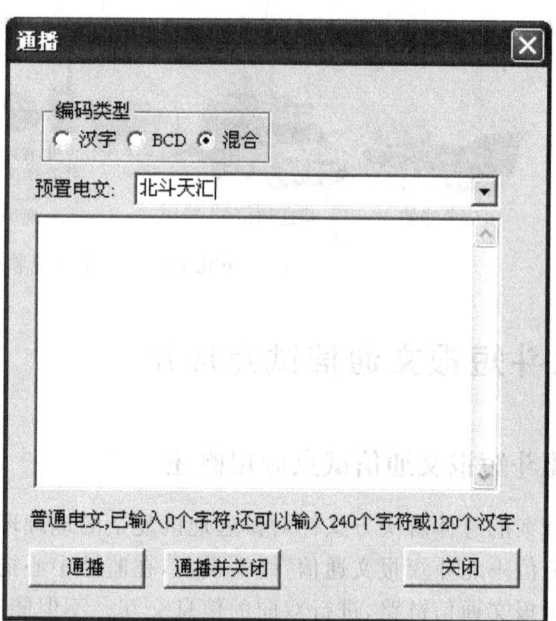

图 9 北斗短报文点名通信页面

在北斗短报文通信的过程中,具体的收件人、发件人及信息内容如图 10 所示。

发件人	收件人	信息内容
948941	459292	1234567890
459292	指挥机948941	指挥中心收到
948941	459292	麻烦各位队友报一下自己的位置。
948941	459292	我已经安全到达目的地。
459292	指挥机948941	我在这里,一切正常。
948941	459292	我在这里,一切正常。

图 10 北斗短报文通信内容示例

5.3 北斗短报文通信试点应用总结

应用北斗短报文通信技术实现偏远地区的实时车辆位置回传,进一步提升特殊场景通信的可靠性,并作为现有通信手段的有效补充。虽在测试过程中存在数据丢包等问题,但通信工程师采用自动重传请求技术和前向纠错技术给予解决。自动重传请求技术可根据司乘人员反馈短报文通信数据包的内容,对丢失的数据包进行重新发送,前向纠错技术通过增加冗余短报文通信数据来实现数据的恢复,进一步提高了紧急情况下的通信能力。测试结果最终符合通信预期,验证了短报文通信技术在危化品运输领域应用的有效性。

6 结 语

本文主要对北斗短报文通信在危化品运输中的应用进行了可行性研究,通过对北斗短报文通信的工作原理进行剖析,分析了北斗短报文的通信信息传输过程。结合危化品运输业务的特点,重点围绕危化品运输过程报文通信、危化品运输安全应急救援两个北斗短报文通信业务场景进行了北斗短报文通信可行性研究,为积极响应并落实推进北斗短报文通信技术在偏远区域试点应用提供技术理论指导,有助于进一步应对北斗短报文危化品运输通信多场景需求,丰富了危化品运输通信多元化体系,保障了危化品运输人员及车辆安全。

参考文献:(略)

作者简介: 吴宏立,男,1979年生,主要研究领域为信息工程、应急安全、环保评估等。

基于北斗的宝石花智慧物流云道路运输环境风险评估应用融合

吴吉华,赵 岩,王天宇

(北京华油信通科技有限公司,北京 100190)

摘 要:结合近十年危化品道路运输环境风险评估工作,提出一种道路运输环境风险评估融合方法。该方法主要是采用北斗导航卫星定位技术,依托宝石花智慧物流云将运输安全管控与环境风险防控在风险评估融合应用和风险评估模型构建两方面进行深度融合;利用丰富的危化品运输数据资源,通过训练样本真值标定和模型构建,提升危化品风险数据挖掘和分析能力,同步完善车辆监控管理和环境风险整体防控体系;为用户提供事前规划、事中监控、事后处置和优化的运输全过程环境风险管控服务,实现环境风险整体防控、车辆位置服务和大数据分析的融合创新,提升中石油集团业务管理能力,并实现危化品运输及环境综合防控能力科学化、精细化和智能化。

关键词:北斗+;样本分析;宝石花智慧物流云;风险评估;融合创新

1 "北斗+"技术在危化品风险评估行业应用的必要性

北斗导航卫星系统是中国自主发展、独立运行的全球导航卫星系统,北斗三号系统建立了高精度的时间和空间基准,增加了星间链路运行管理设施,北斗已初步形成了星基增强、精密定位、短报文通信、国际搜救服务能力,已提供地基增强完全服务能力,构成了集多种服务能力于一体的北斗特色应用服务体系(图1)。

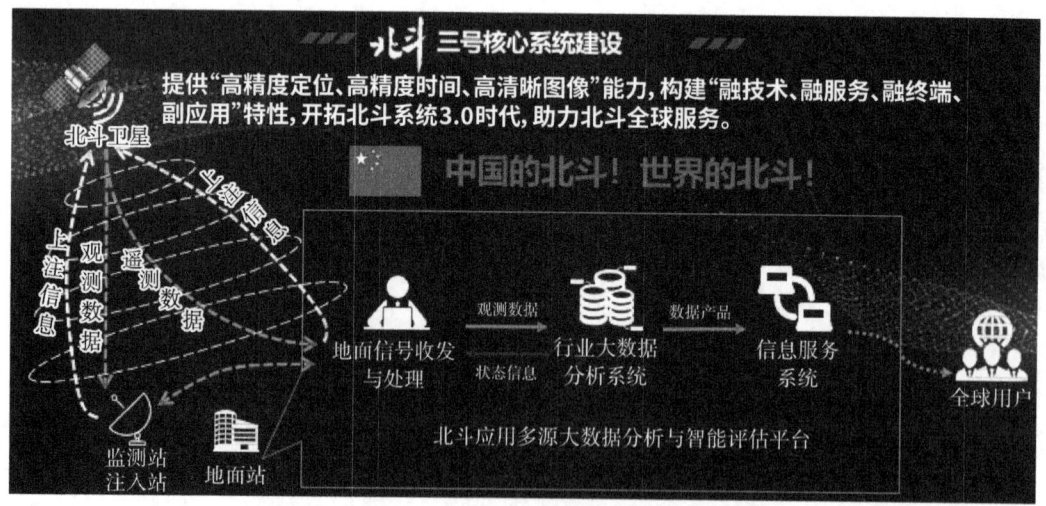

图1 北斗三号核心系统基础建设服务体系

危化品运输具有危险特性复杂、危险程度高的特点,易造成爆炸、燃烧、中毒、污染等事故,甚至是社会灾难性事故,严重影响到社会公共安全。北斗定位技术在危化品运输中的作用主要体现在危化品运输管理、危化品运输过程、将定位信息从车辆终端回传至宝石花智慧物流云平台三个环节。具体的"北斗+"技术在危化品运输综合管控行业应用如图2所示。

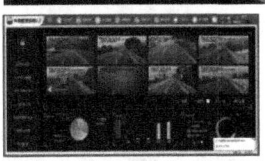

全天候、全天时、实时导航、快速定位、精确授时、位置报告、短报文通信服务

宝石花智慧物流云平台

★★★★★

宝石花智慧物流云平台具备定位与通信双重功能,不要需其他通信系统支持,24小时全天候服务,并且无通信盲区,适用于物流行业运输动态监控与管理。平台与北斗车辆管理系统深度融合,可对公路运输车辆进行实时定位与监控,能够及时获取到车辆的当前位置,行驶状态等信息。

图 2　北斗＋技术在危化品运输综合管控行业应用

定位信息从车辆终端传送到宝石花智慧物流云,通常在通用分组无线业务(GPRS)网络监控盲区或网络盲区拥堵时,信息传递会滞后甚至错乱、丢失,使运输车辆和监控中心不能即时沟通,通过北斗短报文通信功能,车辆与监控中心可以进行双向通信,保证运输车辆和监控中心及时沟通,避免因通信网络盲区影响信息交流。

因此,需要结合实际危化品运输业务现状,采用北斗导航定位技术对道路运输环境风险数据进行采集、处理,构建危险化学品运输沿线环境风险评估定级地理数据库,与宝石花智慧物流云平台融合,实现道路环境风险等级的可视化和环境敏感区域的预报警,为运输风险量化和决策优化支持提供技术支持,不断优化危险品运输车辆司机驾驶行为,全方位提高危化品环境风险评估及综合管控水平。

2　宝石花智慧物流云在危化品运输过程中的应用实践

依托宝石花智慧物流云平台对危化品运输资源进行统筹调度,将对区域间的危化品物流一体化发展起到辐射带动作用,推动危化品物流管控与道路运输风险防控协同发展,实现传统危化品货运和物流升级改造,对培育全新危化品运输智慧物流生态具有重要意义。

基于宝石花智慧物流云搭建了中国石油集团统一车辆管理平台,构建了一整套符合国家相关部门监管要求的分级监控管理体系。同时为危化品运输物流企业、能源化工企业物流数字化转型、智能化发展提供多元化产品和解决方案。平台覆盖中国石油集团 40 余家地区公司,管理各型车辆 10 万余台,日均上线车辆 3.5 万台,累计转发车辆数据 5.7 亿条,月平均访问次数 3 万次。

宝石花智慧物流云针对危化品运输行业的业务特点,提供宝石花智安、宝石花智运、宝石花智图、宝石花智数四个产品。通过云架构实现软件定义业务,提供业务一体化解决方案。具体的宝石花智慧物流云平台架构如图 3 所示。

同时,宝石花智慧物流云提供危化品运输"全要素""全过程"运输物流服务,实现了对危化品运输过程一体化闭环管理。基于积累大量危化品运输风险管控数据,通过构建判别分析与回归分析等算法模型,系统性梳理了危化品的环境风险,分析了影响因子互相关联的关系,实现了对危化品运输过程中全要素、全过程和全方位的智能化管理,实现了道路运输环境评估由"唯定性风险评估"到"定性风险分析为辅,量化风险评估为主"的转变。

3　宝石花智慧物流云危化品风险评估融合应用及创新

3.1　危化品道路运输环境风险评估融合应用创新

近年来,交通事故次生的突发环境事件高发频发,特别是危险货物运输交通事故,在造成人员伤亡的同时也造成严重环境污染和社会影响,然而各层级政府和企业缺少有效的管控手段和管理体系。宝石花智慧物流云通过"北斗+"赋能,将车辆管控与道路环境风险评估体系结合,实现危化品道路运输全过程管控与安全、环境风险防控的融合应用(图4)。

图 3　宝石花智慧物流云平台架构

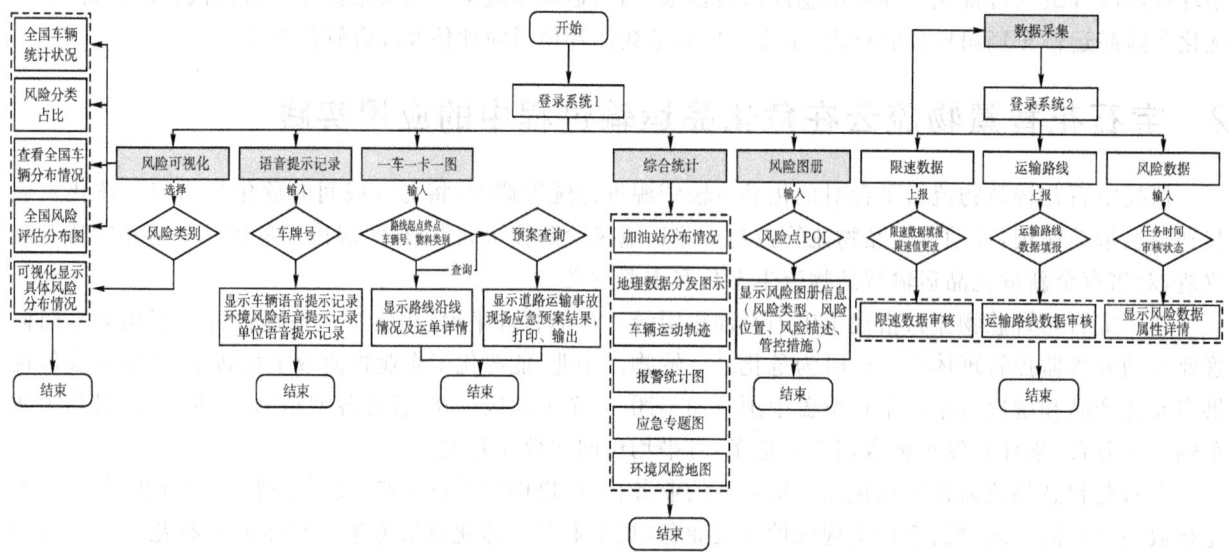

图 4　宝石花智慧物流云危化品风险评估融合应用流程

宝石花智慧物流云危化品风险评估融合应用产品有如下几个组成部分:

(1)环境风险可视化。利用地理信息系统和大数据分析等技术,将安全、环保和应急等专题数据与业务数据融合展示,实现安全环保一张图,协助决策者综合分析危险品运输路线安全及环境风险。

(2)风险图册。对环境风险点图片、位置、类型、风险描述和应对措施信息进行地图展示,便于管理人员查看风险信息。

(3)一车一卡一图。用于展现运单详请及沿途环境风险情况,实现环境风险管控地图化、橱窗化、卡片化;可打印应急预案报告,达到保障车辆运输生产全过程安全受控的目的,支撑危化品风险管控人员进行决策。

(4)时空数据分析。将业务数据、空间数据、运行轨迹、报警数据和风险评估数据进行挖掘分析,支撑管控措施落地,持续完善道路运输环境风险评估体系。

(5)运输路线限速更新。整合现有全国限速路网、运输路线、风险数据等专题地理信息数据成果,以提升危化品道路运输环境风险防控能力为目标,通过改变现有数据采集管理方式,提升风险数据采集与应用效率,为运输路线规划提供决策支持。

3.2 危化品道路运输环境风险评估模型构建创新

基于宝石花智慧物流云平台,在现有的危化品道路环境风险评估数据基础上,对环境风险要素资料进行收集。具体危化品道路运输环境风险要素体系如图5所示。

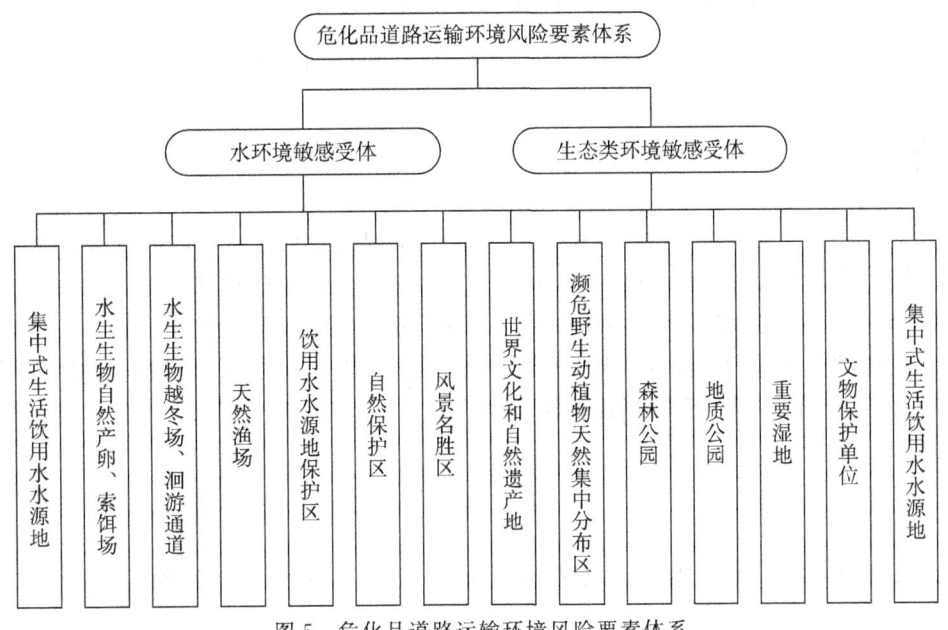

图5 危化品道路运输环境风险要素体系

同时,基于海量风险数据(图6)样本分析,构建道路运输环境数据挖掘规则,建立道路运输环境风险评估模型;将风险评估问题定量分析,解决环境风险评估影响因子权重值模糊问题,实现宝石花智慧物流云危化品风险评估模型应用创新。

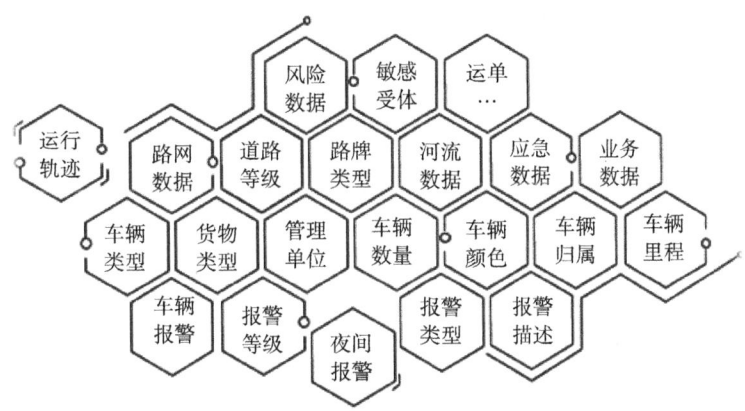

图6 海量危化品道路运输环境风险数据类型

例如,水环境风险评估采用稳定态忽略弥散的一维稳态水质模型,该模型主要是用来在危化品液体泄漏后分析液体危化品在水流方向输移、转化的变化情况。模型构建流程采用"环境敏感受体影响推导法"即以环境敏感受体为评估基础,依据危化品泄漏对环境敏感受体的影响程度及环境敏感受体敏感性等来筛选环境风险路段并定级。具体宝石花智慧物流云危化品风险评估模型构建流程如图7所示。

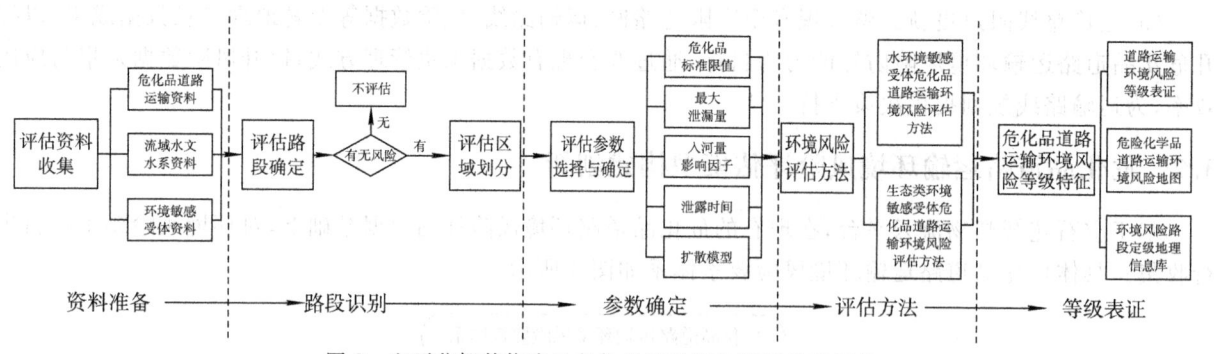

图7 宝石花智慧物流云危化品风险评估模型构建流程

4 结　语

基于数据分析结果，建立道路运输环境风险评估模型，通过海量危化品运输环境风险数据进行数据样本真值标定，对模型进行训练，持续提升模型准确性和完整性。依托风险评估模型，建立道路运输环境风险管理体系，以"北斗＋"赋能，将道路运输环境风险管理体系与宝石花智慧物流云融合应用，验证了在危化品道路运输行业落地应用的可行性，实现了运输业务管理模式、风险评估模型和风险防控模式的"三突破"。进一步提高道路运输环境风险精细化管控水平。

参考文献：（略）

作者简介： 吴吉华，男，1975年生，主要专业研究领域为信息工程、网络安全等。

基于北斗定位的危化品运输风险随手拍 APP 的设计与实现

张 丹,刘 扬,谢 晓

(北京华油信通科技有限公司,北京 100190)

摘 要:我国目前正处于突发环境事件高发期,据统计,近十年,全国发生突发环境事件 5 000 起以上,近几年总体高发态势有所下降,但全国每年仍发生约 300 起突发环境事件。为降低危险化学品道路运输环境风险发生的概率和影响,需要对危化品道路运输沿途的风险(河流、湖泊、森林等自然环境类风险,加油站、交叉路口等安全类风险)进行准确高效的识别。伴随北斗三号卫星组网完毕,紧抓北斗系统布局的历史机遇,落实"北斗+"行业应用体系,推动北斗技术与危化品运输风险采集业务紧密整合,针对危化品运输测绘数据高精度定位、数据安全和偏远测绘区域信号弱等需求,研发了基于北斗定位的危化品运输风险随手拍 APP,能够实现对道路沿途风险拍照、定位、存储、管理等功能,本文主要是基于北斗导航定位技术进行了风险随手拍 APP 功能的设计与实现并进行现场数据采集测试,满足危化品道路运输风险快速准确采集的需求,提高了危化品运输风险测绘工作的效率。

关键词:北斗+;风险随手拍;安卓

1 引 言

近年来,随着我国经济的快速发展,危险化学品的需求量也在不断增加,危险化学品事故发生概率也在逐步提高。由于危化品本身的特殊性,尤其是危化品事故发生在河流、湖泊、森林、加油站、交叉路口等区域,无疑增加了事故评定的等级,额外增加了事故的严重性,一旦发生事故,会给道路周边居民人身及财产安全、周围环境及公共财产造成重大损失。因此对重点区域进行针对性的管理,就必须要对以上高风险区域进行准确识别。基于北斗导航定位技术,结合移动地理信息系统(GIS)地图在危化品运输数据采集技术中的相关应用,研发了危化品运输风险随手拍 APP,简化了危化品运输风险数据采集流程。危化品运输数据采集人员仅需要简单培训,便可实现对危化品数据的采集,并通过对采集完的风险数据一键式拍照功能,将数据通过云服务上传至 PC 端数据采集系统,最终对数据进行校核和批量入库,满足了自动化采集、在线更新的需求,提高了工作效率。

2 北斗导航定位技术应用

随着北斗三号导航卫星系统组网完毕及移动通信信息化技术的快速发展,北斗导航系统能够为全球用户提供全天时、全天候、高精度定位、导航、授时服务。利用导航卫星技术,让实时定位应用与危化品风险数据采集行业进行深度融合,创造风险数据采集新方式。

由于在危化品运输风险数据测绘采集过程中,其核心要求就是确保风险数据信息完全真实和精准。为进一步确保风险数据稳定测绘和精准测绘,利用北斗导航技术自身特色,从随手拍 APP 稳定性和数据采集位置精准度两个方面入手,为风险数据采集工作提供细节数据支撑。首先,北斗提供了精准授时和测量服务。这两项服务使得测绘过程中获得的实时位置数据能和时间相互关联,形成一一对应的可信且具有时效性的风险采集要素位置信息,并给予每次风险数据采集修正坐标位置信息的能力。最后为保证通信和数据服务的相对稳定,北斗系统制定了严格的数据通信标准,可将风险数据采集信息及时回传至 PC 端数据采集系统,确保回传数据的有效性,助力危化品运输风险采集工作可以平稳高效进行。

风险随手拍 APP 具备便捷性、实时性,能够为道路沿途风险采集提供风险测绘解决方案,工作人员可以通过手机安装 APP,在手机端开启北斗导航定位服务,实现对测绘数据的精准定位,完成对风险区域拍照、提交、存储、审核等全流程操作,提高运输线路风险数据信息采集效率和数据准确性,具体的"北斗＋数据采集"APP 应用体系如图 1 所示。

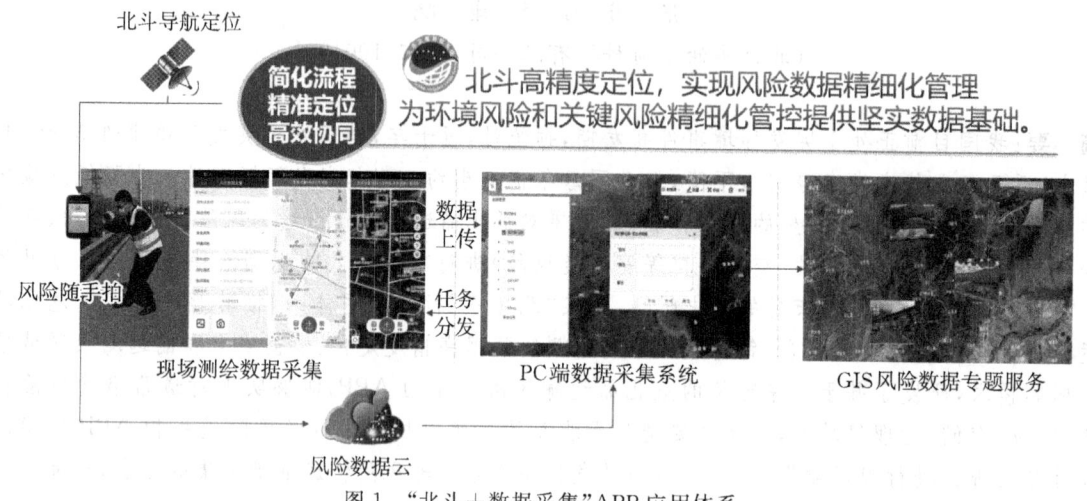

图 1 "北斗＋数据采集"APP 应用体系

3 移动地图应用

移动地图应用摆脱了有线网络的限制和束缚,通过无线网络与服务器连接进行信息的交互,可以把设备发的数据,提交给服务器处理。具体移动地图服务功能如图 2 所示。

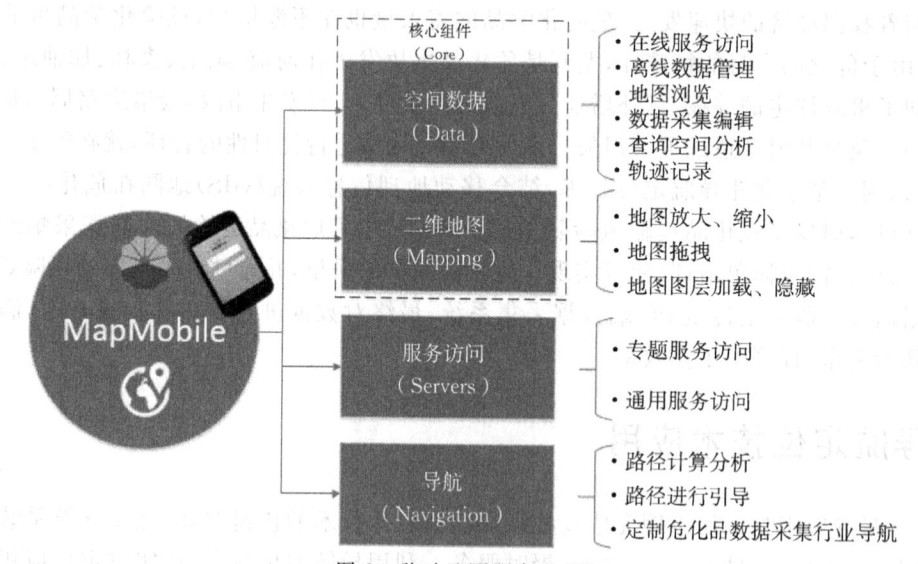

图 2 移动地图服务功能

4 架构设计

风险随手拍 APP(手机端应用软件)整体架构设计由三部分组成:数据层、服务层和应用层。

(1)数据层主要负责管理基础服务地图数据,包括对风险数据库及系统地图更新、变更和修改等。

(2)服务层是服务系统的核心层,负责调用数据层中的地图数据,对现场采集工作人员的数据采集服务请求提供移动地图服务和北斗定位服务。

(3)应用层作为一个移动端地图服务展示平台,主要提供各种地图服务,包括二维地图量测、定位、地图放大、缩小、拖拽等移动地理信息系统服务。

4.1 功能设计

风险随手拍APP主要是借助安卓(Android)平台在Eclipse开发环境下进行研发,包括风险数据录入、查询、风险定位、编辑及风险信息拍照上传等功能。它实现的是基于位置的移动地图服务模式并支持OGC标准,Android终端为移动地图服务的客户端,网页(Web)服务端负责地图服务内容推送和地图数据库管理,通过使用企业级地理数据库,将危化品线路运输路网数据库和危险路段、危险路口的数据存入空间数据库,最后使用Web服务端进行地图服务的发布和管理,为APP功能的实现提供地图服务支撑。具体功能结构如图3所示。

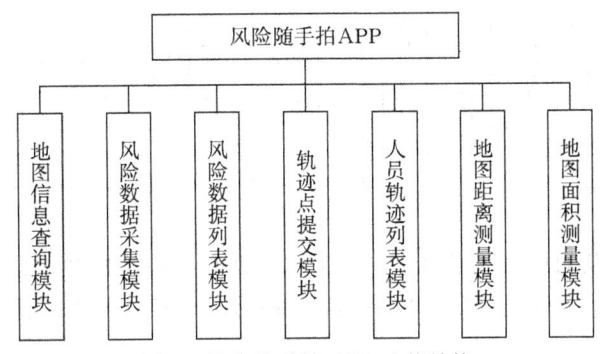

图3 风险随手拍APP功能结构

(1)地图信息查询模块:对采集风险信息进行检索并在地图中定位到指定位置并进行可视化显示。

(2)风险数据采集模块:线路运输工作人员实时、迅速对风险信息进行填写,将风险点定位及拍照上传,从而实现对风险数据的高效、快速采集。

(3)风险数据列表模块:显示用户工作人员提交的风险采集信息。

(4)轨迹点提交模块:输入轨迹点信息后,对采集人员的运输线路轨迹点进行采集、提交。

(5)人员轨迹列表模块:可检索人员轨迹,显示提交的轨迹点名称及轨迹描述。

(6)地图距离测量模块:对地图两点间的距离进行测量,并标注其测量数值。

(7)地图面积测量模块:对地图上标注的区域面积进行测量,并标注其面积值。

4.2 性能设计

(1)性能需求:依据风险随手拍APP的性能设计,当主线程阻塞5秒以上时,系统就会提示用户应用程序无响应。这种超时现象会影响用户体验,因此应当尽量降低线程的阻塞概率,并将其阻塞时间控制在4秒以内。

(2)可靠性需求:需要具有较强的容错机制。当风险随手拍APP出现非正常情况时,应尽量确保APP不异常终止、不丢数据。

(3)安全性需求:在风险数据采集的整个过程中,应提供数据保护功能。采用一定的涉密策略,对采集的风险数据进行安全加密,通过云端将数据回传,在数据处理中心进行解密查看数据,保护用户数据不被未授权人看到,不泄露数据内容。

(4)可扩展性需求:对于危化品运输风险采集工作来说,实际业务情况复杂多样,某些特殊功能还需要针对实际情况来设计,因此应当充分采用APP功能模块化设计模式,方便后期进行相关风险数据采集功能扩展。

4.3 数据库设计

风险随手拍 APP 采用安全级别高、处理速度快的 Oracle 数据库,其设计遵循 Open GIS 标准,采用开放式设计来建立空间数据库,注重对空间数据和非空间数据的描述和组织,实现统一的存储和管理。平台的数据格式是在国家标准和行业标准基础上进行扩展。危化品运输沿线风险要素类型为环境风险和安全风险。在风险随手拍 APP 数据库设计中,通过定义的文本型字段 LX 来存储采集的风险要素。具体的风险要素分类如图 4 所示。

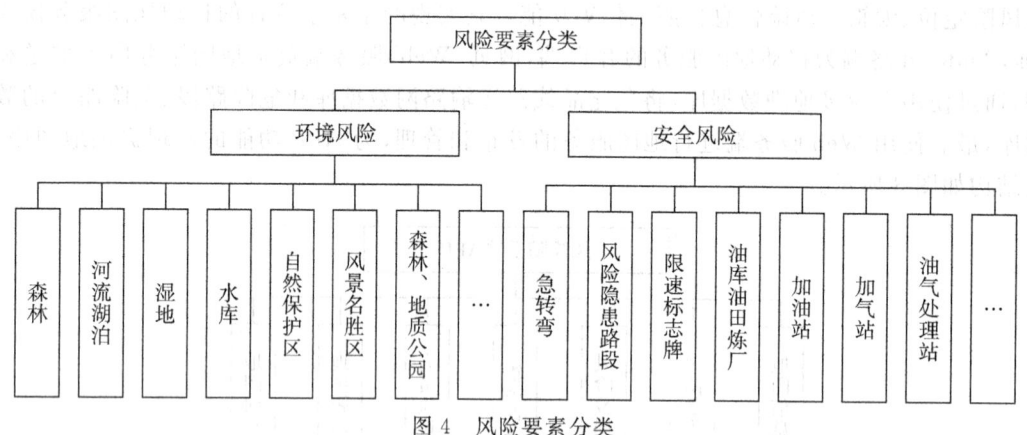

图 4 风险要素分类

风险随手拍 APP 所涉及的用户数据内容包括系统数据和风险采集数据。系统数据主要包含用户信息、系统配置信息等。采集信息即是用户所采集到的风险数据属性。具体危化品风险随手拍 APP 的风险数据采集字典如表 1 所示。

表 1 风险随手拍 APP 风险数据采集字典

序号	字段名称	别名	类型	填写说明
1	B_H	编号	Txt(254)	按照分公司名称拼音首字母+"—"+配送中心名称拼音首字母+"—"+自然数(从 1 开始)
2	FX_MC	风险点名称	Txt(254)	风险点类型、位置、标志物、路段和河流等参考命名
3	LD_MC	路段名称	Txt(254)	风险点附近道路名称
4	FX_ZP_BH	风险照片	Txt(254)	照片编号影像与风险点编号名称一致,有多张照片的用小写字母区分
5	LX	风险类型	Txt(64)	环境风险要素和非环境风险要素
6	LB	风险类别	Txt(128)	类别详见系统资料
7	QD_JD	起点经度	Double(6)	计算测量起点经度坐标
8	QD_WD	起点纬度	Double(6)	计算测量起点纬度坐标
9	ZD_JD	终点经度	Double(6)	计算测量终点经度坐标
10	ZD_WD	终点纬度	Double(6)	计算测量终点纬度坐标
11	HLFX	河流风险	Txt(16)	填写河流流向,分为向北、向南、向东、向西、向东南、向东北、向南南、向西北 8 个方向
12	ISZD	起止点	Txt(10)	0:起点 1:终点

5 测 试

风险随手拍 APP 于 2021 年在黑龙江省进行了推广试用,重点对黑龙江 S204 省道沿线潜在风险源进行数据采集,其数据主要包含周边加油站和关键风险路口。通过风险随手拍 APP 采集的风险测试数据样本如图 5 所示。

FID	FX_MC	LD_MC	FX_ZP_BH	LX	LB	HLFX	ISZD
0	沪嘉加油站	嘉荫新农站	AQFX_JYZ_001.jpg	安全风险	加油站	减速慢行，无河流风险	1
1	乌云加油站	G331	AQFX_JYZ_002.jpg	安全风险	加油站	减速慢行，无河流风险	1
2	育才加油站	G331	AQFX_JYZ_003.jpg	安全风险	加油站	减速慢行，无河流风险	1
3	绿荫加油站	G331	AQFX_JYZ_004.jpg	安全风险	加油站	减速慢行，有河流风险	1
4	龙乡加油站	G222	AQFX_JYZ_005.jpg	安全风险	加油站	减速慢行，无河流风险	1
5	嘉荫加油站	建设街	AQFX_JYZ_006.jpg	安全风险	加油站	减速慢行，无河流风险	1
6	仁和加油站	Y007	AQFX_JYZ_007.jpg	安全风险	加油站	减速慢行，无河流风险	1
7	乌拉嘎加油站	乌拉嘎镇	AQFX_JYZ_008.jpg	安全风险	加油站	减速慢行，无河流风险	1
8	新青加油站	G222	AQFX_JYZ_009.jpg	安全风险	加油站	减速慢行，无河流风险	1
9	天达加油站	新青区政府附近	AQFX_JYZ_010.jpg	安全风险	加油站	减速慢行，无河流风险	1
10	关键风险路口	G222与新青至萝北路口	AQFX_LK_011.jpg	安全风险	关键风险路口	减速慢行，无河流风险	1
11	关键风险路口	G222与新青区二路口	AQFX_LK_012.jpg	安全风险	关键风险路口	减速慢行，无河流风险	1
12	关键风险路口	G222于新青区路口	AQFX_LK_013.jpg	安全风险	关键风险路口	减速慢行，无河流风险	1
13	关键风险路口	G222与红星林业局路口	AQFX_LK_014.jpg	安全风险	关键风险路口	减速慢行，无河流风险	1
14	关键风险路口	G222与五星镇路口	AQFX_LK_015.jpg	安全风险	关键风险路口	减速慢行，无河流风险	1
15	关键风险路口	G222与五营区路口	AQFX_LK_016.jpg	安全风险	关键风险路口	减速慢行，无河流风险	1

图 5　风险随手拍 APP 采集的风险测试数据样本

通过现场测试表明，在网络连接良好的情况下，采用北斗导航定位技术，能够在 2~5 秒内完成风险数据采集、传输、解析与存储。离线地图加载完成后系统运行平稳，能够满足危化品运输风险关注点（POI）快速检索与识别。由于需要搜索北斗卫星进行定位服务，在系统首次登录时，耗时为 10~15 秒，信号相对缓慢一些，符合预期效果。

6　结　语

基于北斗导航定技术进行研发的风险随手拍 APP，成为危化品运输风险采集领域在"北斗＋移动 GIS"和数字化采集方面的一个热点应用。使得运输工作人员通过简单技术培训便可以操作随手拍 APP，简化了数据采集和上报流程，快速实现环境风险数字化，通过手机端软件上传风险数据信息，经过审核后入库更新，简化数据更新流程，工作效率预计提高 45%，同时整体数据测绘采集成本降低 28%，系统所构建的危化品运输业务地图数据，为能源供应链及危化品运输的环境风险和安全风险精细化管控，提供了坚实的运输风险数据基础。

参考文献：（略）

作者简介：张丹，女，1993 年生，主要专业研究领域为测绘、信息工程等。